普通高等学校建筑安全系列规划教材

建筑消防工程

主编　李孝斌　刘志云

北　京
冶 金 工 业 出 版 社
2015

内容提要

本书共6章，对建筑火灾基础知识、建筑防火、建筑灭火系统、防排烟系统、火灾自动报警系统与消防联动控制系统、消防供电与电气防火等内容进行了介绍，重点对建筑消防工程各要素的组成、类型、工作原理、设计原理和方法进行了详细阐述。

本书可作为高等院校安全工程、消防工程等专业的本科生教材，也可作为参加注册安全工程师、注册消防工程师、注册监理工程师等专业岗位资格考试的参考用书，也可供相关专业的工程技术人员参考。

图书在版编目(CIP)数据

建筑消防工程/李孝斌，刘志云主编．—北京：冶金工业出版社，2015.8

普通高等学校建筑安全系列规划教材

ISBN 978-7-5024-7030-2

Ⅰ.①建… Ⅱ.①李… ②刘… Ⅲ.①建筑物—消防—高等学校—教材 Ⅳ.①TU998.1

中国版本图书馆CIP数据核字(2015)第192531号

出 版 人 谭学余

地　　址 北京市东城区嵩祝院北巷39号 邮编 100009 电话 (010)64027926

网　　址 www.cnmip.com.cn 电子信箱 yjcbs@cnmip.com.cn

责任编辑 杨 敏 美术编辑 吕欣童 版式设计 孙跃红

责任校对 卿文春 责任印制 牛晓波

ISBN 978-7-5024-7030-2

冶金工业出版社出版发行；各地新华书店经销；固安华明印业有限公司印刷

2015年8月第1版，2015年8月第1次印刷

787mm×1092mm 1/16；15印张；361千字；226页

33.00元

冶金工业出版社 投稿电话 (010)64027932 投稿信箱 tougao@cnmip.com.cn

冶金工业出版社营销中心 电话 (010)64044283 传真 (010)64027893

冶金书店 地址 北京市东四西大街46号(100010) 电话 (010)65289081(兼传真)

冶金工业出版社天猫旗舰店 yjgycbs.tmall.com

普通高等学校建筑安全系列规划教材
编审委员会

序

人类所有生产生活都源于生命的存在，而安全是人类生命与健康的基本保障，是人类生存的最重要和最基本的需求。安全生产的目的就是通过人、机、物、环境、方法等的和谐运作，使生产过程中各种潜在的事故风险和伤害因素处于有效控制状态，切实保护劳动者的生命安全和身体健康。它是企业生存和实施可持续发展战略的重要组成部分和根本要求，是构建和谐社会，全面建设小康社会的有力保障和重要内容。

当前，我国正处在大规模经济建设和城市化加速发展的重要时期，建筑行业规模逐年增加，其从业人员已成为我国最大的行业劳动群体；建筑项目复杂程度越来越高，其安全生产工作的内涵也随之发生了重大变化。总的来看，建筑安全事故防范的重要性越来越大，难度也越来越高。如何保证建筑工程安全生产，避免或减少安全事故的发生，保护从业人员的安全和健康，是我国当前工程建设领域亟待解决的重大课题。

从我国建设工程安全事故发生起因来看，主要涉及人的不安全行为、物的不安全状态、管理缺失以及环境影响等几大方面，具体包括设计不符合规范、违章指挥和作业、施工设备存在安全隐患、施工技术措施不当、无安全防范措施或不能落实到位、未作安全技术交底、从业人员素质低、未进行安全技术教育培训、安全生产资金投入不足或被挪用、安全责任不明确、应急救援机制不健全等等，其中，绝大多数事故是从业人员违章作业所致。造成这些问题的根本原因在于建筑行业中从事建筑安全专业的技术和管理人才匮乏，建设工程项目管理人员缺乏系统的建筑安全技术与管理基础理论，以及安全生产法律法规知识；对广大一线工作人员不能系统地进行安全技术与事故防范基础知识的教育与培训，从业人员安全意识淡薄，缺乏必要的安全防范意识以及应急救援能力。

近年来，为了适应建筑业的快速发展及对安全专业人才的需求，我国一些高等学校开始从事建筑安全方面的教育和人才培养，但是由于安全工程专业设置时间较短，在人才培养方案、教材建设等方面尚不健全。各高等院校安全工程专业在开设建筑安全方向的课程时，还是以采用传统建筑工程专业的教材为主，因这类教材从安全角度阐述建筑工程事故防范与控制的理论较少，并不完全适应建筑安全类人才的培养目标和要求。

随着建筑工程范围的不断拓展，复杂程度不断提高，安全问题更加突出，在建筑工程领域从事安全管理的其他技术人员，也需要更多地补充这方面的专业知识。

为弥补当前此类教材的不足，加快建筑安全类教材的开发及建设，优化建筑安全工程方向大学生的知识结构，在冶金工业出版社的支持下，由长安大学组织，西安建筑科技大学、西安科技大学、中国人民武装警察部队学院、天津城建大学、天津理工大学等兄弟院校共同参与编纂了这套“建筑安全工程系列教材”，包括《建筑工程概论》、《建筑结构设计原理》、《地下建筑工程》、《建筑施工组织》、《建筑工程安全管理》、《建筑施工安全专项设计》、《建筑消防工程》以及《工程地质学及地质灾害防治》等。这套教材力求结合建筑安全工程的特点，反映建筑安全工程专业人才所应具备的知识结构，从地上到地下，从规划、设计到施工等，给学习者提供全面系统的建筑安全专业知识。

本套系列教材编写出版的基本思路是针对当前我国建设工程安全生产和安全类高等学校教育的现状，在安全学科平台上，运用现代安全管理理论和现代安全技术，结合我国最新的建设工程安全生产法律、法规、标准及规范，系统地论述建设工程安全生产领域的施工安全技术与管理，以及安全生产法律法规等基础理论和知识，结合实际工程案例，将理论与实践很好地联系起来，增强系列教材的理论性、实用性、系统性。相信本套系列教材的编纂出版，将对我国安全工程专业本科教育的发展和高级建筑安全专业人才的培养起到十分积极的推进作用，同时，也将为建筑生产领域的实际工作者提高安全专业理论水平提供有益的学习资料。

祝贺建筑安全系列教材的出版，希望它在我国建筑安全领域人才培养方面发挥重要的作用。

2014年7月于西安

前言

随着社会和经济的发展，人们对于建筑消防安全的重视程度越来越高，建筑消防工程系统也越来越复杂，社会对于系统掌握建筑消防工程专门知识的人才的需求越来越大。建筑消防工程专业知识是从事建筑消防安全设计、管理、系统维护保养等人员的必备知识，是取得注册安全工程师、注册消防工程师、注册监理工程师等专业岗位资格必须掌握的内容。因此，“建筑消防工程”成为安全工程专业一门重要的专业课程。目前，国内安全工程专业使用的同类教材，大多来源于建筑设计专业的教材，其主要针对建筑设计人员编写，内容偏重建筑设计和结构设计，而设备设计中涉及的建筑灭火系统、防排烟系统、火灾自动报警系统、消防联动控制系统、消防供电、电气防火等内容则分散到给排水、建筑环境、电气等各个相关专业的专业课程中。安全工程专业一个重要的就业方向就是从事建筑消防安全设计、管理、系统维护保养，而目前专门针对该类人员的教材较少，因此，有必要编写一本针对安全工程专业本科学生的建筑消防工程方面的专门教材。

本书包括建筑火灾基础知识、建筑防火、建筑灭火系统、防排烟系统、火灾自动报警系统与消防联动控制系统、消防供电与电气防火等内容，详细阐述了建筑消防工程各要素的组成、类型、工作原理、设计原理和方法。通过学习本书，学生能够从宏观上对建筑消防工程有一个总体的认识，避免在一些规范条文等细节问题上纠缠，既可以避免学生因在某一方面花费过多精力而忽视整体，又可以为学生根据自己兴趣进行重点学习提供自学指导。

本书按照教学大纲要求并结合编者多年从事“建筑消防工程”课程教学的经验进行编写，充分考虑学生的学习规律，力求使本书成为学生熟悉建筑消防工程的领路人，不断拓宽相关知识。本书重视课堂教学的有效信息量，避免一味求全而影响实际教学效果。要学好“建筑消防工程”这门课程，在学习本书的同时，还需要注意以下两点：一方面，需要配套查阅相关技术规范。本书已重点阐述了相关规律和基本原理，并以部分技术规范条文为例进行了说明，但引用规范条文数量有限，而要全面地掌握建筑消防工程的专业知识，满足实际工作需要，还需要系统了解相关技术规范。另一方面，学习过程中需要重视实践环节。建筑消防工程专业知识与工程实践联系紧密，在实践教学环节和日常生活中，需要注意建筑消防工程的相关设施，查看设施的组成，体会设施的工作原理，这样才能更好地理解书中内容，掌握技术规范条文，并将其应用在实践之中。

本书由中国人民武装警察部队学院李孝斌和长安大学刘志云担任主编。其中第1、2章由李孝斌编写，第3、6章由崔福庆编写，第4章由屈璐编写，第5章由刘志云编写。

在编写过程中，参考了大量的文献资料，在此对文献资料的作者表示衷心的感谢。长安大学为本书的出版提供了资助，有关领导给予了关心和大力支持，在此表示感谢。

由于时间仓促，并限于编者水平，书中难免存在缺点或错误，欢迎读者批评和指正。

编 者

2015年6月

目　录

1 绪　论

1.1 建筑火灾概述

1.1.1 建筑火灾及其危害

火是人类赖以生存和发展的自然力量，火的利用在人类进化史中具有划时代的意义。但火具有两面性，当火失去控制，就会成为具有很大破坏力的灾害，给人类的生产、生活乃至生命安全带来威胁。火灾即是时间和空间上失去控制的燃烧所造成的灾害。

火灾对人类和自然构成巨大威胁，可能会造成人员伤亡、财产损失、资源浪费、环境破坏、社会波动等后果。火灾中，物质燃烧会释放出大量的失去控制的能量和有毒有害物质，对人员安全构成威胁，严重时会造成人员伤亡。火灾中，大火会燃烧掉大量的物质，并对周围物质造成烘烤、烟熏等损害，造成大量财产损失。在火灾扑救过程中，灭火射水、破拆等行为，也会造成一定的财产损失。火灾也是加速资源破坏和削减的主要原因之一，造成资源浪费和环境破坏。火灾一旦造成大量人员伤亡或财产损失，就会引起社会上不同程度的不稳定现象，使社会出现波动，影响人们的正常生活。特别是在信息技术高度发达的今天，事故造成的社会波动效应会随着信息传播速度成倍放大。

火灾的破坏因素主要是火焰、高温和烟气。

火灾产生的火焰和高温可以使得火灾不断地蔓延扩大，对人员和财产造成更大的危害。人对高温环境的忍耐性是有限的，有关资料表明在65℃时，可短时忍受；在120℃时，短时间内将产生不可恢复的损伤；温度越高，损伤时间越短。

火灾中产生大量烟气，一方面，当人体吸入过多烟气时，易使呼吸器官丧失正常的防御功能，对人员安全构成重大威胁。具体表现在：（1）在火灾中人员可能因缺氧而窒息。一方面是因为可燃物燃烧时消耗了空气中的氧气，另一方面因为大量燃烧产物的生成导致了现场空气中氧气浓度的下降。（2）火灾中产生大量有毒烟气，如 CO_2、CO、HCN、SO_2、NO_2 等，这些气体对人体均有不同程度的危害。统计资料表明，火灾中死亡人员约80%是由于吸入毒性气体而致死的。另一方面，大量烟气会降低环境能见度，给人员安全疏散造成很大影响。

在所有火灾中，建筑火灾发生次数最多，损失也最严重。统计表明，我国建筑火灾发生次数占火灾总次数的80%左右，直接经济损失占70%左右。所以，建筑火灾的预防与控制在防火工程中占有重要的地位。

1.1.2 建筑分类

从消防安全的角度，建筑的使用性质不同，建筑内的可燃物种类和数量不同，建筑内人员对建筑环境的熟悉程度也不同，因此火灾危险性存在差异。同时，建筑高度不同，建筑一旦起火，人员疏散和扑救难度不同，其火灾危险性也存在差异。对于火灾危险性不同的建筑，采取的消防技术措施和管理措施应有差异，因此需要对建筑进行分类。

按照建筑的使用性质，建筑可分为民用建筑和工业建筑。

1.1.2.1 民用建筑

民用建筑是供人们居住和进行活动的建筑的总称。按照用途分为居住建筑和公共建筑，其中，居住建筑又进一步分为住宅和非住宅类居住建筑。非住宅类建筑如宿舍、公寓等。公共建筑如商场、宾馆、酒店、写字楼等。按照高度可分为单、多层建筑和高层建筑。对于住宅建筑，以建筑高度为27m作为划分多层住宅建筑与高层住宅建筑的标准。对于非住宅类的居住建筑、公共建筑，将建筑高度超过（含）24m的多层建筑划分高层建筑。对于有些单层建筑，如体育馆、高大的展厅等，虽建筑高度大于24m，但仍算单层建筑。根据高层建筑的高度、用途、火灾危险性不同，又将高层建筑分为一类和二类。民用建筑的分类如表1.1和图1.1所示。

表1.1　民用建筑的分类

名称	高层民用建筑		单、多层民用建筑
	一类	二类	
住宅建筑	建筑高度大于54m的住宅建筑（包括设置商业服务网点的住宅建筑）	建筑高度大于27m，但不大于54m的住宅建筑（包括设置商业服务网点的住宅建筑）	建筑高度不大于27m的住宅建筑（包括设置商业服务网点的住宅建筑）
公共建筑	1. 建筑高度大于50m的公共建筑； 2. 任一楼层建筑面积大于1000m^{2}的商店、展览、电信、邮政、财贸金融建筑和其他多种功能组合的建筑； 3. 医疗建筑、重要公共建筑； 4. 省级及以上的广播电视和防灾指挥调度建筑、网局级和省级电力调度； 5. 藏书超过100万册的图书馆、书库	除住宅建筑和一类高层公共建筑外的其他高层民用建筑	1. 建筑高度大于24m的单层公共建筑； 2. 建筑高度不大于24m的其他民用建筑

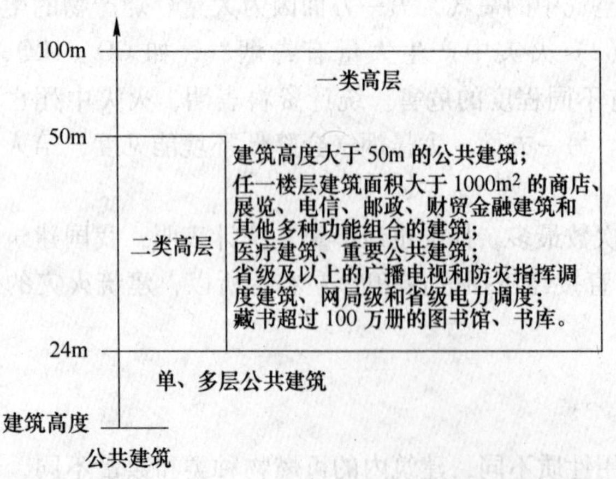

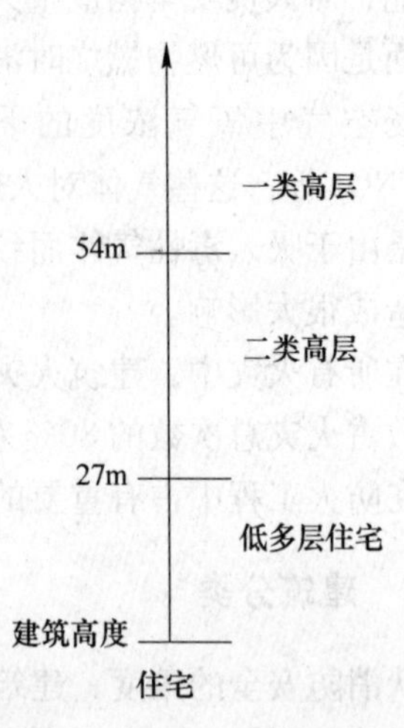

图1.1　民用建筑的分类

这里涉及几个重要的概念：

（1）建筑高度。建筑高度按照以下方法计算：

1）建筑屋面为坡屋面时，建筑高度应为建筑室外设计地面至其檐口与屋脊的平均高度；

2）建筑屋面为平屋面（包括有女儿墙的平屋面）时，建筑高度应为建筑室外设计地面至其屋面面层的高度。

除此以外，还有以下几种情况：

1）同一座建筑有多种形式的屋面时，建筑高度应按上述方法分别计算后，取其中最大值；

2）对于台阶式地坪，当位于不同高程地坪上的同一建筑之间有防火墙分隔，各自有符合规范规定的安全出口，且可沿建筑的两个长边设置贯通式或尽头式消防车道时，可分别计算各自的建筑高度。否则，应按其中建筑高度最大者确定该建筑的建筑高度；

3）局部突出屋顶的瞭望塔、冷却塔、水箱间、微波天线间或设施、电梯机房、排风和排烟机房以及楼梯出口小间等辅助用房占屋面面积不大于1/4者，可不计入建筑高度；

4）对于住宅建筑，设置在底部且室内高度不大于2.2m的自行车库、储藏室、敞开空间，室内外高差或建筑的地下或半地下室的顶板面高出室外设计地面的高度不大于1.5m的部分，可不计入建筑高度。

（2）建筑面积。建筑面积是指建筑物各层水平平面面积的总和。也就是建筑物外墙勒脚以上各层水平投影面积的总和。建筑面积的概念应与占地面积的概念区分开。占地面积是指建筑物所占有或使用的土地水平投影面积，计算一般按底层建筑面积。

（3）商业服务网点。商业服务网点是指设置在住宅建筑的首层或首层及二层，采用耐火极限不低于2h且无门、窗、洞口的防火隔墙相互分隔，每个分隔单元建筑面积不大于300m^2的商店、邮政所、储蓄所、理发店等小型营业性用房。

（4）裙房。裙房是指在高层建筑主体投影范围外，与建筑主体相连且建筑高度不大于24m的附属建筑。

1.1.2.2 工业建筑

工业建筑是指供人们从事各类生产活动的建筑物和构筑物，包括厂房和库房。

按照建筑高度也分为高层和单多层工业建筑。高度大于或等于24m且为二层及二层以上为高层，高度小于24m为多层。

按照建筑内生产、使用和储存物品的火灾危险性分为甲、乙、丙、丁、戊五类，其火灾危险性依次降低。生产的火灾危险性分类见表1.2，储存物品的火灾危险性见表1.3。

实际生产、使用和储存过程中，由于情况多样，一些工业建筑火灾危险性的分类会在表1.2和表1.3的基础上有所调整。或者降低火灾危险性级别，例如火灾危险性较大的生产部分占本层或本防火分区面积的比例小于5%或丁、戊类厂房内的油漆工段小于10%，且发生火灾事故时不足以蔓延至其他部位或火灾危险性较大的生产部分采取了有效的防火措施，可按火灾危险性较小的部分确定整座厂房的火灾危险性级别；或者提高火灾危险性级别，例如丁、戊类储存物品仓库的火灾危险性，当可燃包装重量大于物品本身重量1/4或可燃包装体积大于物品本身体积的1/2时，应按丙类确定。

表 1.2 生产的火灾危险性分类

<table>
<tr><th>生产的火灾危险性类别</th><th colspan="2">火灾危险性特征</th></tr>
<tr><td>甲</td><td rowspan="3">生产时使用或产生的物质特征</td><td>1. 闪点小于28℃的液体；
2. 爆炸下限小于10%的气体；
3. 常温下能自行分解或在空气中氧化能导致迅速自燃或爆炸的物质；
4. 常温下受到水或空气中水蒸气的作用，能产生可燃气体并引起燃烧或爆炸的物质；
5. 遇酸、受热、撞击、摩擦、催化以及遇有机物或硫黄等易燃的无机物，极易引起燃烧或爆炸的强氧化剂；
6. 受撞击、摩擦或与氧化剂、有机物接触时能引起燃烧或爆炸的物质；
7. 在密闭设备内操作温度不小于物质本身自燃点的生产</td></tr>
<tr><td>乙</td><td>1. 闪点不小于28℃，但小于60℃的液体；
2. 爆炸下限不小于10%的气体；
3. 不属于甲类的氧化剂；
4. 不属于甲类的易燃固体；
5. 助燃气体；
6. 能与空气形成爆炸性混合物的浮游状态的粉尘、纤维、闪点不小于60℃的液体雾滴</td></tr>
<tr><td>丙</td><td>1. 闪点不小于60℃的液体；
2. 可燃固体</td></tr>
<tr><td>丁</td><td rowspan="2">生产特征</td><td>1. 对不燃烧物质进行加工，并在高温或熔化状态下经常产生强辐射热、火花或火焰的生产；
2. 利用气体、液体、固体作为燃料或将气体、液体进行燃烧作其他用的各种生产；
3. 常温下使用或加工难燃烧物质的生产</td></tr>
<tr><td>戊</td><td>常温下使用或加工不燃烧物质的生产</td></tr>
</table>

表 1.3 储存物品的火灾危险性分类

储存物品的火灾危险性类别	储存物品的火灾危险性特征
甲	1. 闪点小于28℃的液体； 2. 爆炸下限小于10%的气体，受到水或空气中水蒸气的作用能产生爆炸下限小于10%气体的固体物质； 3. 常温下能自行分解或在空气中氧化能导致迅速自燃或爆炸的物质； 4. 常温下受到水或空气中水蒸气的作用，能产生可燃气体并引起燃烧或爆炸的物质； 5. 遇酸、受热、撞击、摩擦以及遇有机物或硫黄等易燃的无机物，极易引起燃烧或爆炸的强氧化剂； 6. 受撞击、摩擦或与氧化剂、有机物接触时能引起燃烧或爆炸的物质
乙	1. 闪点不小于28℃，但小于60℃的液体； 2. 爆炸下限不小于10%的气体； 3. 不属于甲类的氧化剂； 4. 不属于甲类的易燃固体； 5. 助燃气体； 6. 常温下与空气接触能缓慢氧化，积热不散引起自燃的物品
丙	1. 闪点不小于60℃的液体； 2. 可燃固体
丁	难燃烧物品
戊	不燃烧物品

1.1.3 火灾分类

根据不同的分类标准，可以将火灾分为不同的类型。常见的火灾分类方式如下所述。

1.1.3.1 根据可燃物的类型和燃烧特性划分

国家标准《火灾分类》(GB/T 4968—2008) 中规定，根据可燃物的类型和燃烧特性，火灾可划分为A、B、C、D、E、F六大类。

A类火灾：指固体物质火灾。这种固体物质往往具有有机物质性质，一般在燃烧时产生灼热的余烬，如木材、棉、毛、麻、纸张等火灾。在我们日常生活中发生的火灾大部分属于A类火灾。

B类火灾：指液体火灾和可熔化固体物质的火灾，如汽油、煤油、原油、甲醇、乙醇、沥青和石蜡等火灾。

C类火灾：指气体火灾，如煤气、天然气、甲烷、乙烷、丙烷、氢气等火灾。

D类火灾：指金属火灾，如钾、钠、镁、铝镁合金等火灾。

E类火灾：指带电火灾，即物体带电燃烧的火灾。

F类火灾：指烹饪器具内的烹饪物火灾，如动、植物油脂火灾。

1.1.3.2 根据火灾损失分类

根据火灾损失的不同，火灾可以分为特别重大火灾、重大火灾、较大火灾和一般火灾四个等级。

(1) 特别重大火灾：是指造成30人以上死亡，或者100人以上重伤，或者1亿元以上直接财产损失的火灾；

(2) 重大火灾：是指造成10人以上30人以下死亡，或者50人以上100人以下重伤，或者5000万元以上1亿元以下直接财产损失的火灾；

(3) 较大火灾：是指造成3人以上10人以下死亡，或者10人以上50人以下重伤，或者1000万元以上5000万元以下直接财产损失的火灾；

(4) 一般火灾：是指造成3人以下死亡，或者10人以下重伤，或者1000万元以下直接财产损失的火灾。

注："以上"包括本数，"以下"不包括本数。

1.1.4 火灾原因

我国火灾统计年鉴将火灾原因分为十一大类：电气、生活用火不慎、生产作业、吸烟、玩火、自燃、雷击、静电、不明确原因、放火、其他。

据统计，近十年来，电气火灾在火灾总数中所占比例一般在30%左右，是引发火灾的最主要的原因，且它的比例还有增长的趋势。实际上这与生产的发展和人民生活的改善密切相关。现代化的工厂与企业的用电规模都相当大，普通家庭中的电器设备也大量增加，而安装不合理或使用不当就会引起火灾。生活用火不慎火灾在火灾总数中所占比例在20%左右，是引发火灾的第二大原因。生产作业引发的火灾虽然在起数比例上相对较小，但是其导致的火灾损失仅次于电气火灾。各类火灾原因的统计情况如图 1.2 所示。

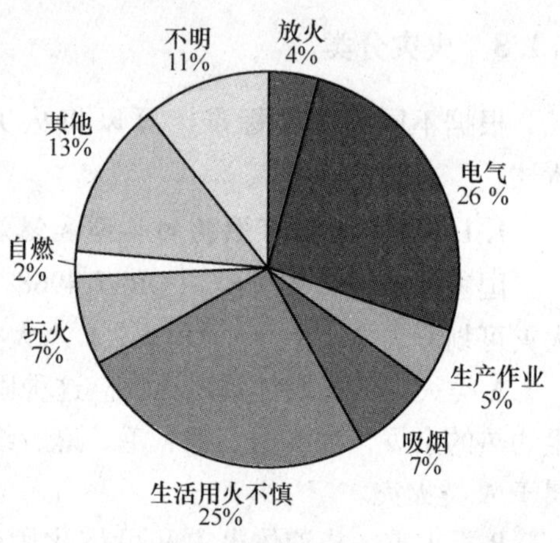

图 1.2 2002 ~ 2011 年全国起火原因统计

（1）电气火灾。主要包括电气线路故障、电器设备故障导致的火灾和电加热器具火灾等。在建筑内，电气线路会因为短路、超负荷运行、接触电阻过大、漏电等原因而产生电火花、电弧或引起绝缘导线和电缆过热而形成火灾。同时，建筑中使用电器的工作电压和工作电流与所使用的插座功率不相符，电器长时间处于工作状态、使用完毕不及时关闭电源，建筑内私拉乱接电线，不安装漏电保护器或是随意加粗保险丝等行为，都容易导致电器故障、线路老化等问题，进而引起火灾事故。此外，电灯等照明工具与可燃物的距离过近，电熨斗或电暖气过热等都容易造成火灾。

（2）生活用火不慎。具体包括油锅起火、炉具故障及使用不当、烟道过热窜火等用火不慎，敬神祭祖等用火不慎，照明不慎，使用蚊香不慎，烘烤不慎，余火复燃，飞火，荒郊、野外生火不慎等。

（3）生产作业火灾。主要包括生产作业用火不慎或违反安全操作规定进行生产作业等原因。前者如用明火熔化沥青、石蜡或熬制动、植物油脂等熬炼过程中，因操作不慎超过可燃物的自燃点而导致火灾；在烘烤烟叶、木板时，因升温过高，引起烘烤的可燃物起火；因锅炉中排出的炽热炉渣处理不当，引燃周围的可燃物导致火灾等。后者如在未采取相应防护措施的情况下，进行焊接和切割等操作，蹦出的火星和熔渣引燃附近的可燃物造成火灾；在易燃易爆的车间动用明火或使用非防爆型设备，引起火灾爆炸事故；将性质相抵触的物品混放引起火灾爆炸事故；机器设备未能及时维修润滑，导致运转过程中因摩擦发热引发火灾；化工生产设备失修，造成跑、冒、滴、漏现象，遇到明火引发火灾等。

（4）吸烟。包括违章吸烟、卧床吸烟、乱扔烟头、火柴等。

（5）玩火。儿童天性好奇，在玩火柴、打火机、炉灶、燃放烟花爆竹等过程中，由于缺乏使用常识，非常容易引发火灾。

（6）自燃。自燃是指可燃物在空气中没有外来火源的作用，靠自热或外热而发生燃烧的现象。浸油的棉织物，新割的稻草和谷草，潮湿的锯末、刨花、豆饼、棉籽、煤堆等如果通风不良，积热散发不出去，容易自燃起火。

（7）雷击。雷击引起的火灾原因可以细分为因雷电直接击在建筑物上发生的热效应、机械效应作用等引发火灾；雷电产生的静电感应作用和电磁感应作用引发火灾；高电位沿着电气线路或金属管道系统侵入建筑物内部，因建筑物没有设置可靠的防雷保护措施而引发雷击起火等。

（8）静电。静电通常是由摩擦、撞击而产生的。如在工业生产、储运过程中，因摩擦、流送、装卸、喷射、搅拌、冲刷等操作工序产生静电聚积，引发可燃物燃烧或爆炸等。

(9) 放火。放火即指人为故意纵火。

(10) 其他。除上述原因以外的其他原因。如地震等自然灾害引发的火灾。

1.2　建筑火灾发展蔓延规律

1.2.1　室内火灾发展过程

室内火灾发展过程一般由室内平均温度随时间变化描述，如图 1.3 所示。其中，虚线曲线代表轰燃发生前燃料已经耗尽，或者氧气供给不足导致燃烧终止。根据室内平均温度变化特点，可将室内火灾分为初起、全面发展和熄灭三个阶段。

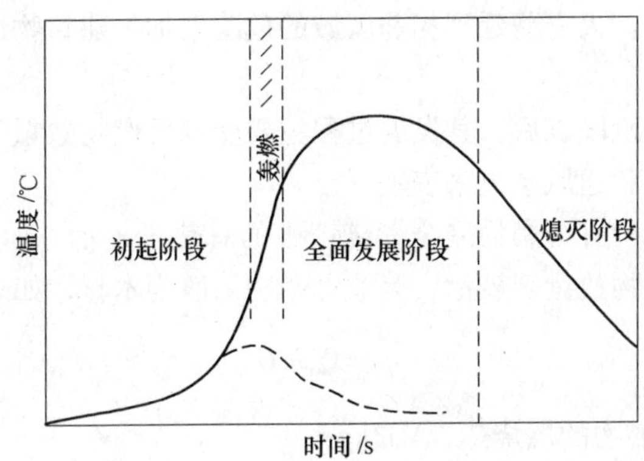

图 1.3　室内平均温度随时间的变化图

1.2.1.1　初起阶段

可燃物着火后，火灾发展有三种可能性：

(1) 燃烧限定在初始着火物上。着火的可燃物数量少，热值低，或者与其他可燃物之间有较大的距离，燃烧无法从着火物向周围物质蔓延。在此情况下，当着火的可燃物燃尽后，燃烧自行终止。

(2) 通风不足导致燃烧终止。在火灾蔓延发展过程中，物质燃烧消耗周围的氧气。当房间通风不足时，随着燃烧进行，对燃烧起支撑作用的氧气浓度越来越低，而对燃烧起抑制作用的燃烧产物浓度越来越高。当氧气浓度低于一定值时，燃烧因缺氧而熄灭。

(3) 发展蔓延。当初始着火物的数量大，热值高，与周围可燃物之间的距离近时，火焰将在初始可燃物上加速蔓延，并向周围可燃物蔓延，直至房间内的所有物质都卷入燃烧。

火灾初起阶段的特点是：燃烧范围小，燃烧速度慢，室内平均温度低。因此，火灾初起阶段是灭火和人员疏散的最佳时机。

1.2.1.2　全面发展阶段

当起始阶段的第三种可能性成为现实，且室内可燃物较多时，随着火灾蔓延，室内所有可燃物都卷入燃烧，燃烧充满了整个室内空间。

全面发展阶段的特点是：室内可燃物都在猛烈燃烧；温度直线上升，并出现持续高温；燃烧稳定，烧掉大量可燃物；火灾持续时间主要取决于可燃物和通风情况。

在火灾由初起阶段向全面发展阶段过渡的过程中，存在一种特殊的燃烧现象—轰燃。当房间具有良好通风，且室内燃料足够时，位于室内上方的高温烟气层温度随时间升高。当火灾发展到一定规模时，固体壁面和高温烟气层向下的热辐射足够强烈，使室内所有可燃物都受热分解释放大量可燃气体，可燃气体着火使所有可燃物突然卷入燃烧。此时的烟气层温度在500～600℃之间。火灾从缓慢增长到全面发展的过渡非常迅速。火灾动力学将这种非常迅速地从局部燃烧过渡到室内所有可燃物全部卷入燃烧的过程叫做室内火灾的轰燃现象。

轰燃发生后，火灾热释放速率迅速增加，氧气浓度下降。在此情况下，房间内的人员几乎完全失去逃生机会。火灾蔓延到相邻区域的危险增加，建筑物结构受到加热损害有发生坍塌的可能。

火灾进入全面发展阶段以后，其发展过程主要受到可燃物数量和通风情况的影响，具体参数分别用火灾荷载和通风系数来表示。

火灾荷载用房间内所有可燃物完全燃烧产生的总热量表示，如式（1.1）所示，或者用火灾范围内等效可燃物数量来表示，等效可燃物一般为木材，如式（1.2）所示。

$$q_{\mathrm{T}} = \sum h_i G_i \tag{1.1}$$

式中 h_i——第 i 种可燃物的燃烧热，MJ/kg；

G_i——第 i 种可燃物的质量，kg。

$$q_{\mathrm{T}} = \frac{\sum h_i G_i}{H_0} \tag{1.2}$$

式中 H_0——木材的燃烧热，MJ/kg。

通风系数的表示如式（1.3）所示。

$$F_{\mathrm{w}} = 0.53\,\frac{\sum A_{\mathrm{w}} H^{1/2}}{A_{\mathrm{T}}} \tag{1.3}$$

式中 A_{w}——开窗洞口面积，m^2；

H——窗洞高度，m；

A_{T}——房间所有内表面面积，m^2。

1.2.1.3 熄灭阶段

火灾进入全面发展阶段后，随着燃烧持续进行，可燃物数量逐渐减少，室内温度逐渐下降。当室内温度下降到最大值的80%时，即可认为火灾进入熄灭阶段。可燃物完全烧尽时，室内温度将逐渐恢复到常温。

熄灭阶段的特点是：室内可燃物减少，温度开始下降；温度下降速度与火灾持续时间有关；阶段开始的温度仍然较高，热辐射很强，对周围建筑物仍有很大威胁。虽然该阶段室内温度开始下降，但建筑构件因较长时间受高温作用和灭火射水作用，会出现裂缝、下沉、倾斜，存在倒塌的危险。

1.2.2 建筑火灾的蔓延方式

建筑火灾的蔓延方式与起火点、建筑材料、物质的燃烧性能和可燃物的数量等因素有关。室内火灾的常见蔓延方式为直接燃烧（火焰接触、延烧）、热对流、热辐射、热传导等。火灾向相邻建筑蔓延主要通过热对流、飞火和热辐射三种方式。各种火灾蔓延方式在建筑火灾中单独或者组合起来起作用。

（1）热传导。热量通过直接接触的物体从温度较高部位传递到温度较低部位，称为热传导。温度差是热传导的动力。固体媒介是热传导的主要形式。影响热传导的因素有温度、物体导热能力、导热体厚度、截面积、导热时间等。温差越大，导热体截面积越大，厚度越小，导热时间越长，传导的热量越多。

物体的导热能力用导热系数来表示。导热系数是指单位面积单位厚度的物体两侧温差为 1K 时，单位时间内传导的热量，单位 W/(m·K)。导热系数大的物体（如金属）更容易引起与其接触的可燃物的燃烧，成为火灾发展蔓延的途径。

（2）热对流。热对流是指热量通过流动介质，由空间的一处传播到另一处的现象。热对流仅发生在流体中，是液体和气体中热传递的特有方式，气体的对流现象比液体明显。对流可分自然对流和强制对流两种。

可燃物着火后，其火羽流通过热对流将热量传递到其他的可燃物，通常也夹带有燃烧灰烬，它会增加火灾蔓延的可能性。作为热传递的重要方式，热对流是影响建筑内早期火灾发展的最主要因素。

对于相邻建筑，当建筑物之间的距离较近，且建筑物外部或门窗洞口有可燃物时，着火建筑物产生的炽热烟气和火焰的直接作用会导致火灾蔓延。

（3）热辐射。物体因自身的温度而向外发射能量的热传递的方式叫做热辐射。热辐射以电磁辐射的形式发出能量，温度越高，辐射越强。区别于热传导和热对流，热辐射能不依靠媒质把热量直接从一个系统传给另一系统。

热辐射是远距离传热的主要方式，是引起火势扩散的主要模式。火焰和烧热的构件都能发出热辐射。非燃烧体构件温度在火灾中一般不会达到很高，不受限制的建筑物火灾最高达到 1200℃。热辐射大部分是从火焰发出的，其强度随着火焰温度的增加而变大。

火灾时，如热辐射的强度比较高，受到辐射的可燃物体在一定距离的范围内，该物体就可能被引燃。当然，可燃物是否能被辐射热引燃，还取决于材料本身的燃烧性能。

火灾在建筑物之间的蔓延主要是热辐射的作用。火灾发生时，热辐射主要从建筑物维护结构的洞口向外传播，直接导致建筑物火灾的蔓延。热辐射受着火建筑以及相邻建筑的特性的影响，热辐射的强度与消防扑救力量、火灾延续时间、可燃物的性质和数量、外墙开口面积的大小、建筑物的长度和高度以及气象条件等因素有关。

（4）飞火。在热对流的作用下，有些尚未燃尽的物质会借着热对流产生的动力抛向空中，形成飞火。飞火在风力的作用下，可以偏移达数十米甚至数百米。由于飞火所含的热量少，如果仅仅是飞火落到建筑的可燃物上，也不易形成新的起火点。即使如此，飞火对建筑物火灾蔓延的影响也不能完全忽略。如果飞火和热辐射相配合，往往比单纯的热辐射更容易使相邻的建筑物提前被引着。例如，露天状态木材在 33.5kW/m^2 的辐射强度下会自燃，在有飞火的情况下，导致其着火的辐射强度能够降低到 12.6kW/m^2。

1.2.3 建筑火灾的蔓延途径

建筑内某一房间发生火灾时，在火势没有得到有效的遏制而迅速发展的情况下，会突破该房间的限制，向其他空间蔓延。火灾主要的蔓延途径主要包括水平蔓延和竖向蔓延等。

1.2.3.1 火灾的水平蔓延

在建筑的着火房间内，主要因火焰直接接触、延烧或热辐射作用等导致火灾在水平方向蔓延。在着火房间外，主要因防火分隔构件直接燃烧、被破坏或隔热作用失效，烟火从着火房间的开口蔓延，进入其他空间后因高温热对流等作用导致火灾在水平方向蔓延。下列情况最常导致建筑火灾在水平方向的蔓延：

(1) 建筑内水平方向未设置防火分区或防火分隔。

(2) 防火分隔方式不当。如防火隔墙和房间隔墙未砌至顶板或隔断吊顶，导致分隔失效。

(3) 防火墙或防火隔墙上的开口处理不完善。火灾时，如采用可燃的木质门，门会被烧穿，防火门未能及时关闭、防火卷帘不能及时降落，或金属防火卷帘无水幕保护，导致火灾时卷帘熔化等。

(4) 采用可燃构件与装饰材料。如火灾可以通过可燃的吊顶和地毯等在水平方向上蔓延。

防止火灾水平蔓延主要是通过设置防火墙、防火门及防火卷帘等设施将各楼层在水平方向分隔为多个防火分区，将火灾控制在一个防火分区内。

1.2.3.2 火灾的竖向蔓延

建筑物内部的楼梯间、电梯井、管道井、天井、电缆井、垃圾井、排气道、中庭等竖向通道和空间，往往贯穿整个建筑，如果没有进行合理、完善的防火设计，一旦发生火灾，会产生较强烈的烟囱效应，导致火灾和烟气在竖向迅速蔓延。特别是对于高层建筑，烟囱效应导致的火灾竖向蔓延是使火灾迅速蔓延至整栋建筑的主要途径。防止火灾在建筑内部竖向蔓延主要是对竖向管道进行防火封堵，设置防火门、前室等。

同时，高温热烟气流也会促使火焰窜出外窗向上层蔓延。一方面，由于火焰与外墙面之间的空气受热逃逸形成负压，周围冷空气的压力致使烟火贴墙面而上，使火蔓延到上一层，甚至越层向上蔓延。另一方面，由于火焰贴附外墙面，致使热量透过墙体引燃起火层上面一层房间内的可燃物。建筑的外窗形状、大小对火势蔓延有很大影响。当窗口高宽较小时，火焰或热气流贴附外墙面的现象明显，使火势更容易向上发展。

此外，随着外墙外保温材料在我国建筑上的广泛应用，以及落地窗、玻璃幕墙等建筑形式在我国城市的不断涌现，火灾还可能沿建筑外墙面竖向蔓延。

1.2.3.3 其他蔓延途径

建筑中一些小的孔洞，有时会造成整座大楼的恶性火灾，尤其是在现代建筑中，吊顶与楼板之间，幕墙与分隔构件之间的空隙，保温夹层，通风管道等都有可能因施工质量等留下孔洞，而且有的孔洞水平方向与竖直方向互相穿通，使用者往往不知道这些孔洞隐患的存在，更不会采取相应的防火措施，所以，火灾发生时会导致火灾规模扩大，造成生命财产损失。

通风和空气调节系统的风管也是建筑内部火灾蔓延的途径之一。一方面，风管自身起火会导致火势向连通的空间（房间、吊顶内部、机房等）蔓延。另一方面，起火房间的火灾和烟气还会通过风管蔓延到建筑物内的其他空间。当建筑空调系统未按规定设置防火阀、风管或风管的绝热材料等都容易造成火灾蔓延。

1.3 建筑防火设计策略

1.3.1 建筑防火宏观策略

纵观目前世界各国的防火方法，其防火对策分为两类：一是预防失火，主要通过有关防火法规的贯彻执行，防火安全检查，防火宣传教育，提高民众的防火意识等手段来达到目的。二是一旦失火，尽早发现，争取初期灭火，使其不致成灾，尽可能减少人民生命财产损失。在建筑设计中，主要采取四种措施：防火、避火、控火、耐火。

(1) 防火（爆）。防火是人们为火灾设置的第一道防线，其直接目的是破坏燃烧条件。该项防火技术措施依靠建筑设计和设备设计共同完成。在设计中破坏燃烧、爆炸条件，如装修工程中采用非燃、难燃性建筑材料，易燃易爆场所强化通风，设置防爆电气，使用不发火地面等。

(2) 避火。当第一道防线被突破，防火措施失效，即发生了火灾，应首先考虑人员安全。合理设计疏散通道、疏散设施和安全出口，为灾区人员避火逃生创造条件。人的生命是最重要的，避火措施对火灾时人员安全疏散负有重大责任。不仅设计应符合设计规范，在日常管理中确保疏散通道的有效性也非常重要。所以，该项防火技术措施依靠建筑设计和防火管理共同完成。

(3) 控火。在考虑人员避火的同时，还应考虑控火措施。控火有两方面含义：一是把火灾控制在初起阶段，如安装火灾自动报警、自动灭火系统，进行初期有效扑救，主要依靠设备设计和防火管理共同完成；二是把火灾控制在较小范围，在建筑物平面和竖向划分防火分区，在建筑物之间留有适当防火安全距离，切断火灾蔓延途径，既可减小成灾面积，又能便于扑救，主要依靠建筑设计来完成。

(4) 耐火。当防火和控火措施同时失效时，即火灾在初起阶段未得到有效控制，已进入全面发展阶段，应考虑耐火措施，即加强建筑结构构件的耐火稳定性，使其在火灾中不致失效，尤其是不能发生整体倒塌。耐火是防火设计中最后一道防线。

1.3.2 建筑防火技术措施

要实现建筑防火宏观策略的目标，需要综合应用管理措施和技术措施。其中，建筑防火技术措施包括被动措施和主动措施，这些措施相互组合，构成建筑防火安全系统。被动措施是通过提高建筑自身的防火性能和耐火性能来实现防火目标，主要是使建筑自身不被点燃，或发生火灾后能尽可能将火灾控制在一个较小的空间内，使建筑结构具有足够的承载力，人员在疏散过程中不受到火的危害。主动措施是通过在建筑内外设置灭火设施、火灾自动报警设施和防烟排烟设施等提高建筑的灭火、控火能力和人员的疏散安全来实现防火目标。主要是使建筑发生火灾后能尽早扑灭并将其控制在一个较小的空间内，使建筑结构和人员疏散受到保护，火灾不会蔓延至邻近建筑。

相应的，建筑防火安全系统由主动防火安全系统和被动防火安全系统组成。

（1）被动防火安全系统。建筑被动防火系统的主要作用在于：

1）将火势及烟气限制在起火区域空间内，减少生命及财产损失；

2）防止建筑结构的局部或整体崩塌；

3）防止火势蔓延至邻近区域或阻止火势从邻近区域蔓延过来；

4）与主动防火系统实现有机的互补。

被动防火系统的设计旨在提高或增强建筑构件或材料承受火灾破坏的能力，通常包含以下内容：

1）建筑装修装饰材料的防火设计；

2）防火分区与防火分隔设计；

3）建筑耐火及其结构或构件的防火设计；

4）建筑之间的防火设计（防火间距等）；

5）建筑内防火封堵系统设计；

6）安全疏散线路设计。

由于建筑被动防火安全系统的设计在应用于建筑物时，往往形成建筑物构造的一部分，不易搬移改动或增加。因此在建筑设计时必须认真研究，一次设计到位，防止建筑竣工后因设计缺陷形成难以改造的火灾隐患。

（2）主动防火安全系统。建筑主动防火系统的主要作用在于：

1）早期发现及扑灭火灾；

2）保障人员安全疏散；

3）减少烟气危害。

建筑主动防火系统的设计通常包含以下内容：

1）消防给水系统；

2）火灾报警系统；

3）灭火系统；

4）消防电气系统，如消防电源和安全疏散诱导系统、应急照明、广播；

5）建筑防烟和排烟系统。

火灾发生时，火灾自动报警系统能及时探测火灾，发出火灾报警，并启动火灾警报装置、应急照明系统、火灾应急广播等设施，引导火灾现场人员及时疏散；自动灭火系统在报警系统确认火灾后启动，实施灭火、控火，以防止火灾蔓延；与此同时，防排烟系统动作排出火灾产生的热烟气，为人员疏散和消防人员扑救提供安全环境。

由于建筑的主动防火安全系统在设计中大都应用于建筑物，形成建筑物内附设的消防设备和器具，具有警报、灭火、排烟及配合消防救援等功能，为建筑结构之外的附属物，容易改造与增设。相对于建筑被动防火系统，主动防火系统在设计中即使形成隐患，也易于整改。

综上所述，总结火灾发展不同阶段采取的建筑防火技术措施如图 1.4 所示。

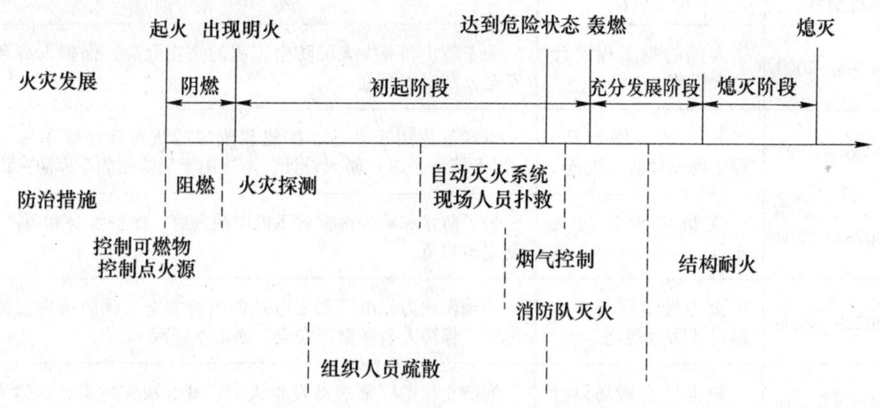

图 1.4 火灾发展与防火技术措施

1.4 建筑防火设计方法

目前，世界各国的防火设计方法主要有"处方式"和"性能化"两种设计方法。

1.4.1 "处方式"防火设计方法

1.4.1.1 "处方式"防火设计方法的定义和适用范围

所谓"处方式"防火设计方法，是指依据"处方式"防火设计规范进行建筑设计。这些"处方式"防火设计规范，是依据火灾基本规律、火灾科学试验研究和经验教训，以条文的形式，对建筑防火各个方面，明确规定了应采取的技术措施和具体的设计参数。设计者必须依据规范中要求的技术措施和设计参数进行设计，监管者也是依据规范的这些条文要求进行监管。"处方式"防火设计方法是一种传统的设计方法，由于其具有简单易行，便于掌握的特点，长期以来被广泛应用，目前国内外绝大部分建筑都是采用"处方式"防火设计方法进行设计的，因此，本教材主要以"处方式"防火设计方法为基础进行阐述。

1.4.1.2 "处方式"防火设计规范

截至 2013 年底，我国"处方式"防火设计规范，即工程建设消防技术规范有 36 部，如表 1.4 所示。其中包括建筑防火设计规范，消防设施设计、施工及验收规范和工程项目建设标准。

表 1.4 我国现行工程建设消防技术规范目录

序号	标准编号	标准名称	适 用 范 围
1	GB 50016—2014	建筑设计防火规范	本规范适用于下列新建、扩建和改建的建筑：厂房；仓库；民用建筑；甲、乙、丙类液体储罐（区）；可燃、助燃气体储罐（区）；可燃材料堆场；城市交通隧道
2	GB 50222—1995	建筑内部装修设计防火规范	本规范适用于民用建筑和工业厂房的内部装修设计。本规范不适用于古建筑和木结构建筑的内部装修设计
3	GB 50354—2005	建筑内部装修防火施工及验收规范	本规范适用于工业与民用建筑内部装修工程的防火施工与验收。本规范不适用于古建筑和木结构建筑的内部装修工程的防火施工与验收

续表 1.4

序号	标准编号	标准名称	适 用 范 围
4	GB 50098—2009	人民防空工程设计防火规范	为了防止和减少人民防空工程的火灾危险，保护人身和财产的安全，制定本规范
5	GB 50067—1997	汽车库、修车库、停车场设计防火规范	本规范适用于新建、扩建和改建的汽车库、修车库、停车场（以下统称车库）防火设计，不适用于消防站的车库防火设计
6	GB 50284—2008	飞机库设计防火规范	为了防止和减少火灾对飞机库的危害，保护人身和财产的安全，制定本规范
7	GB 50229—2006	火力发电厂与变电站设计防火规范	为确保火力发电厂和变电站的消防安全，预防火灾或减少火灾危害，保障人身和财产安全，制定本规范
8	GB 50745—2012	核电厂常规岛设计防火规范	为防止核电厂常规岛发生火灾，减少火灾危害，保障人身、财产及核电厂安全，制定本规范
9	GB 50694—2011	酒厂设计防火规范	为了防范酒厂火灾，减少火灾危害，保护人身和财产安全，制定本规范
10	GB 50630—2010	有色金属工程设计防火规范	为了防止和减少有色金属工程火灾危害，确保人身和财产安全，制定本规范
11	GB 50414—2007	钢铁冶金企业设计防火规范	为了防止和减少钢铁冶金企业火灾危害，保护人身和财产安全，制定本规范
12	GB 50183—2004	石油天然气工程设计防火规范	本规范适用于新建、扩建、改建的陆上油气田工程、管道站场工程和海洋油气田陆上终端工程的防火设计
13	GB 50565—2010	纺织工程设计防火规范	为了预防和减少纺织工程中的火灾危害，保障人身和财产安全，制定本规范
14	GB 50720—2011	建设工程施工现场消防安全技术规范	为预防建设工程施工现场火灾，减少火灾危害，保护人身和财产安全，制定本规范
15	GB 50039—2010	农村防火规范	为了预防农村火灾的发生，减少火灾危害，保护人身和财产安全，制定本规范
16	GB 50974—2014	消防给水与消火栓系统技术规范	为了保证消防给水系统和消火栓系统的安全性、可靠性、经济合理性，便于日常维护管理，及时有效地扑灭火灾，保护生命和财产安全，制定本规范
17	GB 50084—2001	自动喷水灭火系统设计规范	本规范适用于新建、扩建、改建的民用与工业建筑中自动喷水灭火系统的设计。本规范不适用于火药、炸药、弹药、火工品工厂、核电站及飞机库等特殊功能建筑中自动喷水灭火系统的设计
18	GB 50261—2005	自动喷水灭火系统施工及验收规范	本规范适用于工业与民用建筑中设置的自动喷水灭火系统的施工、验收及维护管理
19	GB 50151—2010	泡沫灭火系统设计规范	为了合理地设计泡沫灭火系统，减少火灾损失，保障人身和财产的安全，制定本规范
20	GB 50281—2006	泡沫灭火系统施工及验收规范	本规范适用于新建、扩建、改建工程中设置的低倍数、中倍数和高倍数泡沫灭火系统的施工及验收、维护管理
21	GB 50370—2005	气体灭火系统设计规范	本规范适用于新建、改建、扩建的工业和民用建筑中设置的七氟丙烷、IG541 混合气体和热气溶胶全淹没灭火系统的设计

续表 1.4

序号	标准编号	标准名称	适 用 范 围
22	GB 50263—2007	气体灭火系统施工及验收规范	为统一气体灭火系统（或简称系统）工程施工及验收要求，保障气体灭火系统工程质量，制定本规范。本规范适用于新建、扩建、改建工程中设置的气体灭火系统工程施工及验收、维护管理
23	GB 50338—2003	固定消防炮灭火系统设计规范	本规范适用于新建、改建、扩建工程中设置的固定消防炮灭火系统的设计
24	GB 50498—2009	固定消防炮灭火系统施工与验收规范	为保障固定消防炮灭火系统的施工质量和使用功能，规范工程验收和维护管理，制定本规范
25	GB 50140—2005	建筑灭火器配置设计规范	本规范适用于生产、使用或储存可燃物的新建、改建、扩建的工业与民用建筑工程。本规范不适用于生产或储存炸药、弹药、火工品、花炮的厂房或库房
26	GB 50444—2008	建筑灭火器配置验收及检查规范	为保障建筑灭火器的合理安装配置和安全使用，及时有效地扑灭初起火灾，减少火灾危害，保护人身和财产安全，制定本规范
27	GB 50347—2004	干粉灭火系统设计规范	本规范适用于新建、扩建、改建工程中设置的干粉灭火系统的设计
28	GB 50219—1995	水喷雾灭火系统设计规范	本规范适用于新建、扩建、改建工程中生产、储存装置或装卸设施设置的水喷雾灭火系统的设计；本规范不适用于运输工具或移动式水喷雾灭火装置的设计
29	GB 50193—1993	二氧化碳灭火系统设计规范	本规范适用于新建、改建、扩建工程及生产和储存装置中设置的二氧化碳灭火系统的设计
30	GB 50163—1992	卤代烷 1301 灭火系统设计规范	本规范适用于工业和民用建筑中设置的卤代烷 1301 全淹没灭火系统
31	GB 50351—2005	储罐区防火堤设计规范	为合理设计防火堤、防护墙，保障储罐区安全，制定本规范
32	GB 50116—2013	火灾自动报警系统设计规范	本规范适用于工业与民用建筑内设置的火灾自动报警系统，不适用于生产和贮存火药、炸药、弹药、火工品等场所设置的火灾自动报警系统
33	GB 50166—2007	火灾自动报警系统施工及验收规范	为了保障火灾自动报警系统的施工质量和使用功能，预防和减少火灾危害，保护人身和财产安全，制定本规范
34	GB 50440—2007	城市消防远程监控系统技术规程	为了合理设计和建设城市消防远程监控系统，保障远程监控系统的设计和施工质量，实现火灾的早期报警和建筑消防设施运行状态的集中监控，提高单位消防安全管理水平，制定本规范
35	GB 50313—2000	消防通信指挥系统设计规范	本规范适用于新建、改建、扩建的消防通信指挥系统的设计
36	GB 50401—2007	消防通信指挥系统施工及验收规范	为了保障消防通信指挥系统建设的施工质量，加强系统维护管理，确保系统正常运行，提高灭火救援快速反应和科学决策能力，保护人身和财产安全，制定本规范

“处方式”防火设计方法在长期应用过程中，也逐渐显露出一些不足。例如虽可以满足目前大多数建筑工程的设计和监管需要，但不能满足某些有特殊要求的工程的设计；束缚设计者的创造性；存在滞后性，不利于新技术、新材料的采用和技术进步；设计结果并非最合理的方案。于是，逐渐产生了“性能化”防火设计方法。

1.4.2 “性能化”防火设计方法

1.4.2.1 “性能化”防火设计方法的定义和适用范围

“性能化”防火设计方法源于英文“performance - based fire design”，是运用消防安全工程学的原理与方法，对建筑物的火灾危险性进行定性或定量的预测和评估，从而得出满足既定消防安全目标的设计方案的一种防火设计方法。其特征如下：

（1）“性能化”防火设计规范并不规定达到某一安全目标的具体措施，设计者是一个“医生”而不是“药剂师”，能最大限度发挥其创造性；

（2）“性能化”防火设计规范可以更好地满足有特殊要求的工程设计；

（3）“性能化”防火设计规范的评估方法以计算机火灾模拟技术、风险评估、建筑结构等工程学为基础，所以对使用者要求更高；

（4）“性能化”防火设计规范从建筑物具体情况出发，因而其评估结论更为可靠；

（5）“性能化”防火设计规范更利于新技术、新材料的采用和技术进步；

（6）“性能化”防火设计规范的设计结果更易于得到最合理的方案；

（7）“性能化”防火设计规范更利于各项防火技术的优化组合和总体防火效果的发挥。

“性能化”防火设计规范目前尚处在发展和逐步完善中，它与“处方式”防火设计规范相互补充，并可能长期共存。

目前，按照相关规定，我国可以采用“性能化”设计方法的建筑只局限于以下三种情况：

（1）国家工程建设消防技术标准没有规定的；

（2）消防设计文件拟采用的新技术、新工艺、新材料可能影响建设工程消防安全，不符合国家标准规定的；

（3）拟采用国际标准或者境外消防技术标准的。

1.4.2.2 “性能化”防火设计方法的基本程序和评估目标

“性能化”防火设计方法的基本程序如图1.5所示，主要包括：

（1）设计建筑物并采取必要的防火措施。

（2）根据需要确定评估目标。

（3）若评估结果符合安全标准，则设计结

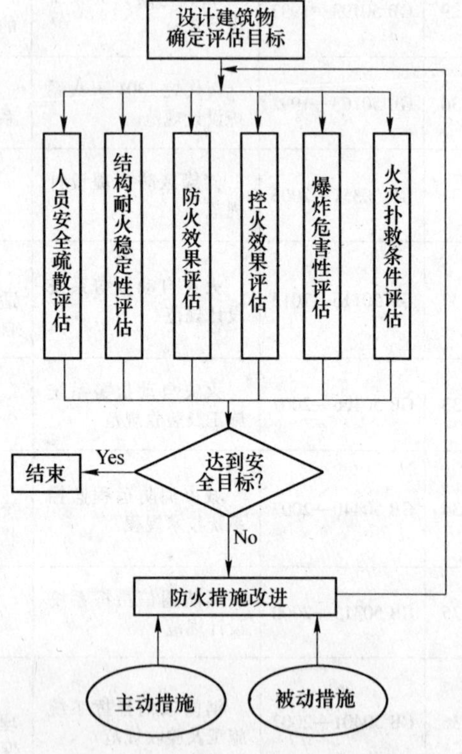

图1.5 “性能化”防火设计程序

束，若不符合，则改变防火措施后重新评估直至符合安全标准。

评估目标主要有以下几项：

(1) 人员安全疏散评估：把建筑物内的人员疏散到安全区域所需时间的预测结果与所选火灾场景下模拟计算的允许安全疏散时间进行对比。

(2) 建筑结构耐火性能评估：把建筑结构在所选火灾场景下预测得到的承载力与结构的实际承载力进行对比。

(3) 防火效果评估：对所设计的建筑物在未来使用中发生火灾的可能性即建筑的火灾危险性进行评估，看其是否达到人们可接受的水平。

(4) 控火效果评估：预测所设计的建筑物在未来使用中发生火灾后其蔓延成灾范围，即对建筑火灾成灾规模进行评估，看其是否达到人们可接受的水平。

(5) 爆炸危害性评估：对有爆炸危险性的工业建筑的爆炸危害性进行评估，看其是否达到人们可接受的水平。

(6) 火灾扑救条件评估：对建筑物发生火灾时的扑救条件进行评估，看其是否达到人们可接受的水平。

选取哪种评估目标，与建筑用途、建筑特点密切相关。从目前应用情况来看，在以上各评估目标中，其中人员安全疏散评估和建筑结构耐火性能评估相对成熟，已进入应用，而其他模块尚在研究中。

"性能化"设计方法与"处方式"设计方法主要是在设计方法上的区别，设计过程中采用的防火技术措施基本相同。

1.4.2.3 人员安全疏散评估方法

人员安全疏散评估方法大致采用以下步骤：

(1) 根据建筑物的实际情况预测建筑物内全部人员疏散到安全地点所需安全疏散时间 t_1：

1) 确定建筑物内人员数量；

2) 确定建筑物内人员的身体状况（正常/残疾）；

3) 根据疏散出口、数量确定可能的疏散路线；

4) 确定最不利疏散距离；

5) 确定行走速度（水平、竖向）；

6) 确定出口通过能力；

7) 计算疏散所需安全疏散时间 t_1。

(2) 根据建筑物的实际情况预测火灾后可用安全疏散时间 t_2：

1) 据可燃物种类、数量选定起火地点；

2) 根据可燃物种类、数量选定火灾模型，即热释放速率曲线；

3) 预测烟气高度到达人眼的特征高度（1.8～2m）及烟气温度达到180℃时的时间 t_{21}；

4) 预测烟气高度低于人眼的特征高度及CO浓度达到0.25%时的时间 t_{22}；

5) t_{21}、t_{22}的最小值即为可用安全疏散时间 t_2。

(3) 判断：如果 $t_2 > t_1$，满足安全疏散要求，评估结束；否则，改进设计重新评估直至满足。

人员安全疏散评估框图如图 1.6 所示。

1.4.2.4 建筑结构耐火性能评估方法

建筑结构耐火性能评估方法大致采用以下步骤：

(1) 根据失火分区具体情况，即火灾荷载大小，通风参数，分区分隔物材料热参数预测计算分区火灾温度——时间关系，以此作为构件升温曲线；

(2) 建立构件导热微分方程，输入构件材料热参数和定解条件，解算构件截面温度场；

(3) 由结构理论建立构件抗力计算模型，按温度场计算结果确定相应的材料力学设计参数，计算构件抗力 R_f；

(4) 确定火灾时构件可能承受的重力荷载即有效荷载，用力学分析方法计算构件在有效荷载和温度共同作用下的荷载效应 S_f；

(5) 比较 R_f 和 S_f，当 $R_f \geqslant S_f$ 时，结构可保证稳定而不倒塌，设计结束；当 $R_f < S_f$ 时，结构不能保证稳定，需作耐火补充设计，即改变分区状况或构件截面几何参数，重新计算直至满足要求。

评估过程如图 1.7 所示。

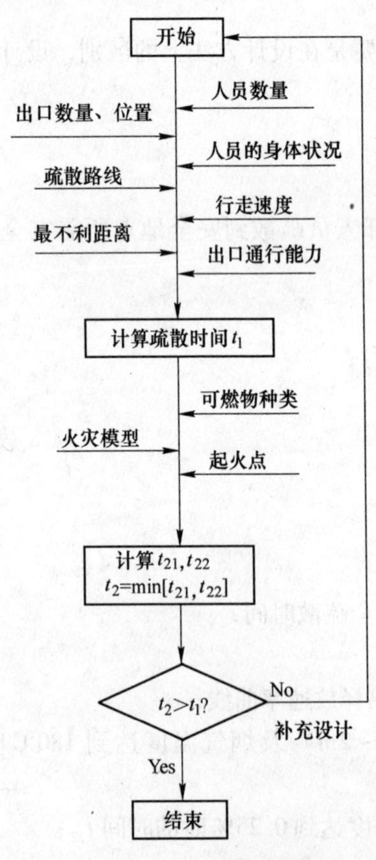

图 1.6　人员疏散评估框图

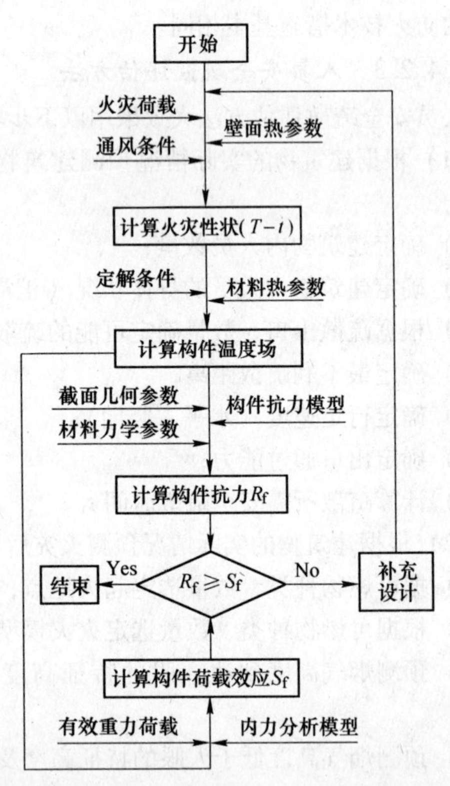

图 1.7　建筑结构耐火性能评估框图

思考题

1－1　名词解释：建筑高度；建筑面积；商业服务网点；裙房。

1－2　从消防安全的角度，民用建筑是如何分类的？

1－3　我国对火灾是如何分类的？

1－4　室内火灾发展过程分为哪几个阶段？

1－5　建筑火灾的蔓延方式有哪些？

1－6　建筑防火设计方法有哪几种？各自的特点是什么？

1－7　简述建筑火灾蔓延的途径。

1－8　简述建筑防火设计宏观策略。

1－9　请画出火灾发展过程与消防对策对应图。

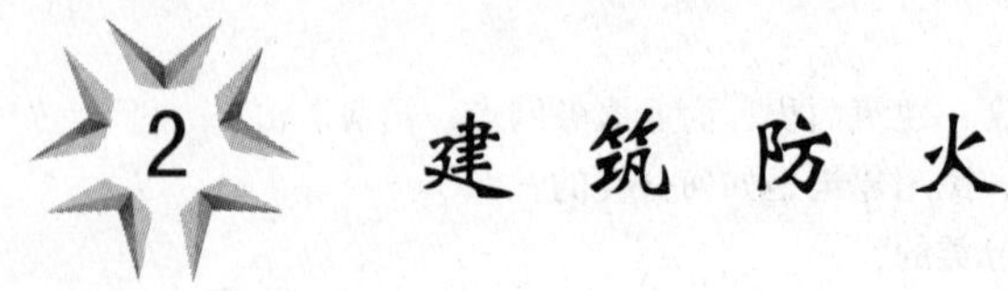

2 建筑防火

2.1 建筑耐火设计

建筑耐火设计是建筑防火的最后一道防线，关系到火灾中建筑构件能否保持完好有效，尤其是结构构件是否会失效，建筑是否会发生整体倒塌。

建筑是由建筑构件通过一定的构造形式组合而成，建筑构件又是由建筑材料制成。因此，按照建筑材料的高温性能、建筑构件的耐火性能、建筑物的耐火等级的顺序学习本部分内容。

2.1.1 建筑材料的高温性能

对于建筑材料，从建筑防火角度主要关心其在高温下的性能，主要包括材料的燃烧性能、力学性能、隔热性能、发烟性能、毒害性能等方面。

2.1.1.1 燃烧性能

建筑材料的燃烧性能是指材料燃烧或遇火时所发生的一切物理、化学变化。这项性能由材料表面的着火性和火焰传播性、发热、发烟、炭化、失重，以及毒性生成物的产生等特性来衡量。这些特性对火灾的发生与发展及火灾中人员安全有重要影响。

《建筑材料及制品燃烧性能分级》(GB 8624—2012）中，建筑材料及制品燃烧性能分为不燃材料（制品)、难燃材料（制品)、可燃材料（制品）和易燃材料（制品）四个级别，级别符号分别为 A、B_1、B_2、B_3。

一般情况下，不燃材料，在火灾发生时不起火、不微燃、不炭化，即使烧红或熔融也不会发生燃烧现象，如砖瓦、玻璃、石材、钢材等。难燃材料，在火灾发生时难起火、难微燃、难炭化，可推迟发火时间或延缓火灾蔓延，当火源移走后燃烧会立即停止。如阻燃后的胶合板、纤维板、塑料板等。可燃材料，在火灾发生时立即起火或微燃，且当火源移走后仍能继续燃烧，如木材及大部分有机材料。易燃材料，在火灾发生时立即起火，且火焰传播速度很快，如有机玻璃、赛璐珞、泡沫塑料等。

建筑材料燃烧性能等级的判定，不是通过简单的肉眼观察材料在火灾时的反应就可以确定的。需要严格按照标准的试验方法，由国家专业检测机构检测，满足相应分级判据，才能最终判定建筑材料燃烧性能的等级。

涉及的标准试验方法主要有：《建筑材料不燃性试验方法》(GB/T 5464—1999)，《建筑材料可燃性试验方法》(GB/T 8626—2007)，《建筑材料燃烧热值试验方法》(GB/T 14402—1993)，《建筑材料或制品的单体燃烧试验》(GB/T 20284—2006)，《铺地材料燃烧性能测定辐射热源法》(GB/T 11785—2010）等。

《建筑材料及制品燃烧性能分级》(GB 8624—2012）与作为分级判据的欧盟标准（EN 13501—1：2007）分级的对应关系如表 2.1 所示。

表 2.1 GB 8624—2012 和 EN 13501—1：2007 的对应关系

标　准	燃烧性能分级			
GB 8624—2012	A	B_1	B_2	B_3
EN 13501—1：2007	A_1、A_2	B、C	D、E	F

除了建筑材料本身的理化性质以外，建筑材料的形状、使用部位、使用性质对材料在火灾中的反应状况影响很大。因此，材料的形状、使用部分、使用性质不同，分级判据也不同。《建筑材料及制品燃烧性能分级》（GB 8624—2012）不仅对平板状建筑材料、铺地材料、管状绝热材料等建筑材料的燃烧性能等级判定的试验方法和分级判据分别作了规定，还对建筑用制品的燃烧性能等级判定的试验方法和分级判据分别作了规定。建筑制品主要包括四大类：窗帘幕布、家具制品装饰用织物；电线电缆套管、电器设备外壳及附件；电器、家具制品用泡沫塑料；软质家具和硬质家具。

以平板状建筑材料为例，其燃烧性能等级和分级判据如表 2.2 所示。对墙面保温泡沫塑料，除符合表 2.2 规定外应同时满足以下要求：B_1 级氧指数值 OI≥30%；B_2 级氧指数值 OI≥26%。试验依据标准为 GB/T 2406.2—2009。

表 2.2 GB 8624—2012 平板状建筑材料及制品的燃烧性能等级和分级判据

<table>
<tr><th colspan="2">燃烧性能等级</th><th colspan="2">试验方法</th><th>分级判据</th></tr>
<tr><td rowspan="5">A</td><td rowspan="2">A_1</td><td colspan="2">GB/T 5464—2010①且</td><td>炉内温升 $\Delta T \leq 30℃$；
质量损失率 $\Delta m \leq 50\%$；
持续燃烧时间 $t_f = 0$</td></tr>
<tr><td colspan="2">GB/T 14402—2007</td><td>总热值 PCS≤2.0MJ/kg①,②,③,④
总热值 PCS≤1.4MJ/m²④</td></tr>
<tr><td rowspan="3">A_2</td><td>GB/T 5464—2010①或</td><td rowspan="2">且</td><td>炉内温升 $\Delta T \leq 50℃$；
质量损失率 $\Delta m \leq 50\%$；
持续燃烧时间 $t_f \leq 20s$</td></tr>
<tr><td>GB/T 14402—2007</td><td>总热值 PCS≤3.0MJ/kg①,⑤；
总热值 PCS≤4.0MJ/m²②,④</td></tr>
<tr><td colspan="2">GB/T 20284—2006</td><td>燃烧增长速率指数 $FIGRA_{0.2MJ} \leq 120W/s$
火焰横向蔓延未到达试样长翼边缘；
600s 的总放热量 $THR_{600s} \leq 7.5MJ$</td></tr>
<tr><td rowspan="4">B_1</td><td rowspan="2">B</td><td colspan="2">GB/T 20284—2006 且</td><td>燃烧增长速率指数 $FIGRA_{0.2MJ} \leq 120W/s$；
火焰横向蔓延未到达试样长翼边缘；
600s 的总放热量 $THR_{600s} \leq 7.5MJ$</td></tr>
<tr><td colspan="2">GB/T 8626—2007
点火时间 30s</td><td>60s 内焰尖高度 $F_s \leq 150mm$；
60s 内无燃烧滴落物引燃滤纸现象</td></tr>
<tr><td rowspan="2">C</td><td colspan="2">GB/T 20284—2006 且</td><td>燃烧增长速率指数 $FIGRA_{0.4MJ} \leq 250W/s$；
火焰横向蔓延未到达试样长翼边缘；
600s 的总放热量 $THR_{600s} \leq 15MJ$</td></tr>
<tr><td colspan="2">GB/T 8626—2007
点火时间 30s</td><td>60s 内焰尖高度 $F_s \leq 150mm$；
60s 内无燃烧滴落物引燃滤纸现象</td></tr>
</table>

续表 2.2

燃烧性能等级		试验方法	分级判据
B_2	D	GB/T 20284—2006 且	燃烧增长速率指数 $FIGRA_{0.4MJ} \leqslant 750W/s$
		GB/T 8626—2007 点火时间 30s	60s 内焰尖高度 $F_s \leqslant 150mm$； 60s 内无燃烧滴落物引燃滤纸现象
	E	GB/T 8626—2007 点火时间 15s	20s 内的焰尖高度 $F_s \leqslant 150mm$； 20s 内无燃烧滴落物引燃滤纸现象
B_3	F	无性能要求	

① 匀质制品或非匀质制品的主要组分；

② 非匀质制品的外部次要组分；

③ 当外部次要组分的 $PCS \leqslant 2.0MJ/m^2$ 时，若整体制品的 $FIGRA_{0.2MJ} \leqslant 20W/s$，LFS < 试样边缘、$THR_{600s} \leqslant 4.0MJ$ 并达到 s1 和 d0 级，则达到 A_1 级；

④ 非匀质制品的任一内部次要组分；

⑤ 整体制品。

2.1.1.2 力学性能

材料高温下的力学性能，主要研究在高温作用下力学性能（强度、弹性模量等）随温度的变化规律。对于结构材料在火灾高温作用下保持一定强度至关重要。

材料的强度是指材料在外力或应力作用下抵抗破坏的能力，以破坏时的最大应力值表示。材料的实际强度通过标准试验来测定，根据受力方式不同分为抗压强度、抗拉强度、抗剪强度、抗弯强度等。

材料的强度值与测试条件有关，即与试件的形状、尺寸、表面状态、含水程度、温度及加载速度等因素有关。因此，国家规定了标准试验方法，测定强度时应严格遵守。

为了便于合理使用材料，对于以强度为主要指标的材料，通常按材料强度值的高低划分为若干个等级，称为材料的强度等级或标号，脆性材料主要以抗压强度来划分，塑性材料和韧性材料主要以抗拉强度来划分。如烧结多孔砖分为 MU30、MU25、MU20、MU15、MU10、MU7.5 六个强度等级，混凝土分为 C15、C20、C25、C30、…、C80 十四个强度等级。数值指抗压强度平均值，单位为 MPa。

例如，普通低碳钢高温力学性能如图 2.1 所示。强度随温度升高而降低，钢材在高温下强度降低是影响钢结构和钢筋混凝土结构耐火性能的重要因素。随着温度升高钢材的伸长率总的趋势是增大的，表明高温下钢材的塑性增大，易于产生变形。钢材的导热系数大，在高温下容易使其内部的材料温度升高，强度降低。

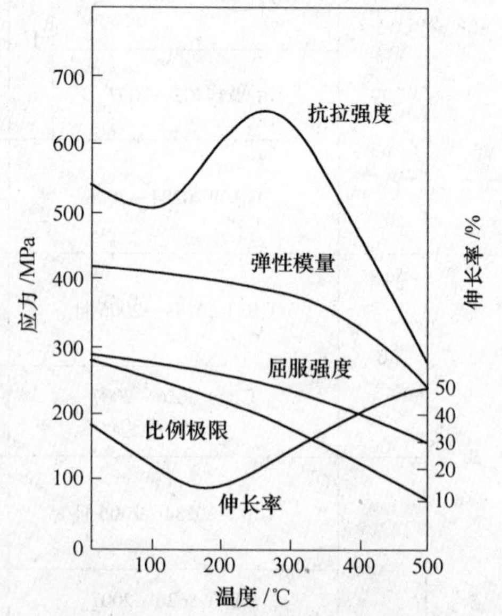

图 2.1 普通低碳钢高温力学性能

2.1.1.3 隔热性能

在隔绝火灾产生的热量方面，材料的导热性

和热容量是重要的影响因素。此外材料的膨胀、收缩、变形、裂缝、熔化、粉化等也对隔热性能有较大影响。

材料传导热量的性质称为材料的导热性，用导热系数表示。材料的导热系数越小，材料的导热性能愈差，隔热性能愈好。影响材料导热系数的因素是材料的组成和结构。金属材料的导热系数最大，无机非金属材料次之，有机材料最小。相同组分的材料，晶体材料的导热系数大于非晶体材料。孔隙率越大，材料的导热系数越小，细小的孔隙或封闭的孔隙有利于降低导热系数。材料含水或含冰时，导热系数剧增，水和冰的导热系数大约分别为空气的25倍和100倍。一般来说，温度越高，材料的导热系数越大（金属材料和混凝土除外）。

材料热容量是指材料受热时吸收热量，冷却时放出热量的性质。热容量的大小用比热容表示。材料的比热容是单位质量的材料在温度变化1K时，吸收或放出的热量。材料的比热容越大，吸收相同热量，温度升高越小，或者说升高相同温度，吸收热量越多，因此隔热性能越好。常用材料的导热系数和比热容如表2.3所示。

表2.3 常用材料的导热系数和比热容

材 料	导热系数 /W·(m·K)$^{-1}$	比热容 /J·(kg·K)$^{-1}$	材 料	导热系数 /W·(m·K)$^{-1}$	比热容 /J·(kg·K)$^{-1}$
钢 材	58	0.48	泡沫塑料	0.035	1.30
花岗岩	3.49	0.92	水	0.58	4.19
混凝土	1.51	0.84	冰	2.33	2.05
黏土砖	0.80	0.88	密闭空气	0.023	1.00
松 木	横纹0.17 顺纹0.35	2.5			

2.1.1.4 发烟性能

材料燃烧时会产生大量的烟，不仅对人身造成危害，还严重妨碍人员疏散和火灾扑救。在许多火灾中，很多死难者并非烧死，而是烟气窒息或中毒造成。

材料的发烟性能主要用发烟量和发烟速度来衡量。发烟量是指单位质量材料所产生的烟量。一些常见材料的发烟量如表2.4所示。从表中可以看出，聚氨酯、聚乙烯等合成高分子材料的发烟量大。随着温度升高，各种材料的发烟量都有所减少。这主要是因为分解出的碳微粒在高温下又重新燃烧，且温度升高后减少了碳微粒的分解所致。

表2.4 常见材料的发烟量（$C_s=0.5$） （m^3/g）

材料名称	300℃	400℃	500℃	材料名称	300℃	400℃	500℃
松	4.0	1.8	0.4	锯木屑板	2.8	2.0	0.4
杉木	3.6	2.1	0.4	玻璃纤维增强塑料	—	6.2	4.1
普通胶合板	4.0	1.0	0.4	聚氯乙烯	—	4.0	10.4
难燃胶合板	3.4	2.0	0.6	聚苯乙烯	—	12.6	10.0
硬质纤维板	1.4	2.1	0.6	聚氨酯（人造橡胶）	—	14.0	4.0

发烟速度是指单位时间、单位重量可燃材料的发烟量。由实验测得的一些常见材料的发烟速度见表2.5。木材类在温度超过350℃时，发烟速度一般随着温度的升高而降低，而高分子有机材料则恰好相反。同时，高分子材料的发烟速度比木材要大得多。

表2.5　常见材料的发烟速度　　($m^3/(s \cdot g)$)

材料名称	加热温度/℃											
	225	230	235	260	280	290	300	350	400	450	500	550
针枞							0.72	0.80	0.71	0.38	0.17	0.17
杉木		0.17		0.25		0.28	0.61	0.72	0.71	0.53	0.13	0.31
普通胶合板	0.03			0.19	0.25	0.26	0.93	1.08	1.10	1.07	0.31	0.24
难燃胶合板	0.01		0.09	0.11	0.13	0.20	0.56	0.61	0.58	0.59	0.22	0.20
硬质板							0.76	1.22	1.19	0.19	0.26	0.27
微片板							0.63	0.76	0.85	0.19	0.15	0.12
苯乙烯泡沫板A								1.58	2.68	5.92	6.90	8.96
苯乙烯泡沫板B								1.24	2.36	3.56	5.34	4.46
聚氨酯									5.0	11.5	15.0	16.5
玻璃纤维增强塑料									0.50	1.0	3.0	0.5
聚氯乙烯									0.10	4.5	7.50	9.70
聚苯乙烯									1.0	4.95	—	2.97

2.1.1.5　毒害性能

在烟气生成的同时，材料燃烧或热解中还产生一定毒性气体。火灾统计显示，建筑火灾中死亡人员的80%是因烟气中毒而死。因此，对材料潜在毒性必须加以重视。

现代建筑中，高分子材料大量用于家具用品、建筑装修、管道及其保温、电缆绝缘等方面，一旦发生火灾，高分子材料不仅燃烧快，加快火势扩大蔓延，还会产生大量有毒浓烟，其危害远远超过一般可燃物。

研究建筑材料在高温下的性能时，要根据材料的种类、使用目的和作用等具体情况确定侧重研究的内容。如对于砖、石、混凝土、钢材等材料，由于它们同属无机材料，具有不燃性，因此研究重点应是高温下的力学性能及隔热性能。而对于塑料、木材等材料，由于其为有机材料，具有可燃性，且在建筑中主要用作装修和装饰材料，所以研究其高温性能时则应侧重于燃烧性能、发烟性能及潜在的毒害性能。

2.1.2　建筑构件的耐火性能

建筑构件的耐火性能是指构件抵抗火烧的能力，包括两个方面的内容，一是构件的燃烧性能，二是建筑构件的耐火极限。

2.1.2.1　建筑构件的燃烧性能

国家标准《建筑设计防火规范》(GB 50016—2006)把建筑构件按其材料的燃烧性能分为三种类型：不燃烧体、难燃烧体和燃烧体。用不燃烧性材料构成的建筑构件统称为不燃烧体，如各类钢结构、钢筋混凝土结构、砌体结构构件。用难燃烧性材料构成的建筑构件，或用可燃材料制作而表面用非燃烧材料作保护层的构件统称为难燃烧体，如阻燃木材、阻燃塑料制作的构件、木板板条抹灰墙等。用可燃烧性材料构成的建筑构件统称为燃烧体，如未经阻燃处理的木梁、木柱等。

2.1.2.2 建筑构件的耐火极限

在标准耐火试验条件下，建筑构件、配件或结构从受到火的作用时起，至失去承载能力或完整性被破坏或失去隔热作用时止，这段抵抗火的作用时间称为耐火极限，用小时表示。建筑构件的耐火极限要按照《建筑构件耐火试验方法》(GB/T 9978.1—2008) 试验确定。

A 失去承载能力

失去承载能力是指构件在试验中失去支持能力或抗变形能力。此条件主要针对承重构件。判定试件承载能力的参数是变形量和变形速率，试件超过任一判定准则限定时，均认为试件失去承载能力。例如，抗弯构件和轴向承重构件失去承载能力的判断条件分别为：

(1) 抗弯构件

极限弯曲变形量
$$D = \frac{L^2}{400d} \tag{2.1}$$

极限弯曲变形速率
$$\frac{\mathrm{d}D}{\mathrm{d}t} = \frac{L^2}{9000d} \tag{2.2}$$

式中 L——试件的净跨度，mm；

d——试件载面上抗压点与抗拉点之间的距离，mm。

(2) 轴向承重构件

极限轴向压缩变形量
$$C = \frac{h}{100} \tag{2.3}$$

极限轴向压缩变形速率
$$\frac{\mathrm{d}C}{\mathrm{d}t} = \frac{3h}{1000} \tag{2.4}$$

式中 C——极限轴向压缩变形量；

h——初始高度，mm。

B 完整性被破坏

完整性被破坏是指分隔构件当其一面受火作用时，在试验过程中，构件出现穿透性裂缝或穿火孔隙，火焰穿过构件，使其背火面可燃物燃烧起火。这时，构件失去阻止火焰和高温气体穿透或阻止其背火面出现火焰的性能。以下判定标准达到其一就认为构件的完整性被破坏：

(1) 按标准相关要求进行试验棉垫被点燃；

(2) 按标准相关要求缝隙探棒可以穿过；

(3) 构件背火面出现火焰并持续时间超过 10s。

C 失去隔热作用

失去隔热作用是指分隔构件失去隔绝过量热传导的性能。以下判定标准达到其一就认为构件失去隔热能力：

(1) 在试验中，试件背火面测点测得的平均温度超过初始温度 140℃；

(2) 试件背火面任一测点温度超过初始温度 180℃。

由于同一类构件在不同施工工艺和不同截面、不同组分、不同受力条件以及不同升温曲线等情况下的耐火极限是不一样的。《建筑设计防火规范》(GB 50016—2014）的附录中给出了一些常见构件的耐火极限试验数据，为设计提供参考。设计时对于与其中所列情况完全一样的构件可以直接采用。但实际使用时，往往存在较大变化，因此，对于某种构件的耐火极限一般应根据理论计算和试验测试验证相结合的方法进行确定。

2.1.2.3 钢结构耐火保护方法

砖混结构、钢筋混凝土结构、钢结构是目前最常见的几种建筑结构形式。砖混结构、钢筋混凝土结构耐火性能较好，耐火极限相对较长，一般不需要特殊的耐火保护措施。相对于砖混结构和钢筋混凝土结构，钢结构具有重量轻、强度大的特点，在建筑中得到了广泛应用。但不经耐火保护的钢结构在火灾高温作用下强度下降迅速，耐火极限只有15min，因此，为了提高钢结构抵抗火灾损毁的能力，需要对钢结构进行耐火保护。目前，人们开发研究了多种钢结构耐火保护方法。这些保护方法从原理上来说分为两类，即截流法和疏导法。

A 截流法

截流法的原理是截断或阻滞火灾产生的热流量向构件的传输，从而使构件在规定的时间内温升不超过其临界温度而保证稳定。具体做法是在构件表面设置一层保护材料，火灾高温首先传给这些保护材料，再由保护材料传给钢构件。由于所选保护材料的导热系数较小，所以能很好地阻止热流向构件的传输，从而起到保护作用。截流法又分为喷涂法、包封法和屏蔽法。

(1）喷涂法。喷涂法是用喷涂机具将防火涂料直接喷涂在构件表面，形成保护层。喷涂的涂料厚度必须达到设计厚度，节点部位应适当加厚。喷涂场地要求、构件表面处理、接缝填补、涂料配制、喷涂次数、质量控制及验收等均应符合《钢结构防火涂料通用技术条件》(GB 14907—94）的规定。

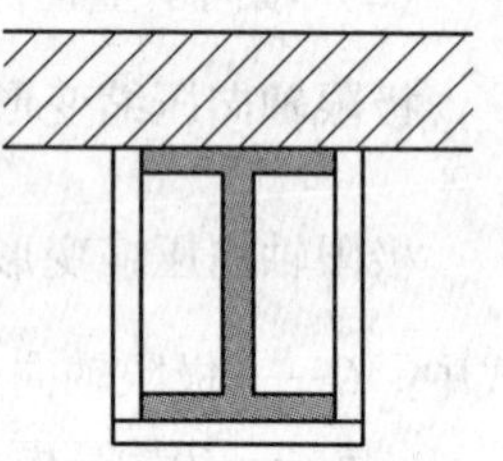

图 2.2 梁的板材包封示意图

(2）包封法。包封法是用防火材料把构件包裹起来。包封材料有防火板材，混凝土或砖，钢丝网抹耐火砂浆等。板材包封法适合于梁、柱、压型钢板楼板的保护。例如，梁的板材包封，如图 2.2 所示。

(3）屏蔽法。屏蔽法是把钢构件包藏在耐火材料组成的墙体或吊顶内，主要适用于屋盖系统的保护。吊顶的接缝、孔洞处应严密，防止窜火。

(4）水喷淋法。水喷淋法是在结构顶部设喷淋供水管网，发生火灾时，自动或手动启动喷淋，构件表面形成一层连续流动的水膜，从而起到保护作用。

B 疏导法

与截流法不同，疏导法允许热流量传到构件上，然后设法把热量导走或消耗掉，同样可使构件温度升高不至于超过其临界温度，从而起到保护作用。

疏导法目前仅有充水冷却保护这一种方法。该方法是在空心封闭截面中（主要是柱）充满水，发生火灾时构件把从火场中吸收的热量传给水，依靠水的蒸发消耗热量或通过循环把热量导走，构件温度便可维持在100℃左右。从理论上来说，这是钢结构耐火保护最有效的方法。该系统工作时，构件相当于盛满水被加热的容器，像烧水锅一样工作。只要补充水源，维持足够水位，由于水的比热容和汽化热均较大，构件吸收的热量将源源不断地被耗掉或导走。水冷却保护法如图2.3所示。

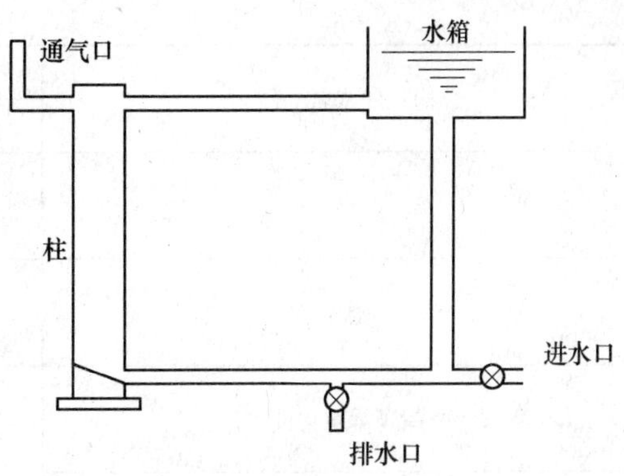

图2.3　柱充水保护示意图

2.1.3　建筑物的耐火等级

建筑物的耐火等级是衡量建筑物耐火程度的分级标准。较高的耐火等级，可以保证在火灾时建筑物在一定时间内不倒塌或失效，为限制火灾范围、人员疏散、火灾扑救、灾后建筑物加固修复提供条件。对于不同类型、性质的建筑物提出不同的耐火等级要求，可做到既有利于消防安全，又有利于节约基本建设投资。

2.1.3.1　耐火等级的划分

A　一般要求

建筑物的耐火等级是按照组成建筑物的墙、柱、梁、楼板、屋顶承重构件和吊顶等主要建筑构件的燃烧性能和耐火极限进行划分的。按照《建筑设计防火规范》(GB 50016—2014)，建筑物耐火等级共分为四级，民用建筑耐火等级划分如表2.6所示，工业建筑耐火等级的划分与民用建筑略有差别，如表2.7所示。

表2.6　民用建筑耐火等级的划分　(h)

构件名称		耐火等级			
		一级	二级	三级	四级
墙	防火墙	不燃性 3.00	不燃性 3.00	不燃性 3.00	不燃性 3.00
	承重墙	不燃性 3.00	不燃性 2.50	不燃性 2.00	难燃性 0.50
	非承重外墙	不燃性 1.00	不燃性 1.00	不燃性 0.50	可燃性
	楼梯间和前室的墙、电梯井的墙、住宅建筑单元之间的墙和分户墙	不燃性 2.00	不燃性 2.00	不燃性 1.50	难燃性 0.50
	疏散走道两侧的隔墙	不燃性 1.00	不燃性 1.00	不燃性 0.50	难燃性 0.25
	房间隔墙	不燃性 0.75	不燃性 0.50	难燃性 0.50	难燃性 0.25
柱		不燃性 3.00	不燃性 2.50	不燃性 2.00	难燃性 0.50

续表 2.6

构件名称	耐火等级			
	一级	二级	三级	四级
梁	不燃性 2.00	不燃性 1.50	不燃性 1.00	难燃性 0.50
楼板	不燃性 1.50	不燃性 1.00	不燃性 0.50	可燃性
屋顶承重构件	不燃性 1.50	不燃性 1.00	可燃性 0.50	可燃性
疏散楼梯	不燃性 1.50	不燃性 1.00	不燃性 0.50	可燃性
吊顶（包括吊顶搁栅）	不燃性 0.25	难燃性 0.25	难燃性 0.15	可燃性

表 2.7 工业建筑耐火等级的划分 (h)

构件名称		耐火等级			
		一级	二级	三级	四级
墙	防火墙	不燃性 3.00	不燃性 3.00	不燃性 3.00	不燃性 3.00
	承重墙	不燃性 3.00	不燃性 2.50	不燃性 2.00	难燃性 0.50
	楼梯间和前室的墙 电梯井的墙	不燃性 2.00	不燃性 2.00	不燃性 1.50	难燃性 0.50
	疏散走道两侧的隔墙	不燃性 1.00	不燃性 1.00	不燃性 0.50	难燃性 0.25
	非承重外墙 房间隔墙	不燃性 0.75	不燃性 0.50	难燃性 0.50	难燃性 0.25
柱		不燃性 3.00	不燃性 2.50	不燃性 2.00	难燃性 0.50
梁		不燃性 2.00	不燃性 1.50	不燃性 1.00	难燃性 0.50
楼板		不燃性 1.50	不燃性 1.00	不燃性 0.75	难燃性 0.50
屋顶承重构件		不燃性 1.50	不燃性 1.00	难燃性 0.50	可燃性
疏散楼梯		不燃性 1.50	不燃性 1.00	不燃性 0.75	可燃性
吊顶（包括吊顶搁栅）		不燃性 0.25	难燃性 0.25	难燃性 0.15	可燃性

在确定同一耐火等级建筑物中各类构件的耐火极限时，以楼板为基准，比楼板重要者，其耐火极限提高；比楼板次要者，其耐火极限降低。

在确定不同耐火等级建筑物中各类构件的耐火极限时，以二级耐火等级为基准，比二级耐火等级高者，其耐火极限提高；比二级耐火等级低者，其耐火极限降低。

根据各级耐火等级中建筑构件的燃烧性能和耐火极限特点，可大致判定不同结构类型建筑物的耐火等级。一般来说，钢筋混凝土结构和钢筋混凝土砖石结构建筑可基本定为一、二级耐火等级；砖木结构建筑，即砖墙和木屋架承重，可定为三级耐火等级；以木柱、木屋架承重及以砖石等非燃烧或难燃烧材料为墙的建筑可定为四级耐火等级。

B　民用建筑构件燃烧性能和耐火极限的调整

在实际工程中，各种情况千差万别，很难用表2.6完全概括，因此对于一些具体情况，在表2.6的基础上，会对建筑构件的燃烧性能和耐火极限进行调整。这些调整有的比表2.6要求更高，有的要求有所放宽。要求更高的情况主要有：对于火灾危险性大，或者需要较长人员疏散时间的场所，构件耐火极限更严格。要求放宽的情况主要有：如果构件的燃烧性能降低，其耐火极限需要延长；如果构件的燃烧性能提高，其耐火极限可以缩短；空间小、或者危险性小的空间，构件的燃烧性能和耐火极限要求放宽。具体内容如下：

（1）楼板或屋面板

1）建筑高度大于100m的民用建筑，其楼板的耐火极限不应低于2.00h。

2）一、二级耐火等级建筑的上人平屋顶，其屋面板的耐火极限分别不应低于1.50h和1.00h。

3）一、二级耐火等级建筑的屋面板应采用不燃材料，但屋面防水层可采用可燃材料。

（2）墙

1）二级耐火等级建筑内采用难燃性墙体的房间隔墙，其耐火极限不应低于0.75h；当房间的建筑面积不大于100m^{2}时，房间隔墙可采用耐火极限不低于0.50h的难燃性墙体或耐火极限不低于0.30h的不燃性墙体。

2）二级耐火等级多层住宅建筑内采用预应力钢筋混凝土的楼板，其耐火极限不应低于0.75h。

（3）吊顶

1）二级耐火等级建筑内采用不燃材料的吊顶，其耐火极限不限。

2）三级耐火等级的医疗建筑、中小学校的教学建筑、老年人建筑及托儿所、幼儿园的儿童用房和儿童游乐厅等儿童活动场所的吊顶，应采用不燃材料；当采用难燃材料时，其耐火极限不应低于0.25h。

3）二、三级耐火等级建筑内门厅、走道的吊顶应采用不燃材料。

C　工业建筑燃烧性能和耐火极限的调整

同民用建筑类似，为了满足实际工程需要，对工业建筑耐火等级的要求，在表2.7的基础上，对建筑构件的燃烧性能和耐火极限进行调整，具体内容如下：

（1）墙

1）甲、乙类厂房和甲、乙、丙类仓库内的防火墙，其耐火极限不应低于4.00h。

2）除甲、乙类仓库和高层仓库外，一、二级耐火等级建筑的非承重外墙，当采用不燃性墙体时，其耐火极限不应低于0.25h；当采用难燃性墙体时，不应低于0.50h。4层及4层以下的一、二级耐火等级丁、戊类地上厂房（仓库）的非承重外墙，当采用不燃性墙体时，其耐火极限不限；当采用难燃性轻质复合墙体时，其表面材料应为不燃材料、内填充材料的燃烧性能不应低于B_2级。

3）二级耐火等级厂房（仓库）内的房间隔墙，当采用难燃性墙体时，其耐火极限应提高0.25h。

（2）柱

一、二级耐火等级单层厂房（仓库）的柱，其耐火极限分别不应低于2.50h和2.00h。

（3）屋顶承重构件

1）采用自动喷水灭火系统全保护的一级耐火等级单、多层厂房（仓库）的屋顶承重构件，其耐火极限不应低于1.00h。

2）除一级耐火等级的建筑外，下列建筑构件可采用无防火保护的金属结构，其中能受到甲、乙、丙类液体或可燃气体火焰影响的部位应采取外包覆不燃材料或其他防火保护措施：设置自动灭火系统的单层丙类厂房的梁、柱和屋顶承重构件；设置自动灭火系统的多层丙类厂房的屋顶承重构件；单、多层丁、戊类厂房（仓库）的梁、柱和屋顶承重构件。

（4）楼板或屋面板

1）二级耐火等级多层厂房和多层仓库内采用预应力钢筋混凝土的楼板，其耐火极限不应低于0.75h。

2）一、二级耐火等级厂房（仓库）的上人平屋顶，其屋面板的耐火极限分别不应低于1.50h和1.00h。

3）一、二级耐火等级厂房（仓库）的屋面板应采用不燃材料，但其屋面防水层和绝热层可采用可燃材料；当为4层及4层以下的丁、戊类厂房（仓库）时，其屋面板可采用难燃性轻质复合板，但板材的表面材料应为不燃材料，内填充材料的燃烧性能不应低于B_2级。

2.1.3.2 耐火等级的选定

建筑的耐火等级应根据其重要性、火灾危险性、建筑高度和火灾荷载等影响因素来确定。

建筑物的重要程度是确定其耐火等级的重要因素。对于性质重要，功能、设备复杂，规模大、建筑标准高的建筑，如国家机关重要的办公楼、中心通信枢纽大楼、中心广播电视大楼、大型影剧院、礼堂、大型商场、重要的科研楼、藏书楼、档案楼、高级旅馆等，其耐火等级应选定一、二级。由于这些建筑一旦发生火灾，往往经济损失大、人员伤亡大、政治影响大。因此必须要求其有较高的耐火能力。

建筑物的火灾危险性大小对选定其耐火等级影响很大，特别是对工业建筑。对火灾危险性大的建筑，应选定较高的耐火等级。

建筑物越高，发生火灾时人员疏散和火灾扑救越困难，损失也越大。对高度较大的建筑物选定较高的耐火等级，提高其耐火能力，可以确保其在火灾条件下不发生倒塌破坏，给人员安全疏散和消防扑救创造有利条件。

火灾荷载大的建筑物发生火灾后，火灾持续燃烧时间长，燃烧猛烈，火灾温度高，对建筑结构的破坏作用大。为了保证火灾荷载较大的建筑物在发生火灾时建筑构件的安全，应相应地提高这种建筑的耐火等级，使建筑构件具有较高的耐火极限。

A 民用建筑

对于民用建筑，其耐火等级的选定一般要求为：地下或半地下建筑（室）和一类高层建筑的耐火等级不应低于一级；单、多层重要公共建筑和二类高层建筑的耐火等级不应低于二级。

B 工业建筑

对于工业建筑，耐火等级的选定与民用建筑类似，但相对民用建筑其以上影响因素差异性更大，因此其耐火等级的选定就更为复杂。一般要求为：

(1) 高层厂房，甲、乙类厂房的耐火等级不应低于二级，建筑面积不大于300m^{2}的独立甲、乙类单层厂房可采用三级耐火等级的建筑。

(2) 单、多层丙类厂房，多层丁、戊类厂房的耐火等级不应低于三级。使用或产生丙类液体的厂房和有火花、赤热表面、明火的丁类厂房，其耐火等级均不应低于二级；当为建筑面积不大于500m^{2}的单层丙类厂房或建筑面积不大于1000m^{2}的单层丁类厂房时，可采用三级耐火等级的建筑。

(3) 使用或储存特殊贵重的机器、仪表、仪器等设备或物品的建筑，其耐火等级不应低于二级。

(4) 锅炉房的耐火等级不应低于二级，当为燃煤锅炉房且锅炉的总蒸发量不大于4t/h时，可采用三级耐火等级的建筑。

(5) 油浸变压器室、高压配电装置室的耐火等级不应低于二级，并应符合现行国家标准《火力发电厂和变电站设计防火规范》(GB 50229—2006)等标准的规定。

(6) 高架仓库、高层仓库、甲类仓库和多层乙类仓库的耐火等级不应低于二级。高架仓库是指货架高度大于7m且采用机械化操作或自动化控制的货架仓库。单层乙类仓库，单、多层丙类仓库和多层丁、戊类仓库的耐火等级不应低于三级。

(7) 粮食筒仓的耐火等级不应低于二级；二级耐火等级的粮食筒仓可采用钢板仓。粮食平房仓的耐火等级不应低于三级；二级耐火等级的散装粮食平房仓可采用无防火保护的金属承重构件。

2.2 建筑总平面防火

建筑总平面布局的信息在建筑总平面图中反映，主要包括建筑的位置、朝向以及周围环境（原有建筑、交通道路、绿化、地形）的基本情况。对建筑总平面进行合理布局，可以防止火灾在相邻建筑物之间蔓延，为被困人员疏散和消防灭火救援工作创造有利条件。

从消防安全角度，建筑总平面布局主要考虑以下因素：

(1) 防火间距。防火间距是指防止着火建筑在一定时间内引燃相邻建筑，便于消防扑救的间隔距离。它主要反映建筑与相邻建构筑物之间的远近关系。

(2) 消防车道。消防车道是指能够供消防车通行的道路。它反映了一旦发生火灾，建筑周围能够为消防车提供的交通环境。

（3）救援场地。消防救援场地是指建筑周围能够为灭火救援展开提供的场地。它反映了一旦发生火灾，建筑周围能够为顺利开展灭火救援提供的空间环境。

（4）其他。除此之外，还应考虑建筑与外部消防水源的关系、与其他建构筑物的相对方位和朝向、与周围地形地貌的关系等因素。

2.2.1 防火间距

为了防止着火建筑在一定时间内引燃相邻建筑，并便于消防扑救，在建筑之间需要设置适当的防火间距。

2.2.1.1 影响防火间距的因素及确定防火间距的原则

A 影响防火间距的因素

影响防火间距的因素很多，如风向、风速、外墙材料的燃烧性能、外墙开口面积大小、室内可燃物种类及数量、相邻建筑物的高度、室内消防设施情况、消防车到达的时间及扑救情况等。这些都对防火间距的设置有一定的影响。

B 确定防火间距的原则

影响防火间距的因素很多，在实际工程中不可能全部考虑到。常用的确定建筑物防火间距的原则如下：

（1）计算防火间距时主要考虑热辐射的作用。在建筑物间发生火灾蔓延的方式有飞火、火焰直接接触、热对流、热辐射。飞火，根据飞火可能飞飘的距离范围确定防火间距，是不可取的。因此在确定防火间距时，不能以飞火作为计算防火间距的依据。火焰直接接触，仅在大风天气条件下建筑物发生火灾时才构成蔓延条件，在建筑物之间引起火灾蔓延的概率很小，在防火间距理论计算时，不考虑这种因素。热对流作用，由于其影响范围仅限于建筑物周围很小的空间，与热辐射作用相比，对邻近建筑物的影响较小，所以在确定防火间距时，可以忽略这个因素。热辐射作用引起火灾向相邻建筑物蔓延发生在火灾进入猛烈地全面燃烧阶段。这时建筑物室内出现持续高温，从外墙开口部位释放大量的辐射热，使得火灾可能向一定距离内的建筑物蔓延。热辐射是引起火灾向邻近建筑物蔓延的主要因素，因而在确定防火间距时，以这种因素作为计算依据。

（2）防火间距应按相邻建筑物外墙的最近距离计算。防火间距实质上是一段距离。确定防火间距需要明确是哪两个端点间的距离。防火间距应按相邻建筑物外墙的最近距离计算，如外墙有凸出的可燃构件，则应从其凸出部分外缘算起，如为储罐或堆场，则应从储罐外壁或堆场的堆垛外缘算起。

（3）考虑灭火救援的实际需要。建筑物的高度不同，救火使用的消防车也不同。一般情况下，低层建筑使用普通消防车即可，而高层建筑则需要使用云梯等登高消防车。所以，防火间距应满足消防车的最大工作回转半径的需要。最小防火间距的宽度应能通过一辆消防车，一般为4m。

2.2.1.2 防火间距的理论计算

A 辐射热计算

一座建筑物发生火灾，从其外墙开口部位发出的辐射热使得邻近建筑物上可燃物的一个微元达到引燃临界辐射强度时，该可燃物就发生燃烧，继而向周围扩散开来，导致火灾蔓延。因此，在理论计算防火间距时必须弄清邻近建筑上某微元面从发生火灾建筑物所接收到的辐射传热量。只有做到使其不超过材料的点燃临界辐射强度时，才能防止热辐射作用引起火灾蔓延。

根据传热学知识可知，黑体在一定温度下 T（K）时发出的辐射强度 E 为

$$E=\sigma_0 T^4 \tag{2.5}$$

式中 σ_0——黑体辐射常数，$\sigma_0=5.67\times10^{-8}$ W/(m^2·K^4)；

T——黑体的绝对温度，K。

如图 2.4 所示，对于任意放置的两个黑体表面 F_1 和 F_2，设其表面温度分别维持恒温 T_1 和 T_2（$T_1>T_2$），表面之间的介质对热辐射是透明的，则在两个表面上分别取彼此可见的微元面 $\mathrm{d}F_1$ 和 $\mathrm{d}F_2$，计算得微元面 $\mathrm{d}F_1$ 向 $\mathrm{d}F_2$ 的净辐射传热量 $Q_{d1,d2}$ 为

$$Q_{d1,d2}=(\sigma_0 T_1^4-\sigma_0 T_2^4)\frac{\cos\beta_1\cos\beta_2}{\pi r^2}\mathrm{d}F_1\mathrm{d}F_2 \tag{2.6}$$

式中 r——微元面 $\mathrm{d}F_1$ 和 $\mathrm{d}F_2$ 中心的直线距离；

β_1，β_2——分别为微元面 $\mathrm{d}F_1$ 和 $\mathrm{d}F_2$ 各自法线与 r 的夹角。

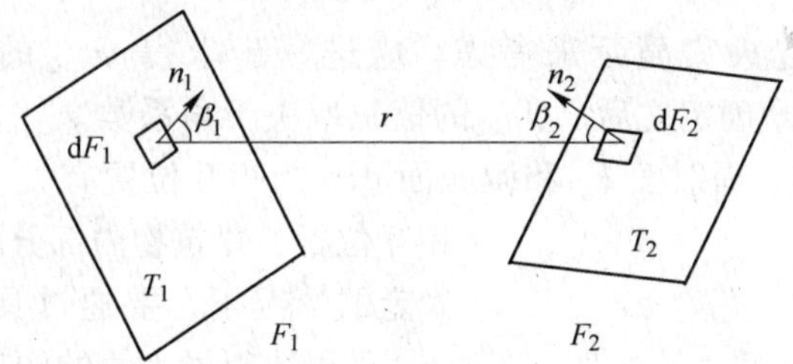

图 2.4 黑体之间辐射换热计算示意图

由式（2.6）进而可得辐射面 F_1 向微元面 $\mathrm{d}F_2$ 的辐射传热量 $Q_{1,d2}$ 为

$$Q_{1,d2}=(\sigma_0 T_1^4-\sigma_0 T_2^4)\int_{F_1}\frac{\cos\beta_1\cos\beta_2}{\pi r^2}\mathrm{d}F_1\mathrm{d}F_2 \tag{2.7}$$

式中，$\int_{F_1}\frac{\cos\beta_1\cos\beta_2}{\pi r^2}\mathrm{d}F_1$ 为微元面 $\mathrm{d}F_2$ 对 F_1 的角系数，又称相对位置系数，纯属几何参数，在此用符号 $\varphi_{d2,1}$ 表示时，则上式可写成

$$Q_{1,d2}=(\sigma_0 T_1^4-\sigma_0 T_2^4)\varphi_{d2,1}\mathrm{d}F_2 \tag{2.8}$$

对黑体而言，因为其吸收率等于1，即它能吸收全部投射来的热能，而不涉及辐射能的反射问题，只要确定了其表面之间的角系数，辐射传热量即可通过公式（2.8）计算得出。但是起火建筑物向相邻建筑物的辐射热却是在非黑体之间进行的，存在多次吸收和反射的问题，因此计算很复杂。为了简化计算，在此做如下三点假设：

（1）认为建筑物发生火灾时，火焰、高温烟气的辐射为黑体辐射。由于建筑物发生火灾时，其火焰和高温烟气中含有较多的粉粒和固体碳，具有固体的辐射特性，整个火焰和高温烟气呈现出接近于相同温度下黑体的辐射。

（2）假定相邻建筑物上微元面能全部接收外来辐射热，即其吸收率等于1。作为一般

建筑物中的可燃物，其吸收率大多在0.9以上，做这条假设不会引起大的计算误差。从防火角度考虑，此假设对防火间距计算是偏于安全的。

(3) 忽略相邻建筑物上微元面向外界发射的辐射能。相邻建筑物上微元面在着火前温度低，其发射热量小，可忽略不计。

根据以上三条假设，并用 F_1 表示起火建筑物向相邻建筑物发出热辐射的辐射面积，T 表示其绝对温度，dF_2 表示相邻建筑物上某接收辐射热作用的微元面，则 F_1 向 dF_2 的辐射传热量可依照黑体 F_1 和 dF_2 之间的辐射传热计算公式（2.7）、(2.8)，直接写出为

$$Q_{1,d2} = \sigma_0 T^4 \int_{F_1} \frac{\cos\beta_1 \cos\beta_2}{\pi r^2} dF_1 dF_2 = \sigma_0 T^4 \varphi_{d2,1} dF_2 \tag{2.9}$$

式中 $\varphi_{d2,1}$——相邻建筑物上某微元面 dF_2 对起火建筑物辐射面 F_1 的角系数。

热辐射是从起火建筑物的外墙上门窗洞口射出来的，所以被照射物体微元面 dF_2 接收到的辐射热量是随起火建筑物外墙门窗洞口的面积而变化的。外墙门窗洞口面积的辐射强度通常用起火建筑物发出的热通量乘以系数 P 的形式表示。系数 P 称为开口比例系数，它等于外墙门窗洞口面积与建筑物相对立面面积之比。这样，入射到相邻建筑物上被照射物体微元面 dF_2 上的辐射热量为

$$Q_{1,d2} = \sigma_0 T^4 P \varphi_{d2,1} dF_2 \tag{2.10}$$

从防止热辐射引起火灾蔓延来考虑，应进一步求得 $Q_{1,d2}$ 的最大值 $Q_{1,d2\max}$。由式（2.10）可见，在 T 和 P 确定之后，$Q_{1,d2}$ 的值只取决于角系数 $\varphi_{d2,1}$。$\varphi_{d2,1}$ 是一个纯几何参数，它和辐射面的尺寸、辐射面 F_1 和微元面 dF_2 的相互位置有关。在相邻两座建筑物的相互位置、建筑物内部分隔、平面、空间布置等确定的情况下，要通过具体分析确定出相应于 $\varphi_{d2,1}$ 可以取得最大值的辐射面位置、尺寸、微元面的位置。假设根据一般建筑实际确定得到的相应于角系数 $\varphi_{d2,1}$ 为最大值时，有代表性的辐射面 F_1 与微元面 dF_2 的相互位置、F_1 的尺寸如图2.5所示。

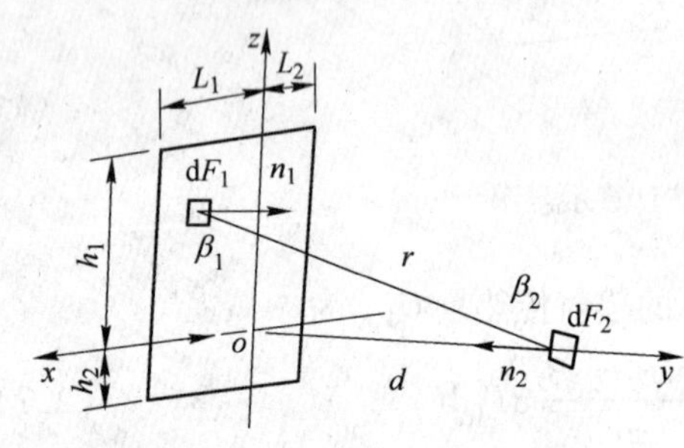

图2.5 辐射换热计算示意图

辐射面 F_1 为矩形，微元面 dF_2 法线指向并垂直于辐射面 F_1，d 为 F_1 与 dF_2 之间的距离。根据图示关系有

$$r = \sqrt{x^2 + z^2 + d^2} \tag{2.11}$$

$$\cos\beta_1 = \frac{d}{r} = \frac{d}{\sqrt{x^2 + z^2 + d^2}} = -\cos\beta_2 \tag{2.12}$$

将式（2.11）和式（2.12）代入 $\varphi_{d2,1}$ 的定义式中，并积分，最后得

$$\varphi_{d2,1} = \frac{1}{2\pi}\left[\frac{L_1}{\sqrt{L_1^2 + d^2}}\arctan\left(\frac{H_1}{\sqrt{L_1^2 + d^2}} + \frac{H_2}{\sqrt{L_1^2 + d^2}}\right) + \right.$$

$$\frac{L_2}{\sqrt{L_2^2 + d^2}}\arctan\left(\frac{H_1}{\sqrt{L_2^2 + d^2}} + \frac{H_2}{\sqrt{L_1^2 + d^2}}\right) +$$

$$\frac{H_1}{\sqrt{H_1^2+d^2}}\arctan\left(\frac{L_1}{\sqrt{H_1^2+d^2}}+\frac{L_2}{\sqrt{H_1^2+d^2}}\right)+$$
$$\left.\frac{H_2}{\sqrt{H_2^2+d^2}}\arctan\left(\frac{L_1}{\sqrt{H_2^2+d^2}}+\frac{L_2}{\sqrt{L_2^2+d^2}}\right)\right] \qquad (2.13)$$

把此式代入式（2.10），即可得到 $Q_{1,d2\max}$。

B　点燃材料的临界辐射强度值

可燃材料在受到辐射热照射时，表面温度升高，热从材料表面向内部传导，入射强度越高，温度上升速度越快，起火时间就越早。用某一入射强度对某种材料经过理论上无限长时间的照射，刚好能点燃这种材料的入射强度称为该材料的临界辐射强度。当入射强度低于材料的临界辐射强度时，材料表面温度不会升高到它的燃点，也就不会出现点燃现象。材料的临界辐射强度与材料性质、表面状况有关。实验测得几种常见材料的临界辐射强度见表2.8。在计算建筑物之间防火间距时，可根据实际情况选用表中数值。英国、新西兰等国家选取的临界辐射强度值为12.6kW/m^2。美国、加拿大等国选取的临界辐射强度值为12.5kW/m^2。

表2.8　一些材料的临界辐射强度

材料名称	临界辐射强度/kW·m^{-2}		
	表面点燃	引燃	自燃
木材	4.19	14.70	29.31
涂以普通油漆的木材	—	16.75	23.03~50.24
纤维绝缘板	—	6.28	25.12
防火处理的纤维绝缘板	—	8.38~41.9	—
硬木板	4.19	14.70	—
纺织品	—	—	35.59
软木	—	12.56	23.03
涂有沥青的屋面	2.93	—	—

C　火灾发射辐射强度

式（2.10）中，令

$$I_{1,2}=\sigma_0 T^4 P \qquad (2.14)$$

$I_{1,2}$表示面 F_1 发出的热辐射强度，火灾中表示火灾发射辐射强度。在英国、新西兰等国建筑规范中，住宅、办公楼、疗养院等建筑的火灾发射辐射强度取84kW/m^2；商业建筑、工业建筑、仓库及其他非住宅建筑的火灾发射辐射强度取168kW/m^2。

D　角系数

式（2.10）两侧对 dF_2 求导可得

$$\frac{dQ_{1,d2}}{dF_2}=\sigma_0 T^4 P\varphi_{d2,1} \qquad (2.15)$$

令 $I_{2,1}=\frac{dQ_{1,d2}}{dF_2}$则式（2.15）可以变形为

$$\varphi_{d2,1}=\frac{I_{2,1}}{I_{1,2}} \tag{2.16}$$

$I_{2,1}$表示面 $F2$ 从面 $F1$ 接受的热辐射强度。由式（2.16）可见，角系数的物理意义是接受的热辐射强度与发出的热辐射强度之比。在国外一些规范中计算防火间距时，根据建筑的危险性，确定角系数。美国 NFPA 80A（1996）对于严重危险水平取 0.035，中危险水平取 0.07，轻危险水平取 0.14；加拿大对于普通建筑取 0.07，对于有可燃内装修的建筑取 0.035。

E　最小防火间距的计算

防止热辐射造成相邻建筑物之间蔓延火灾的条件是

$$Q_{1,d2\max}<I_c\mathrm{d}F_2 \tag{2.17}$$

式中　I_c——相邻建筑物上接收辐射热最大的微元面材料的临界辐射强度。

确定建筑物之间最小防火间距的关系式可近似表示为

$$Q_{1,d2\max}=I_c\mathrm{d}F_2 \tag{2.18}$$

即

$$\varphi_{d2,1}=\frac{I_c}{P\sigma_0T^4} \tag{2.19}$$

将 $\varphi_{d2,1}$的表达式（2.13）代入式（2.19），则得

$$\begin{aligned}&\frac{1}{2\pi}\Bigg[\frac{L_1}{\sqrt{L_1^2+d^2}}\arctan\left(\frac{H_1}{\sqrt{L_1^2+d^2}}+\frac{H_2}{\sqrt{L_1^2+d^2}}\right)+\\&\frac{L_2}{\sqrt{L_2^2+d^2}}\arctan\left(\frac{H_1}{\sqrt{L_2^2+d^2}}+\frac{H_2}{\sqrt{L_3^2+d^2}}\right)+\\&\frac{H_1}{\sqrt{H_1^2+d^2}}\arctan\left(\frac{L_1}{\sqrt{H_1^2+d^2}}+\frac{L_2}{\sqrt{H_1^2+d^2}}\right)+\\&\frac{H_2}{\sqrt{H_2^2+d^2}}\arctan\left(\frac{L_1}{\sqrt{H_2^2+d^2}}+\frac{L_2}{\sqrt{L_2^2+d^2}}\right)\Bigg]=\frac{I_c}{P\sigma_0T^4}\end{aligned} \tag{2.20}$$

当所选微元面 $\mathrm{d}F_2$ 位于正对 F_1 的中心位置时，式（2.20）变为

$$\frac{2}{\pi}\left(\frac{L_1}{\sqrt{L_1^2+d^2}}\arctan\frac{H_1}{\sqrt{L_1^2+d^2}}+\frac{H_1}{\sqrt{H_1^2+d^2}}\arctan\frac{L_1}{\sqrt{H_1^2+d^2}}\right)=\frac{I_c}{P\sigma_0T^4} \tag{2.21}$$

在式（2.20）和式（2.21）中，若 d 以外的其他参数都已确定时，则这两式均成为关于防火间距 d 的超越方程，可以通过试算法求得其值。在上两式中，L_1、L_2、H_1、H_2 取决于所选定的辐射面 F_1 及其大小、微元面 $\mathrm{d}F_2$ 的位置。而它们的选定应按两相邻建筑物的实际布置、构造等情况，以尽可能使角系数 $\varphi_{d2,1}$取得最大值为原则。通常情况下，辐射面和微元面的位置应尽量选在能处于正对的位置上，即微元面应尽量选定在正对或靠近正对辐射面中心的位置。辐射面的大小应根据建筑物内房间等的布置、空间分隔情况灵活确定。对于耐火建筑，在确定了辐射面位置、大小后，则很容易根据其上面所开设门窗开口面积大小、数量算出 P 值。至于辐射面温度 T 的值，应取火灾发展到轰燃阶段之后，即进入全面燃烧阶段的室内最高温度。对于耐火建筑此温度通常可达到 1000℃以上。

2.2.1.3 防火间距的确定

目前，我国主要采用根据建筑使用性质、耐火等级、规模等查阅相关规范条文的方法来确定防火间距。以民用建筑为例进行说明。

A 民用建筑

根据《建筑设计防火规范》(GB 50016—2014)，民用建筑之间的防火间距不应小于表2.9的规定。耐火等级低于四级的既有建筑，其耐火等级可按四级确定。相邻建筑通过底部的建筑物、连廊或天桥等连接时，其间距不应小于表2.9的规定。

表2.9 民用建筑之间的防火间距 (m)

建筑类别		高层民用建筑	裙房和其他民用建筑		
		一、二级	一、二级	三级	四级
高层民用建筑	一、二级	13	9	11	14
裙房和其他民用建筑	一、二级	9	6	7	9
	三级	11	7	8	10
	四级	14	9	10	12

根据建筑间火灾蔓延的原理，当建筑外部或内部采取一定措施，减少建筑一旦发生火灾后的发射热辐射强度，或为接受热辐射的建筑外部提供保护，可以降低建筑间火灾蔓延的风险。因此，在满足一定条件下，防火间距可以适当缩小。换句话说，当由于建筑受周围空间限制，防火间距小于表2.9规定值时，可以采用一定措施，满足一定条件，达到规范要求。例如：相邻两座单、多层建筑，当相邻外墙为不燃性墙体且无外露的可燃性屋檐，每面外墙上无防火保护的门、窗、洞口不正对开设且面积之和不大于该外墙面积的5%时，其防火间距可按本表规定减少25%。

除此以外，民用建筑中较小规模的组群建筑、与民用建筑配套的辅助功能建筑如变电站、锅炉房、燃气调压站、液化石油气气化站等，都需要满足一定的要求，具体可参见《建筑设计防火规范》(GB 50016—2014)。

B 工业建筑

工业建筑及其与民用建筑之间的防火间距要求，与民用建筑的要求在形式上类似，但一般情况下比民用建筑的要求更高，更复杂。这是由于工业建筑的火灾特点决定的。一方面，工业建筑一旦发生火灾，危害范围较大，为了防止对其周围建筑构成危害，采用较大的防火间距；另一方面，很多工业建筑中涉及的原材料、产品、工艺、储存物质等容易被引燃，为了防止周围点火源对工业建筑构成危害，采用较大的防火间距。同时，工业建筑由于厂房和仓库之间的火灾危险性差异很大，各种生产工艺、原材料、产品的火灾危险性差异也很大，使得对工业建筑防火间距的要求更为复杂。具体可参见《建筑设计防火规范》(GB 50016—2014)。

厂房之间及与乙、丙、丁、戊类仓库、民用建筑等的防火间距不应小于表2.10的规定。甲类仓库之间及与其他建筑、明火或散发火花地点、铁路、道路等的防火间距不应小于表2.11的规定。乙、丙、丁、戊类仓库之间及与民用建筑的防火间距，不应小于表2.12的规定。

表 2.10 厂房之间及与乙、丙、丁、戊类仓库、民用建筑等的防火间距 (m)

名称			甲类厂房	乙类厂房（仓库）			丙、丁、戊类厂房（仓库）				民用建筑				
			单、多层	单、多层		高层	单、多层			高层	裙房，单、多层			高层	
			一、二级	一、二级	三级	一、二级	一、二级	三级	四级	一、二级	一、二级	三级	四级	一类	二类
甲类厂房	单、多层	一、二级	12	12	14	13	12	14	16	13	25			50	
乙类厂房	单、多层	一、二级	12	10	12	13	10	12	14	13					
		三级	14	12	14	15	12	14	16	15					
	高层	一、二级	13	13	15	13	13	15	17	13					
丙类厂房	单、多层	一、二级	12	10	12	13	10	12	14	13	10	12	14	20	15
		三级	14	12	14	15	12	14	16	15	12	14	16	25	20
		四级	16	14	16	17	14	16	18	17	14	16	18		
	高层	一、二级	13	13	15	13	13	15	17	13	13	15	17	20	15
丁、戊类厂房	单、多层	一、二级	12	10	12	13	10	12	14	13	10	12	14	15	13
		三级	14	12	14	15	12	14	16	15	12	14	16	18	15
		四级	16	14	16	17	14	16	18	17	14	16	18		
	高层	一、二级	13	13	15	13	13	15	17	13	13	15	17	15	13
室外变、配电站	变压器总油量	≥5t，≤10t	25	25	25	25	12	15	20	12	15	20	25	20	
		>10t，≤50t					15	20	25	15	20	25	30	25	
		>50t					20	25	30	20	25	30	35	30	

表 2.11 甲类仓库之间及与其他建筑、明火或散发火花地点、铁路、道路等的防火间距 (m)

名称	甲类仓库			
	甲类储存物品第3、4项		甲类储存物品第1、2、5、6项	
	≤5	>5	≤10	>10
高层民用建筑、重要公共建筑	50			
裙房、其他民用建筑、明火或散发火花地点	30	40	25	30
甲类仓库	20	20	20	20

续表 2.11

名称		甲类仓库			
		甲类储存物品第 3、4 项		甲类储存物品第 1、2、5、6 项	
		≤5	>5	≤10	>10
厂房和乙、丙、丁、戊类仓库	一、二级	15	20	12	15
	三级	20	25	15	20
	四级	25	30	20	25
电力系统电压为 35 ~ 500kV 且每台变压器容量不小于 10MV · A 的室外变、配电站，工业企业的变压器总油量大于 5t 的室外降压变电站		30	40	25	30
厂外铁路线中心线		40			
厂内铁路线中心线		30			
厂外道路路边		20			
厂内道路路边	主要	10			
	次要	5			

注：甲类仓库之间的防火间距，当第 3、4 项物品储量不大于 2t，第 1、2、5、6 项物品储量不大于 5t 时，不应小于 12m，甲类仓库与高层仓库的防火间距不应小于 13m。

表 2.12 乙、丙、丁、戊类仓库之间及与民用建筑的防火间距 (m)

名称			乙类仓库			丙类仓库				丁、戊类仓库			
			单、多层		高层	单、多层			高层	单、多层			高层
			一、二级	三级	一、二级	一、二级	三级	四级	一、二级	一、二级	三级	四级	一、二级
乙、丙、丁、戊类仓库	单、多层	一、二级	10	12	13	10	12	14	13	10	12	14	13
		三级	12	14	15	12	14	16	15	12	14	16	15
		四级	14	16	17	14	16	18	17	14	16	18	17
	高层	一、二级	13	15	13	13	15	17	13	13	15	17	13
民用建筑	裙房，单、多层	一、二级	25			10	12	14	13	10	12	14	13
		三级	25			12	14	16	15	12	14	16	15
		四级	25			14	16	18	17	14	16	18	17
	高层	一类	50			20	25	25	20	15	18	18	15
		二类	50			15	20	20	15	13	15	15	13

由于甲类厂房的火灾危险性较大，根据《建筑设计防火规范》(GB 50016—2014)，专门对甲类厂房与重要公共建筑，与明火或散发火花地点，与架空电力线，与甲、乙、丙类液体储罐，可燃、助燃气体储罐，液化石油气储罐和可燃材料堆场，与铁路、道路等的防火间距做了要求。例如，甲类厂房与重要公共建筑的防火间距不应小于 50m，与明火或散发火花地点的防火间距不应小于 30m。

与民用建筑类似，厂房和仓库在满足一定条件下，防火间距可以适当减小；规模较小、火灾危险性较小的厂房可以成组布置。

除此以外，汽车加油、加气站和加油加气合建站及其加油（气）机、储油（气）罐等与站外明火或散发火花地点、建筑、铁路、道路之间的防火间距以及站内各建筑或设施之间的防火间距，室外变、配电站以及工业企业的室外降压变电站与其他建筑的防火间距，粮食筒仓与其他建筑、粮食筒仓组之间的防火间距，厂区或库区围墙与厂区或库区内建筑的间距以及围墙两侧建筑的间距都要满足一定的要求。具体可参见《建筑设计防火规范》(GB 50016—2014)。

2.2.2 消防车道

2.2.2.1 设置要求

为能够保证消防车顺利通行和正常作业，消防车道的设置需要考虑道路的尺寸、路面的承重能力、回车场地尺寸、道路间距等问题。

（1）消防车道的净宽度和净空高度均不应小于4m，消防车道的坡度不宜大于8%，其转弯处应满足消防车转弯半径的要求。

（2）环形消防车道至少应有两处与其他车道连通。尽头式消防车道应设置回车道或回车场，回车场的面积不应小于12m×12m；对于高层建筑，回车场不宜小于15m×15m；供重型消防车使用时，不宜小于18m×18m。消防车道回车场设置如图2.6所示。

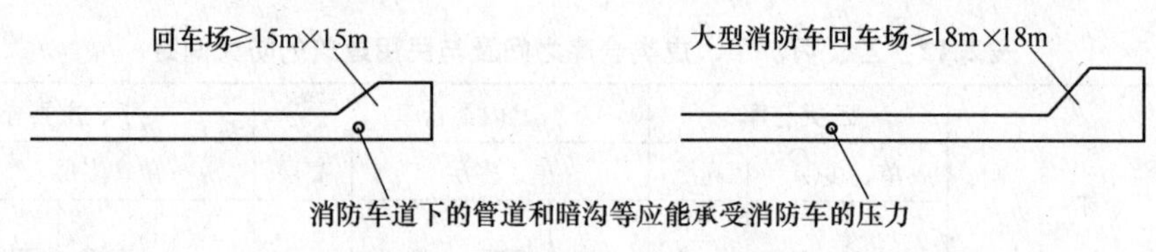

图2.6 消防车道回车场设置

（3）街区内的道路应考虑消防车的通行，其道路中心线间的距离不宜大于160m。当建筑物沿街道部分的长度大于150m或总长度大于220m时，应设置穿过该建筑物的消防车道。确有困难时，应设置环形消防车道。

（4）消防车道的路面、救援操作场地及消防车道和救援操作场地下面的管道和暗沟等，应能承受重型消防车的压力。

（5）消防车道可利用城乡、厂区道路等，但该道路应满足消防车通行、转弯和停靠的要求。

（6）在穿过建筑物或进入建筑物内院的消防车道两侧，不应设置影响消防车通行或人员安全疏散的设施。

（7）消防车道不宜与铁路正线平交。如必须平交，应设置备用车道，且两车道的间距不应小于一列火车的长度。如图2.7所示。

2.2.2.2 设置范围

绝大部分建筑都需要设置消防车道。对于危险性较大、规模较大的建筑，一般需要设置环形消防车道，当有困难时，可沿建筑的两个长边设置消防车道。

例如，高层民用建筑，超过3000个座位的体育馆，超过2000个座位的会堂，占地面积大于3000m^{2}的商店建筑、展览建筑等单、多层公共建筑应设置环形消防车道，确有困

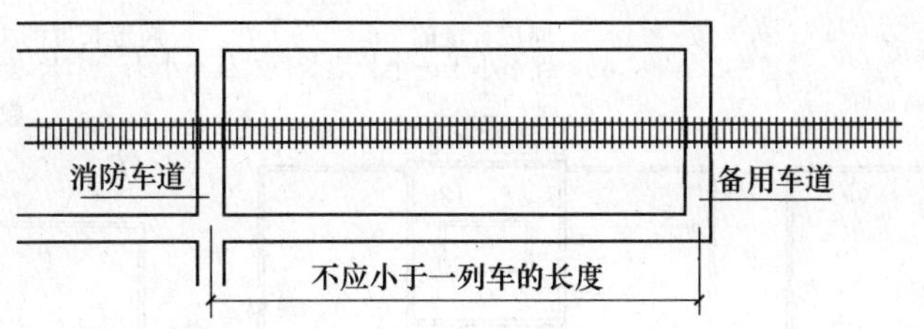

图 2.7 消防车道与铁路正线平交

难时，可沿建筑的两个长边设置消防车道；对于住宅建筑和山坡地或河道边临空建造的高层建筑，可沿建筑的一个长边设置消防车道，但该长边所在建筑立面应为消防车登高操作面。

2.2.3 救援场地

建筑救援场地的设置，主要涉及消防车登高操作场地的设置和从救援场地进入建筑的入口的设置。

2.2.3.1 消防车登高操作场地

消防车登高操作场地主要是为了高层建筑一旦发生火灾，可以保证消防登高车能够靠近建筑进行登高作业，救援火场被困人员，进行灭火作业。其设置主要考虑：消防车登高操作场地的位置、无障碍要求、场地尺寸、承重和与建筑的距离。对于高层建筑、特别是布置有裙房的建筑，要确保登高消防车能够靠近高层主体建筑，便于登高消防车开展灭火救援。消防登高车一般重量较大、尺寸较大，要能正常展开作业，需要一定的空间，同时要求作业场地地面能够承担其作业时的重量。操作场地不能距离建筑太近，防止起火建筑高空落物对救援人员和车辆构成威胁，也不能距离建筑太远，否则消防登高车展开后不能抵近建筑实施救援。

例如，在《建筑设计防火规范》(GB 50016—2014) 中，对于位置的规定：高层建筑应至少沿一个长边或周边长度的 1/4 且不小于一个长边长度的底边连续布置消防车登高操作场地，该范围内的裙房进深不应大于 4m，如图 2.8 所示。建筑高度不大于 50m 的建筑，连续布置消防车登高操作场地有困难时，可间隔布置，但间隔距离不宜大于 30m，且消防车登高操作场地的总长度仍应符合上述规定。

对于无障碍要求的规定：场地与厂房、仓库、民用建筑之间不应设置妨碍消防车操作的架空高压电线、树木、车库出入口等障碍。

对于场地尺寸的规定：对于场地的坡度不宜大于 3%，长度和宽度分别不应小于 15m 和 8m。对于建筑高度不小于 50m 的建筑，场地的长度和宽度分别不应小于 15m。

对于承重的规定：场地及其下面的建筑结构、管道和暗沟等，应能承受重型消防车的压力。

对于与建筑距离的规定：可结合消防车道布置且应与消防车道连通，场地靠建筑外墙一侧的边缘距离建筑外墙不宜小于 5m，且不应大于 10m。

2.2.3.2 从救援场地进入建筑的入口

对于建筑，消防员一般是通过直通室外的楼梯间或出入口，从楼梯间进入着火层对该

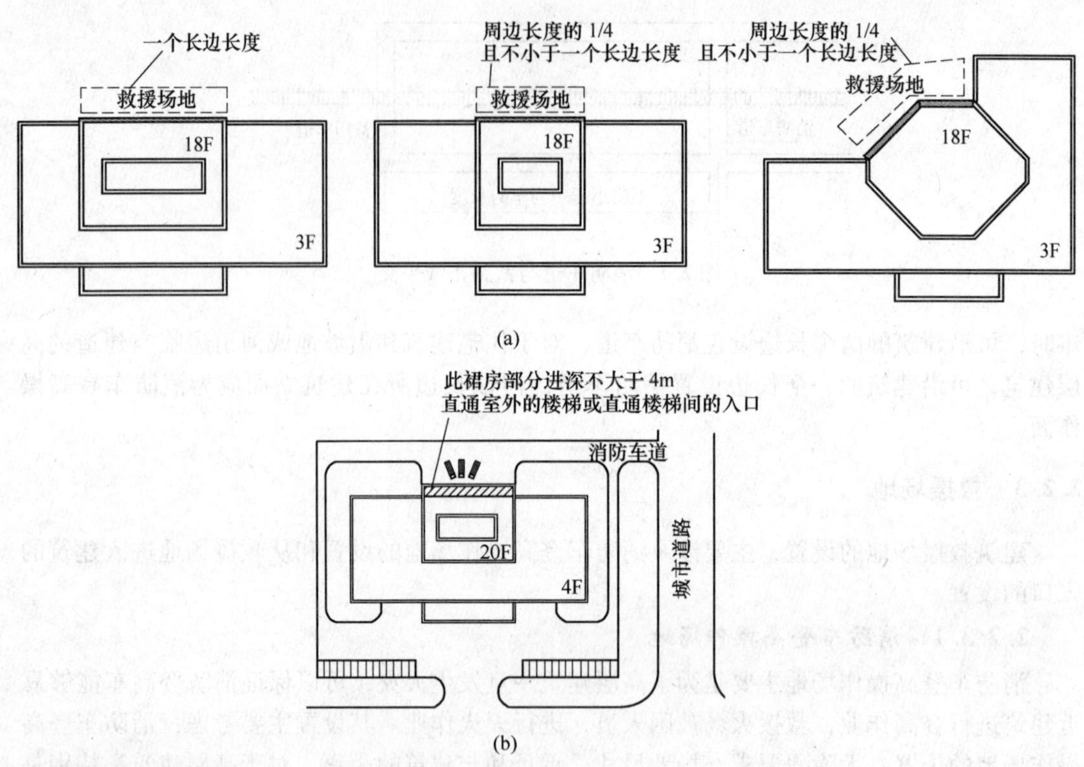

图 2.8　消防车登高操作场地布置

层及其上、下层进行灭火。为使消防员能尽快安全到达着火层，在建筑与消防车登高操作场地相对应的范围内有必要设置直通室外的楼梯或直通楼梯间的入口，特别是高层建筑和地下建筑。

例如，《建筑设计防火规范》(GB 50016—2014) 规定：建筑物与消防车登高操作场地相对应的范围内，应设置直通室外的楼梯或直通楼梯间的入口。如图 2.8（b）所示。厂房、仓库、公共建筑的外墙应每层设置可供消防救援人员进入的窗口。窗口的净高度和净宽度分别不应小于 0.8m 和 1.0m，下沿距室内地面不宜大于 1.2m，间距不宜大于 20m 且每个防火分区不应少于 2 个，设置位置应与消防车登高操作场地相对应。窗口的玻璃应易于破碎，并应设置可在室外识别的明显标志。

2.3　建筑平面布置防火

建筑平面布置防火包括防火分区、平面布置。其主要目的是防止建筑内火灾蔓延，并对一些特殊区域提供特别的保护。

2.3.1　防火分区

防火分区是指在建筑内部采用防火墙、楼板及其他防火分隔设施分隔而成，能在一定时间内防止火灾向同一建筑的其余部分蔓延的局部空间。在建筑内划分防火分区，可以在建筑一旦发生火灾时，有效地把火势控制在一定的范围内，减少火灾损失，同时为人员安全疏散、消防扑救提供有利条件。

2.3.1.1 防火分区的划分原则

按照防止火灾向防火分区以外扩大蔓延的方向将防火分区分为两类：一是水平防火分区，用以防止火灾在水平方向扩大蔓延；二是竖向防火分区，用以防止火灾在多层或高层建筑的层与层之间竖向蔓延。

水平防火分区是指采用防火墙、防火卷帘、防火门及防火分隔水幕等分隔物在各楼层的水平方向分隔出的防火区域，它可以阻止火灾在楼层的水平方向蔓延。竖向防火分区在火灾防范中极为重要，火灾常常沿着建筑物各种竖向通道向上部楼层蔓延，烟气和高温在建筑内的竖向发展速度是水平方向的数倍，人员竖向的疏散速度远远小于烟气竖向的蔓延速度。除采用耐火楼板进行竖向分隔外，对建筑外部的竖向防火通常采用防火挑檐、窗槛墙等技术手段。对建筑内部设置的敞开楼梯、自动扶梯、走马廊、中庭等以及管道井，采用防火分隔物将这些部位竖向分别划分为单独区域，防止烟火进入这些区域，达到竖向防火的目标。

防火分区的划分应根据建筑物的使用性质、高度、火灾危险性以及建筑物的耐火等级、建筑物的长度、室内容纳人员和可燃物的数量、消防扑救能力和消防设施配置、人员疏散难易程度及建设投资等情况进行综合考虑。在划分防火分区时，应遵循以下原则：

（1）分区的划分必须与使用功能的布置相统一。

（2）分区措施的选用应优先考虑安全疏散的合理性。

（3）分隔物应首先选用固定分隔物。

（4）越重要、越危险区域的防火分区面积越小。

（5）设有自动灭火系统的建筑物，其分区最大允许建筑面积可适当增加。

在具体设计过程中划分防火分区、采取防火分隔措施时，需遵循下列要求：

（1）用作人员疏散、避难、通行使用的楼梯间、前室和某些有避难功能的走道，必须受到完全保护，保证其在发生火灾时不受烟与火的侵害，并保持畅通无阻。

（2）在同一个建筑内，各危险区域之间、不同用户之间、办公用房和生产车间之间以及不同功能之间，应进行防火分隔处理。

（3）建筑中的各种竖向井道，如电缆井、管道井、垃圾井等，其本身应是独立的防火单元，保证井道外部火灾产生的烟与火不得传入井道内部，井道内部火灾也不得传到井道外部。

（4）有特殊防火要求的建筑（如医院等）在防火分区之内还应设置更小的防火区域。

（5）建筑在垂直方向宜以每个楼层为单元划分防火分区。

（6）为扑救火灾而设计的消防通道，其本身应受到良好的防火保护。

（7）设有自动灭火系统的防火分区，其最大允许建筑面积可以适当增加。

2.3.1.2 防火分区划分的理论依据

对防火分区的最大允许建筑面积进行控制，一个重要目的是要在允许的时间内将火灾扑灭，确保建筑及人员疏散安全。允许的扑救时间取决于建筑最不耐火的承重构件的耐火极限，用不等式表示如下：

$$t_{mh} \leqslant \frac{R}{K_0} \tag{2.22}$$

式中　t_{mh}——开始出水灭火起，到火被扑灭时止的持续时间，min；

R——承重构件最低的耐火极限；

K_0——安全系数，取 1.1。

由式（2.22）可以得到计算防火墙间建筑面积的公式，即

$$F=\frac{\left(\frac{R}{K_0}-\Delta t_0\right)Q}{\beta I t_b} \tag{2.23}$$

式中　Δt_0——控制火势需要的时间，min；

Q——灭火过程中实际用水量，L/s；

β——预计燃烧面积与地板面积之比；

I——火场给水最适宜的强度，取 $0.1\text{L}/(\text{s}\cdot\text{m}^2)$；

t_b——火场给水适宜强度条件下的标准灭火时间，取 20min。

式中 Δt_0，当采用非固定灭火装置时，取 30min；当采用固定灭火装置时，取 10min；如采用移动式灭火装置，但出水量不大，不需要集中大量消防车时，取 20min。

根据上述计算公式，在计算过程中再视实际情况进行适当修正，即可得出不同类型建筑的防火墙间最大允许建筑面积。

2.3.1.3　防火分区的确定

A　民用建筑

《建筑设计防火规范》(GB 50016—2014）规定：不同耐火等级建筑的允许建筑高度或层数和防火分区最大允许建筑面积应符合表 2.13 的规定。当建筑内设置自动灭火系统时，能及时扑灭初期火灾，有效控制火势蔓延，使建筑物的安全程度大为提高。防火分区最大允许建筑面积可按表 2.13 的规定增加 1 倍；局部设置时，防火分区的增加面积可按该局部面积的 1 倍计算。裙房与高层建筑主体之间设置防火墙时，裙房的防火分区可按单、多层建筑的要求确定。

表 2.13　不同耐火等级建筑的允许建筑高度或层数和防火分区最大允许建筑面积

<table>
<tr><th>名　称</th><th>耐火等级</th><th>允许建筑高度或层数</th><th>防火分区的最大允许建筑面积/m²</th><th>备　注</th></tr>
<tr><td>高层民用建筑</td><td>一、二级</td><td>符合表 1.1 的规定</td><td>1500</td><td rowspan="2">对于体育馆、剧场的观众厅，防火分区的最大允许建筑面积可适当增加</td></tr>
<tr><td rowspan="3">单、多层民用建筑</td><td>一、二级</td><td>1. 单层公共建筑的建筑高度不限；
2. 住宅建筑的建筑高度不大于 27m；
3. 其他民用建筑的建筑高度不大于 24m</td><td>2500</td></tr>
<tr><td>三级</td><td>5 层</td><td>1200</td><td>—</td></tr>
<tr><td>四级</td><td>2 层</td><td>600</td><td>—</td></tr>
<tr><td>地下或半地下建筑（室）</td><td>一级</td><td>—</td><td>500</td><td>设备用房的防火分区最大允许建筑面积不应大于 1000m²</td></tr>
</table>

需要指出，建筑内设置自动扶梯、中庭、敞开楼梯或敞开楼梯间等上下层相连通的开口时，防火分区的建筑面积应按上下层相连通的建筑面积叠加计算，且不应大于相关规定。

对于商场内的营业厅、建筑内的展览厅等根据功能要求需要设置较大的连片空间的情况，在加强其他防火技术措施的前提下，防火分区面积可以适当增加。例如，《建筑设计防火规范》(GB 50016—2014）规定：一、二级耐火等级建筑内的营业厅、展览厅，当设置自动灭火系统和火灾自动报警系统并采用不燃或难燃装修材料时，每个防火分区的最大允许建筑面积可适当增加，并应符合下列规定：（1）设置在高层建筑内时，不应大于4000m²；（2）设置在单层建筑内或仅设置在多层建筑的首层内时，不应大于10000m²；（3）设置在地下或半地下时，不应大于2000m²。

又例如，《建筑设计防火规范》(GB 50016—2014）规定：总建筑面积大于20000m² 的地下或半地下商店，应采用无门、窗、洞口的防火墙、耐火极限不低于2.00h 的楼板分隔为多个建筑面积不大于20000m² 的区域。相邻区域确需局部水平或竖向连通时，应采用下沉式广场等室外开敞空间、防火隔间、避难走道、防烟楼梯间等方式进行连通。

B 工业建筑

对于工业建筑，由于其与民用建筑相比，不同种类厂房和库房其火灾危险性差异很大，因此，对于其防火分区的要求更为复杂，不同种类厂房和库房的防火分区面积差异很大。特别是对于甲、乙、丙类库房，由于其用于储存物品的使用性质导致其火灾荷载远大于其他建筑，因此对其防火分区面积的要求更加严格，不仅对每个防火分区的建筑面积做了要求，而且对单个库房的占地面积也有要求。

厂房的层数和每个防火分区的最大允许建筑面积应符合表2.14 的规定。厂房内设置自动灭火系统时，每个防火分区的最大允许建筑面积可按表2.14 的规定增加1 倍。当丁、戊类的地上厂房内设置自动灭火系统时，每个防火分区的最大允许建筑面积不限。厂房内局部设置自动灭火系统时，其防火分区的增加面积可按该局部面积的1 倍计算。同时，厂房内的操作平台、检修平台，当使用人数少于10 人时，平台的面积可不计入所在防火分区的建筑面积内。

对于一些特殊厂房，如纺织厂房、造纸生产联合厂房、卷烟生产联合厂房等，在表2.14 的基础上有所调整。例如，除麻纺厂房外，一级耐火等级的多层纺织厂房和二级耐火等级的单、多层纺织厂房，每个防火分区的最大允许建筑面积可按表2.14 的规定增加0.5 倍，但厂房内的原棉开包、清花车间与厂房内其他部位之间均应采用耐火极限不低于2.50h 的防火隔墙分隔，需要开设门、窗、洞口时，应设置甲级防火门、窗。

表2.14 厂房的层数和每个防火分区的最大允许建筑面积

生产的火灾危险性类别	厂房的耐火等级	最多允许层数	每个防火分区的最大允许建筑面积/m²			
			单层厂房	多层厂房	高层厂房	地下或半地下厂房（包括地下或半地下室）
甲	一级 二级	宜采用 单层	4000 3000	3000 2000	— —	— —
乙	一级 二级	不限 6	5000 4000	4000 3000	2000 1500	— —

续表 2.14

生产的火灾危险性类别	厂房的耐火等级	最多允许层数	每个防火分区的最大允许建筑面积/m²			
			单层厂房	多层厂房	高层厂房	地下或半地下厂房（包括地下或半地下室）
丙	一级	不限	不限	6000	3000	500
	二级	不限	8000	4000	2000	500
	三级	2	3000	2000	—	—
丁	一、二级	不限	不限	不限	4000	1000
	三级	3	4000	2000	—	—
	四级	1	1000	—	—	—
戊	一、二级	不限	不限	不限	6000	1000
	三级	3	5000	3000	—	—
	四级	1	1500	—	—	—

仓库的层数和面积应符合表 2.15 的规定。仓库内设置自动灭火系统时，除冷库的防火分区外，每座仓库的最大允许占地面积和每个防火分区的最大允许建筑面积可按表 2.15 的规定增加 1.0 倍。

表 2.15 仓库的层数和面积

储存物品的火灾危险性类别		仓库的耐火等级	最多允许层数	每座仓库的最大允许占地面积和每个防火分区的最大允许建筑面积/m²						
				单层仓库		多层仓库		高层仓库		地下或半地下仓库（包括地下或半地下室）
				每座仓库	防火分区	每座仓库	防火分区	每座仓库	防火分区	防火分区
甲	3、4 项	一级	1	180	60	—	—	—	—	—
	1、2、5、6 项	一、二级	1	750	250	—	—	—	—	—
乙	1、3、4 项	一、二级	3	2000	500	900	300	—	—	—
		三级	1	500	250	—	—	—	—	—
	2、5、6 项	一、二级	5	2800	700	1500	500	—	—	—
		三级	1	900	300	—	—	—	—	—
丙	1 项	一、二级	5	4000	1000	2800	700	—	—	150
		三级	1	1200	400	—	—	—	—	—
	2 项	一、二级	不限	6000	1500	4800	1200	4000	1000	300
		三级	3	2100	700	1200	400	—	—	—
丁		一、二级	不限	不限	3000	不限	1500	4800	1200	500
		三级	3	3000	1000	1500	500	—	—	—
		四级	1	2100	700	—	—	—	—	—
戊		一、二级	不限	不限	不限	不限	2000	6000	1500	1000
		三级	3	3000	1000	2100	700	—	—	—
		四级	1	2100	700	—	—	—	—	—

对于一些特殊仓库，如煤均化库、硝酸铵仓库、电石仓库、聚乙烯等高分子制品仓库、尿素仓库、配煤仓库、造纸厂的独立成品仓库、粮食仓库、物流仓库等，在表2.15的基础上有所调整。例如，一、二级耐火等级的煤均化库，每个防火分区的最大允许建筑面积不应大于12000m^2。

2.3.2 平面布置

建筑的平面布置主要是用平面的方式表示建筑物内各个空间的布置和安排。建筑的平面布置应结合使用功能和安全疏散要求等合理布置。

对于民用建筑平面布置的要求，主要分为以下几类：

（1）火灾危险性大的场所，如燃油或燃气锅炉、油浸变压器、充有可燃油的高压电容器和多油开关、柴油发电机、燃料储存等建筑功能用房。这类场所，要么容易引起火灾，要么火灾荷载大。

（2）空间大、人员密度大的场所，如商场营业厅、展览厅、电影院、剧院、会议厅等。这类场所，人员密集且疏散距离较长，因此，疏散困难、疏散时间较长。

（3）人员缺乏独立疏散能力的场所，即老弱病残等特殊人群使用的场所，如托儿所、幼儿园的儿童用房、儿童游乐厅、老年人活动场所、医院、疗养院等。这类场所，人员缺乏独立疏散的能力，往往需要他人帮助才能疏散，因此，疏散困难，疏散时间较长。

（4）火灾危险性大，人员密度大的场所，如歌舞娱乐放映游艺场所。这类场所，一方面灯光、音响等用电设备多，抽烟人群多，容易引发火灾，同时家具软包、沙发等可燃物多，火灾荷载大；另一方面，人员密度大，疏散路线上光线较差，疏散困难。

（5）消防设施用房。如消防水泵房、消防控制室等。这类场所用于控制或维持消防设施的正常运行，火灾时必须保证其安全，并方便救援人员进出。

对于工业建筑平面布置的要求，主要分为以下几类：

（1）火灾危险性较大的场所。一类如甲、乙类厂房或库房，其自身的火灾危险性较大，一旦发生火灾对相邻区域威胁较大；一类如厂房内的库房或储罐，其火灾荷载很大；一类如变、配电房、铁路线等功能用房或设施，其容易引发火灾。

（2）有人员活动的场所，如员工宿舍、办公室、休息室等。工业建筑一旦发生火灾，这类场所中的人员安全受到很大威胁。

为了保障这些场所人员安全，防止火灾对其他区域构成威胁，我国规范主要从以下几方面进行要求：

（1）场所的空间位置。包括垂直位置，即所在楼层数或高度；水平位置，即是否靠外墙布置；与其他使用性质场所的位置关系，即是否贴邻布置。

（2）场所是否有独立的安全出口和疏散楼梯，以及出口或疏散方向的个数。

（3）场所与其他部位的防火分隔。

（4）场所的规模。

（5）场所内是否安装自动灭火系统和自动报警系统。

（6）场所内物品火灾危险性和储量。

民用建筑例如，对于歌舞娱乐放映游艺场所的平面布置，《建筑设计防火规范》（GB 50016—2014）规定：歌舞厅、录像厅、夜总会、卡拉OK厅（含具有卡拉OK功能的餐厅）、游艺厅（含电子游艺厅）、桑拿浴室（不包括洗浴部分）、网吧等歌舞娱乐放映游艺场所（不含剧场、电影院）的布置应符合下列规定：

（1）宜布置在一、二级耐火等级建筑物内的首层、二层或三层的靠外墙部位，不应布置在地下二层及以下楼层。

（2）不宜布置在袋形走道的两侧或尽端。

（3）受条件限制必须布置在地下一层时，地下一层地面与室外出入口地坪的高差不应大于10m。

（4）受条件限制必须布置在地下或四层及以上楼层时，一个厅、室的建筑面积不应大于200m^2。

（5）厅、室之间及与建筑的其他部位之间，应采用耐火极限不低于2.00h的防火隔墙和不低于1.00h的不燃性楼板分隔，设置在厅、室墙上的门和该场所与建筑内其他部位相通的门均应采用乙级防火门。

工业建筑例如，对于厂房内的员工宿舍、办公室、休息室有如下规定：

（1）员工宿舍严禁设置在厂房内。

（2）办公室、休息室等不应设置在甲、乙类厂房内，必须贴邻本厂房时，其耐火等级不应低于二级，并应采用耐火极限不低于3.00h的防爆墙与厂房分隔和设置独立的安全出口。

（3）办公室、休息室设置在丙类厂房内时，应采用耐火极限不低于2.50h的防火隔墙和不低于1.00h的楼板与其他部位分隔，并应至少设置1个独立的安全出口。如隔墙上需开设相互连通的门时，应采用乙级防火门。

2.3.3 防火分隔构件

无论是划分防火分区，还是对特殊部位的平面布置进行防火分隔，都需要使用防火分隔构件来划分。具有阻止火势蔓延，能把整个建筑空间划分成若干较小防火空间的建筑构件称为防火分隔构件。防火分隔构件可分为固定式和可开启关闭式两种。固定式包括普通砖墙、楼板、防火墙等，可开启关闭式包括防火门、防火窗、防火卷帘、防火水幕。

2.3.3.1 防火墙

防火墙是具有不少于3h耐火极限的非燃烧体墙壁。在设置时应满足六个方面的构造要求，如图2.9所示。

（1）防火墙应直接设置在基础上或钢筋混凝土框架上。防火墙应截断燃烧体或难燃烧体的屋顶结构，且应高出不燃烧体屋面不小于40cm，高出燃烧体或难燃烧体屋面不小于50cm，如图2.9（a）所示。

（2）防火墙中心距天窗端面的水平距离小于4m，且天窗端面为燃烧体时，应采取防止火势蔓延的设施，如图2.9（b）所示。

（3）建筑物外墙如为难燃烧体时，防火墙应突出燃烧体墙的外表面40cm，或防火墙带的宽度，从防火墙中心线起每侧不应小于2m，如图2.9（c）所示。

（4）建筑物内的防火墙不应设在转角处。如设在转角附近，内转角两侧上的门窗洞口之间最近的水平距离不应小于4m。紧靠防火墙两侧的门窗口之间最近的水平距离不应小于2m，如图2.9（d）所示。

(5) 防火墙内不应设置排气道，民用建筑必须设时，其两侧的墙身截面厚度均不应小于12cm。防火墙上不应开设门窗洞口，如必须开设时，应采用能自行关闭的甲级防火门窗。可燃气体和甲乙丙类液体管道不应穿过防火墙。其他管道如必须穿过时，应用不燃烧材料将缝隙紧密填塞，如图2.9（e）所示。

(6) 设计防火墙时，应考虑防火墙一侧的屋架、梁、楼板等受到火灾的影响而破坏时，不致使防火墙倒塌。

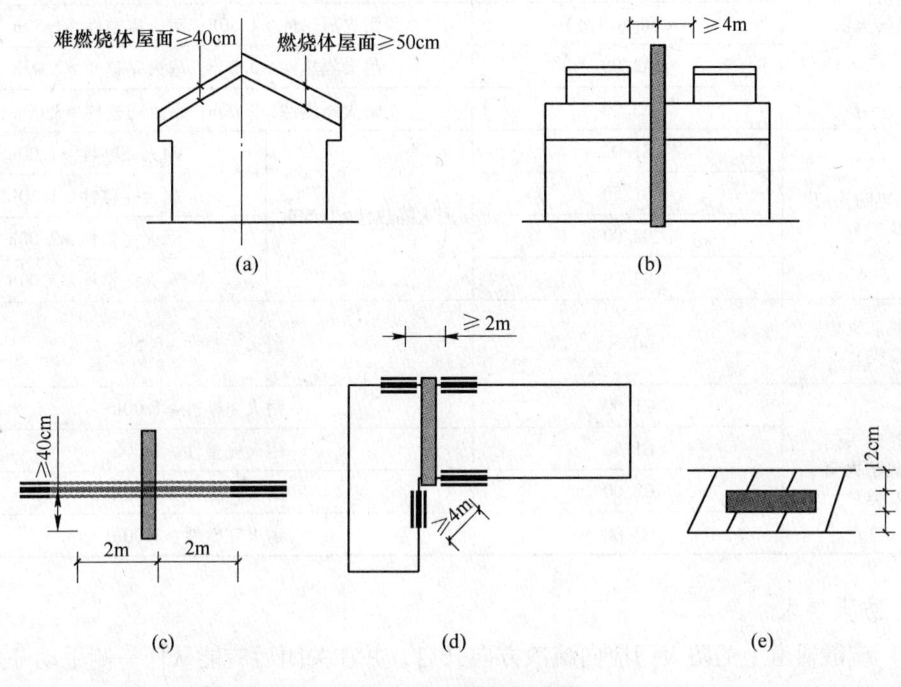

图2.9 防火墙构造

2.3.3.2 防火门、窗

防火门、窗是建筑中能满足规定耐火要求的门、窗。根据材质、开启方式、耐火隔热性、耐火完整性等各方面的性能不同，可以对防火门、窗进行分类分级，以便建筑设计中根据需要进行选用。

建筑中设置的防火门、窗，应保证门、窗的防火和防烟性能符合现行国家标准《防火门》(GB 12955—2008) 和《防火窗》(GB 16809—2008) 的有关规定，并经消防产品质量检测中心检测试验认证才能使用。

A 防火门、窗耐火性能分级

防火门、窗按耐火极限分为甲、乙、丙三级，耐火极限应分别不低于1.50h、1.00h和0.50h。甲级防火门、窗一般用于防火墙上的门窗洞口或部分重要机房的门、窗等部位；乙级防火门可用于疏散楼梯间及其前室等部位；丙级防火门多为建筑竖向井道的检查门等。

根据《防火门》(GB 12955—2008) 及《防火窗》(GB 16809—2008) 的规定，防火门窗还可以进一步进行类型划分：防火门可分为A、B、C三大类，防火窗则分为A、C两大类，不同类型的防火门窗在耐火隔热性及耐火完整性方面有不同的要求，具体分类方法及耐火性能分类规定如表 2.16 所示。

表 2.16 防火门、窗耐火性能分类

<table>
<tr><th>名 称</th><th>代号（对应级别）</th><th colspan="2">防火门（窗）的耐火性能</th></tr>
<tr><td rowspan="5">隔热防火门
隔热防火窗
（A 类）</td><td>A0.50（丙级）</td><td colspan="2">耐火隔热性≥0.50h；耐火完整性≥0.50h</td></tr>
<tr><td>A1.00（乙级）</td><td colspan="2">耐火隔热性≥1.00h；耐火完整性≥1.00h</td></tr>
<tr><td>A1.50（甲级）</td><td colspan="2">耐火隔热性≥1.50h；耐火完整性≥1.50h</td></tr>
<tr><td>A2.00</td><td colspan="2">耐火隔热性≥2.00h；耐火完整性≥2.00h</td></tr>
<tr><td>A3.00</td><td colspan="2">耐火隔热性≥3.00h；耐火完整性≥3.00h</td></tr>
<tr><td rowspan="4">部分隔热防火门
（B 类）</td><td>B1.00</td><td rowspan="4">耐火隔热性≥0.50h</td><td>耐火完整性≥1.00h</td></tr>
<tr><td>B1.50</td><td>耐火完整性≥1.50h</td></tr>
<tr><td>B2.00</td><td>耐火完整性≥2.00h</td></tr>
<tr><td>B3.00</td><td>耐火完整性≥3.00h</td></tr>
<tr><td>非隔热防火窗
（C 类）</td><td>C0.50</td><td colspan="2">耐火完整性≥0.50h</td></tr>
<tr><td rowspan="4">非隔热防火门
非隔热防火窗
（C 类）</td><td>C1.00</td><td colspan="2">耐火完整性≥1.00h</td></tr>
<tr><td>C1.50</td><td colspan="2">耐火完整性≥1.50h</td></tr>
<tr><td>C2.00</td><td colspan="2">耐火完整性≥2.00h</td></tr>
<tr><td>C3.00</td><td colspan="2">耐火完整性≥3.00h</td></tr>
</table>

B 防火要求

（1）疏散通道上的防火门应向疏散方向开启，并在关闭后应能从任一侧手动开启。设置防火门的部位，一般为房间的疏散门或建筑某一区域的安全出口。建筑内设置的防火门既要能保持建筑防火分隔的完整性，又要能方便人员疏散和开启。因此，防火门的开启方式、开启方向等均要保证在紧急情况下人员能快捷开启，不会导致阻塞。

（2）用于疏散走道、楼梯间和前室的防火门，应能自动关闭；双扇和多扇防火门，应设置顺序闭门器。

（3）除允许设置常开防火门的位置外，其他位置的防火门均应采用常闭防火门。常闭防火门应在门扇的明显位置设置"保持防火门关闭"等提示标志；为方便平时经常有人通行而需要保持常开的防火门，在发生火灾时，应具有自动关闭和信号反馈功能，如设置与报警系统联动的控制装置和闭门器等。

（4）为保证分区间的相互独立，设在变形缝附近的防火门，应设在楼层较多的一侧，且门开启后不应跨越变形缝，防止烟火通过变形缝蔓延，如图 2.10 所示。

（5）平时关闭后应具有防烟性能。

（6）其他要求，应符合《防火门》（GB 12955—2008）及《防火窗》（GB 16809—2008）的规定。

2.3.3.3 防火卷帘

防火卷帘是在一定时间内，连同框架能满足耐火稳定性和完整性要求的卷帘，由帘

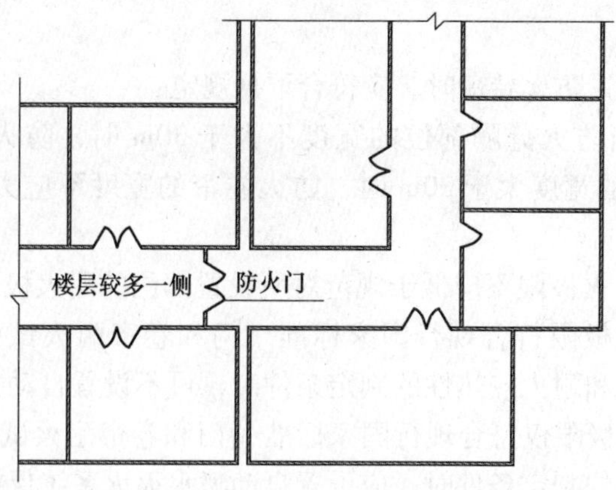

图 2.10 设置在变形缝处的防火门

板、卷轴、电机、导轨、支架、防护罩和控制机构等组成，如图 2.11 所示。防火卷帘是一种活动的防火分隔物，一般是用钢板等金属板材，以扣环或铰接的方法组成可以卷绕的链状平面，平时卷起放在门窗上口的转轴箱中，发生火灾时将其放下展开，用以阻止火势从门窗洞口蔓延。

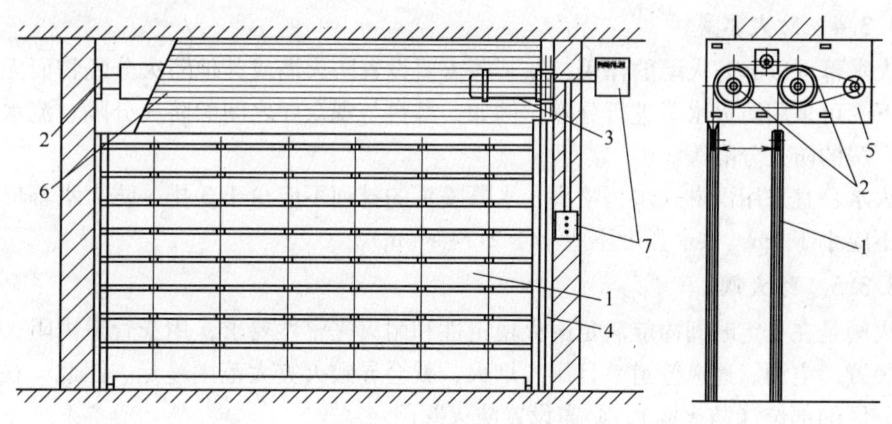

图 2.11 防火卷帘示意图

1—帘板；2—卷轴；3—电机；4—导轨；5—支架；6—防护罩；7—控制机构

A 类型

防火卷帘分为以下 3 类：

（1）钢质防火卷帘，指用钢质材料做帘板、导轨、座板、门楣、箱体等，并配以卷门机和控制箱所组成的能符合耐火完整性要求的卷帘。

（2）无机纤维复合防火卷帘，指用无机纤维材料做帘面（内配不锈钢丝或不锈钢丝绳），用钢质材料做夹板、导轨、座板、门楣、箱体等，并配以卷门机和控制箱所组成的能符合耐火完整性要求的卷帘。

（3）特级防火卷帘，指用钢质材料或无机纤维材料做帘面，用钢质材料做导轨、座板、夹板、门楣、箱体等，并配以卷门机和控制箱所组成的能符合耐火完整性、隔热性和防烟性能要求的卷帘。

B 设置要求

当防火分隔部位设置防火卷帘时，应符合下列规定：

(1) 除中庭外，当防火分隔部位的宽度不大于30m时，防火卷帘的宽度不应大于10m；当防火分隔部位的宽度大于30m时，防火卷帘的宽度不应大于该部位宽度的1/3，且不应大于20m。

(2) 防火卷帘的耐火极限不应低于规范对所设置部位的耐火极限要求。

当防火卷帘的耐火极限符合现行国家标准《门和卷帘耐火试验方法》(GB/T 7633—2008) 有关耐火完整性和耐火隔热性的判定条件时，可不设置自动喷水灭火系统保护。

当防火卷帘的耐火极限仅符合现行国家标准《门和卷帘耐火试验方法》(GB/T 7633—2008) 有关耐火完整性的判定条件时，应设置自动喷水灭火系统保护。自动喷水灭火系统的设计应符合现行国家标准《自动喷水灭火系统设计规范》(GB 50084—2005) 的规定，但火灾延续时间不应小于规范对所设置部位的耐火极限要求。

(3) 防火卷帘应具有防烟性能，与楼板、梁和墙、柱之间的空隙应采用防火封堵材料封堵。

(4) 需在火灾时自动降落的防火卷帘，应具有信号反馈的功能。

(5) 其他要求，应符合《防火卷帘》(GB 14102—2005) 的规定。

2.3.3.4 防火水幕

防火水幕可以起防火墙的作用，在某些需要设置防火墙或其他防火分隔物而无法设置的情况下，可采用防火水幕进行分隔。例如，舞台与观众厅之间的防火分隔、流水线式生产方式厂房的防火分隔等。

防火水幕宜采用雨淋式水幕喷头，水幕喷头的排列不应少于3排，防火水幕形成的水幕宽度不应小于6m，供水强度不应小于2L/(s·m)。

2.3.3.5 防火阀

防火阀是在一定时间内能满足耐火稳定性和耐火完整性要求，用于管道内阻火的活动式封闭装置。空调、通风管道一旦窜入烟火，就会导致火灾大范围蔓延。因此，在风道贯通防火分区的部位（防火墙），必需设置防火阀门。

防火阀平时处于开启状态，发生火灾时，当管道内烟气温度达到70℃时，易熔合金片熔断断开而自动关闭。

A 设置部位

(1) 穿越防火分区处，其安装如图2.12所示；

(2) 穿越通风、空气调节机房的房间隔墙和楼板处；

(3) 穿越重要或火灾危险性大的房间隔墙和楼板处；

(4) 穿越防火分隔处的变形缝两侧，其安装如图2.13所示；

(5) 竖向风管与每层水平风管交接处的水平管段上，但当建筑内每个防火分区的通风、空气调节系统均独立设置时，水平风管与竖向总管的交接处可不设置防火阀；

(6) 公共建筑的浴室、卫生间和厨房的竖向排风管，应采取防止回流措施或在支管上设置公称动作温度为70℃的防火阀。公共建筑内厨房的排油烟管道宜按防火分区设置，且在与竖向排风管连接的支管处应设置公称动作温度为150℃的防火阀。

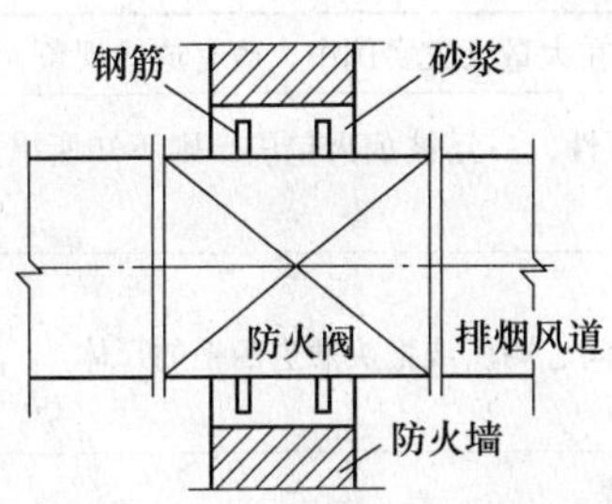

图 2.12 防火阀门的安装构造

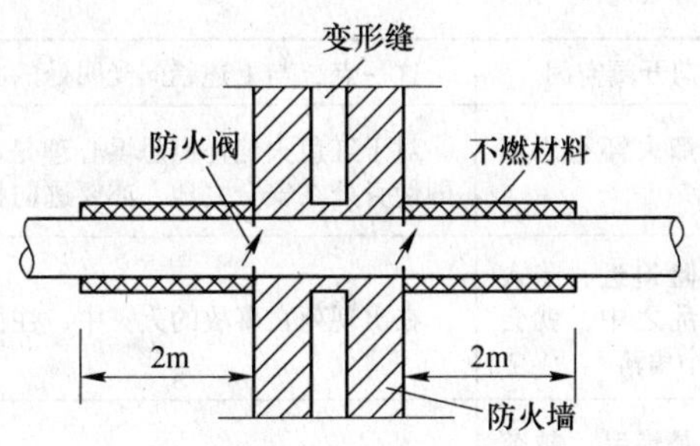

图 2.13 变形缝处防火阀门的安装示意图

B 设置要求

防火阀的设置应符合下列规定：

（1）防火阀宜靠近防火分隔处设置；

（2）防火阀暗装时，应在安装部位设置方便维护的检修口；

（3）在防火阀两侧各 2.0m 范围内的风管及其绝热材料应采用不燃材料；

（4）防火阀应符合现行国家标准《建筑通风和排烟系统用防火阀门》（GB 15930—2007）的规定。

2.4 安全疏散

建筑物发生火灾时，为避免建筑物内部人员由于因烟气中毒、火烧及建筑构件的倒塌破坏而受到伤害，必须使人员尽快疏散出去；建筑物内的重要物资也要尽快抢救出来，以减少财产损失；同时消防人员也要迅速接近起火部位。因此需要完善的安全疏散和避难设施。

2.4.1 基本原理

人员安全疏散是指在火灾烟气未达到危害人员生命的状态之前，将建筑物内的所有人员安全地疏散到安全区域的行动。在建筑火灾中，人员安全疏散主要涉及人员特征、建筑物特征、火灾特征 3 个基本因素。人员，是安全疏散的行为主体，不同人员在火灾环境下通常具有不同的心理和行为特点；建筑物的几何条件限定了火灾发展和人员行动的空间；火灾的发展根据可燃物类型与放置状况的不同而具有很多特殊性。

2.4.1.1 人员安全疏散行为

火灾时，人员疏散的心理和行为与正常情况下不同，如表 2.17 所示。由于这些心理状态和行为特征，往往造成惨痛的后果。

表 2.17 疏散人员的心理与行为

1. 向经常使用的出入口、楼梯口疏散	在旅馆、剧场等发生火灾时，一般旅客和观众习惯于从原出入口或走过的楼梯疏散，而很少使用不熟悉的出入口或楼梯。就连自己的住处也要从常用的楼梯去疏散，只有当这一退路被火焰、烟气等封闭了，才不得已另求其他退路
2. 习惯于向明亮的方向疏散	人具有朝向光明的习性，故以明亮的方向为行动的目标。例如，在旅馆、饭店等建筑物内，假设从房间内走出来后走廊里充满烟雾，这时如果一个方向黑暗，相反方向明亮的话，就会向明亮方向疏散

续表 2.17

3. 奔向开阔空间	这一点，与上述趋向光明处的心理是相同，在大量火灾实例中，确有这些现象
4. 对烟火怀有恐惧心理	对于红色火焰怀有恐惧心理是动物的一般习性，一旦被烟火包围，则不知所措。因此，即使身处在安全之地，亦要逃向相反的方向
5. 危险迫近，陷入极度慌乱之中，就会逃向狭小角落	在出现死亡事故的火灾中，往往发现缩在房间、厕所或把头插进橱柜的尸体
6. 越是慌乱，越容易跟随他人	人在极度的慌乱之中，就会变得失去正常思维的能力，于是无形中产生从众行为
7. 紧急情况下能发挥出意想不到的力量	遇到紧急情况时，失去了正常的理智行动，把全部精力集中在应付紧急情况上，会发挥出平时意想不到的力量。如遇火灾时，弄断平时无法弄断的窗护栏，甚至敢从高楼跳下去

2.4.1.2 人员安全疏散过程

建筑内人员安全疏散过程，实际上就是人员从建筑内到安全区域的一个时间和空间变化过程。

A 人员安全疏散的时间过程

发生火灾时，建筑内人员安全疏散大体可以按以下 3 个阶段来考虑：(1) 觉察前阶段。在室内某处发生火灾的初期，人们未必能及时发现，只有当火灾增大到一定规模时，才能直接被人们觉察，或者由火灾探测系统探测到火灾信号，并发出声、光等报警信号，而被人们察觉。觉察到火灾的时刻可以近似从发出火灾报警信号时刻算起，但一般前者略迟于后者。(2) 疏散准备阶段。它指的是人们听到火灾报警或发现火灾信号到开始疏散行动的时间，包括确认火灾发生、行动的准备等部分。(3) 疏散行动阶段。它指的是人员开始行动到建筑物内所有人员全部安全疏散出建筑物的阶段。

火灾时，建筑内人员安全疏散的时间过程如图 2.14 所示。其中，RSET（required safety egress time，RSET）为人员疏散到达安全区域所需要的时间，或称所需安全疏散时间，由图 2.14 可知，RSET 包括觉察前时间、疏散准备时间和疏散行动时间。ASET（available safety egress time，ASET）为火灾发展到对人构成危险所需的时间，通常称为可用安全疏散时间，或允许疏散时间。影响火灾中对人构成危险的因素包括建筑物内的烟气层温度、高度、热辐射、能见度、毒性和结构的损伤与破坏等各种因素，一般判定人员疏

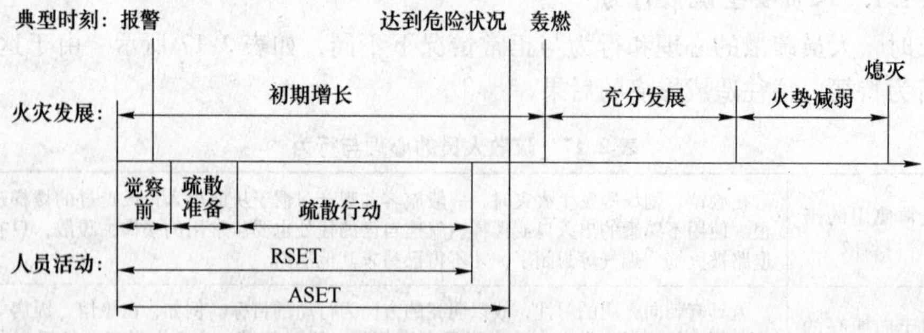

图 2.14 人员安全疏散的时间过程示意图

散达到危险状况的指标如表 2.18 所示。

表 2.18 人员疏散达到危险状况的判定指标

项目	人体可承受的极限
烟层高度	烟气温度高于 200℃，烟层临界高度为 2m
热辐射	对使用者是 2.5kW/m^2，对消防员是 10kW/m^2
能见度	对热烟层降到 2m 下时，对于大空间其能见度临界指标为 10m，小房间为 5m
使用者在烟气中疏散的温度	当热烟层降到 2m 下时，持续 30min 的临界温度为 60℃
烟气的毒性	一般认为在可接受的能见度范围内，毒性都很低，不会对人员疏散造成影响

B 人员安全疏散的空间过程

通常建筑内人员安全疏散的空间过程如图 2.15 所示。

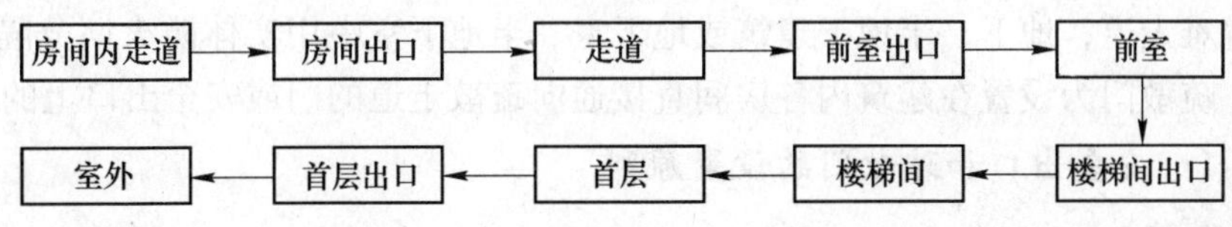

图 2.15 人员安全疏散的空间过程示意图

在人员较多的建筑中，在人员安全疏散的空间过程各环节中，影响人员疏散速度和疏散时间的关键因素在这一过程的“瓶颈”点，即从一个较大空间向另一个较大空间过渡的小空间，主要包括出口、走道、楼梯等。当疏散人员较多时，到达这些地方的人员数量超过从这些地方通过的人员数量时，往往在这些地方出现“滞留”现象。因此，在《建筑设计防火规范》(GB 50016—2014) 和《高层民用建筑设计防火规范》(GB 50045—95，2005 年版) 中对安全疏散出口的数量和最小宽度以及走道的最小宽度有明确规定。

在人员较少而空间相对较大的建筑中，影响疏散时间的主要因素是空间的大小，包括水平空间和垂直空间。因此，在《建筑设计防火规范》和《高层民用建筑设计防火规范》中对安全疏散距离有明确规定，也对部分类型建筑中设置 1 个安全疏散出口或疏散楼梯的最大楼层数和建筑面积有明确规定。

2.4.1.3 人员安全疏散基本条件

人员能否安全疏散主要取决于 ASET 和 REST 这两个特征时间。火灾时，保证人员安全疏散的关键是楼内所有人员疏散完毕所需的时间必须小于火灾发展到危险状态的时间，即：ASET > REST。

研究表明，普通建筑物从着火到发生轰燃的时间为 5 ~ 8min。因此，一、二级耐火等级的公共建筑和高层民用建筑的可用安全疏散时间大体为 5 ~ 7min，三、四级耐火等级的建筑的可用安全疏散时间大体为 2 ~ 5min。对于人员众多的剧场，体育馆等建筑物，这一时间应适当缩短，一般可按 3 ~ 4min 估计。

《建筑设计防火规范》和《高层民用建筑设计防火规范》中对安全疏散出口宽度和安全疏散距离的设计依据是保证通常情况下火灾时人员安全。基于此，根据建筑类型，控制的疏散时间即控制的疏散行动阶段时间如表 2.19 所示。

表 2.19 《建筑设计防火规范》和《高层民用建筑设计防火规范》中的控制疏散时间

建筑类型		控制疏散时间/min
剧院、电影院、礼堂的观众厅	一、二级耐火等级	2
	三级耐火等级	1.5
体育馆的观众厅	3000～5000 人	3
	5001～10000 人	3.5
	10001～20000 人	4

2.4.2 安全出口和疏散门设计

安全出口是指供人员安全疏散用的楼梯间、室外楼梯的出入口或直通室内外安全区域的出口。经过了安全出口就认为到达了安全区域。室内安全区域主要包括符合规范规定的避难层，避难走道，地下、半地下建筑或地下室、半地下室中用实体防火墙分隔的相邻防火分区等。疏散门为设置在建筑内各房间直接通向疏散走道的门或安全出口上的门。

2.4.2.1 安全出口和疏散门的设置原则

A 双向疏散

建筑至少要有 2 个安全出口，建筑内的房间至少要有 2 个疏散门，并且安全出口和疏散门要分散布置，以便于双向疏散，保证在火灾情况下当 1 个安全出口或疏散门不能使用时，可以通过其他的安全出口或疏散门疏散。这就要求安全出口或疏散门之间有一定的距离，一般相邻两个安全出口或疏散门最近边缘之间的水平距离不小于 5m。

B 门向疏散方向开启

为避免在着火时由于人员惊慌、拥挤而压紧内开门扇，使门无法开启，要求疏散门为平开门并向疏散方向开启。平开门有利于保证人员安全疏散的畅通，不出现阻滞。而侧拉门、卷帘门、旋转门或电动门，包括帘中门，在人员紧急疏散情况下无法保证安全、快速疏散，不允许作为疏散门。

对于使用人员较少且人员对环境及门的开启形式熟悉的场所，疏散门的开启方向可不限。如住宅建筑的户门以及人数不超过 60 人且每樘门的平均疏散人数不超过 30 人的房间的疏散门，开启方向均可不限。但甲、乙类的场所的房间疏散门均要向疏散方向开启。此外，公共建筑中一些平时很少使用的疏散门，因安防以及管理的需要，可能需要处于锁闭状态，如超市的疏散门，设计要考虑采取措施使疏散门能在火灾时从内部方便打开，如设置的门禁系统能在火灾时自动释放或采用推闩式外开门等。

2.4.2.2 安全出口和疏散门的数量

A 安全出口

为了在发生火灾时能够迅速安全的疏散人员，在建筑防火设计时必须设置足够数量的安全出口。建筑内每个防火分区或每个楼层安全出口的数量均经计算确定且不少于 2 个。对于规模比较小、人数比较少的场所，可以设置 1 个安全出口。例如，《建筑设计防火规范》规定符合下列条件之一的公共建筑，可设置 1 个安全出口或 1 部疏散楼梯：

（1）除托儿所、幼儿园外，建筑面积不大于 200m^2 且人数不超过 50 人的单层公共建筑或多层公共建筑的首层；

(2) 除医疗建筑，老年人建筑，托儿所、幼儿园的儿童用房，儿童游乐厅等儿童活动场所和歌舞娱乐放映游艺场所等外，符合表 2.20 规定的公共建筑。

表 2.20 可设置 1 部疏散楼梯的公共建筑

耐火等级	最多层数	每层最大建筑面积/m^2	人　数
一、二级	3	200	第二、三层的人数之和不超过 50 人
三级	3	200	第二、三层的人数之和不超过 25 人
四级	2	200	第二层人数不超过 15 人

(3) 除歌舞娱乐放映游艺场所外，防火分区建筑面积不大于 200m^2 的地下或半地下设备间、防火分区建筑面积不大于 50m^2 且经常停留人数不超过 15 人的其他地下或半地下建筑（室），可设置 1 个安全出口或 1 部疏散楼梯。

B 疏散门

房间疏散门的设计与安全出口基本一致，也是经计算确定且不少于 2 个。但由于房间大小与防火分区的大小差别较大，因而设置 1 个疏散门的条件要求有所区别。

当房间位于两个安全出口之间或袋形走道两侧时，根据托儿所、幼儿园的活动室和中小学校的教室的面积要求，如果托儿所、幼儿园、老年人建筑，建筑面积不大于 50m^2；医疗建筑、教学建筑，建筑面积不大于 75m^2，可设 1 个疏散门；对于其他建筑或场所，建筑面积不大于 120m^2 时可设 1 个疏散门。而位于走道尽端的房间，建筑面积小于 50m^2 且疏散门的净宽度不小于 0.90m，或由房间内任一点至疏散门的直线距离不大于 15m、建筑面积不大于 200m^2 且疏散门的净宽度不小于 1.40m，可设 1 个疏散门。而托儿所、幼儿园、老年人建筑、医疗建筑、教学建筑的房间，位于走道尽端时，仍要至少设置 2 个疏散门，否则不能将此类用途的房间布置在走道的尽端。两个安全出口之间的房间和袋形走道两侧或尽端的房间位置示意图如图 2.16 所示。

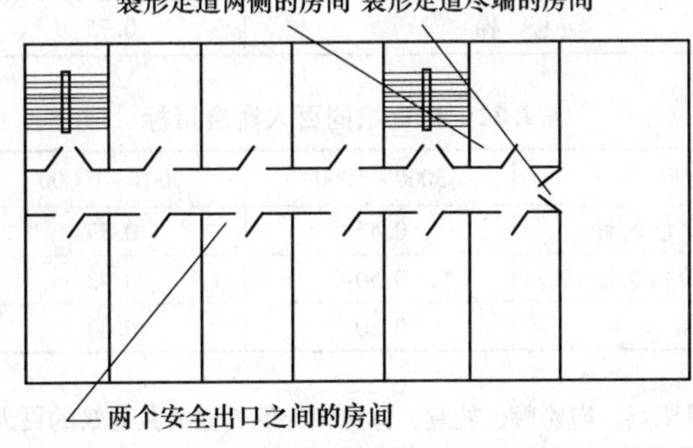

图 2.16 两个安全出口之间的房间和袋形走道两侧或尽端的房间位置示意图

对于歌舞娱乐放映游艺场所无论位于袋形走道或两个安全出口之间还是位于走道尽端，当厅、室建筑面积不大于 50m^2 且经常停留人数不超过 15 人时，可设 1 个疏散门。

建筑面积不大于 200m^2 的地下或半地下设备间、建筑面积不大于 50m^2 且经常停留人数不超过 15 人的其他地下或半地下房间，可设置 1 个疏散门。

2.4.2.3 安全出口和疏散门的宽度

影响安全出口和疏散门宽度的因素很多，如建筑物的耐火等级与层数、使用人数、可用安全疏散时间、疏散路线是平地还是阶梯等。我国现行规范并不计算疏散时间，而是根据疏散时间来确定疏散通道的百人宽度指标，从而计算出安全出口的总宽度，即满足实际需要的最小宽度。

建筑安全出口的总宽度可按式（2.24）计算，且不应小于规定的最小宽度。

$$\text{安全出口的总宽度} = \frac{\text{疏散人数}}{100} \times \text{百人宽度指标} \tag{2.24}$$

A 百人宽度指标

百人宽度指标是指在一定疏散时间内每百人以单股人流形式疏散所需的疏散宽度，可表示为式（2.25）。

$$\text{百人宽度指标} = \frac{\text{单股人流宽度} \times 100}{\text{疏散时间} \times \text{每分钟每股人流通过人数}} \tag{2.25}$$

疏散时间的控制值如表 2.19 所示；每分钟每股人流通过人数，平、坡地面为 43 人/min，阶梯地面为 37 人/min；单股人流宽度 0.55～0.6m。

各类建筑的百人宽度指标，可以由统计方法或经验得出，《建筑设计防火规范》规定了几类典型建筑的百人宽度指标。例如：剧院、电影院、礼堂等场所供观众疏散的所有内门、外门、楼梯和走道的百人宽度指标（见表 2.21），体育馆供观众疏散的所有内门、外门、楼梯和走道的百人宽度指标（见表 2.22）。除此以外的其他公共建筑的疏散走道、安全出口、疏散楼梯和房间疏散门的百人宽度指标如表 2.23 所示。

表 2.21 剧院、电影院、礼堂等场所的百人宽度指标 （m/百人）

观众厅座位数/座			≤2500	≤1200
耐火等级			一、二级	三级
疏散部位	门和走道	平坡地面	0.65	0.85
		阶梯地面	0.75	1.00
	楼 梯		0.75	1.00

表 2.22 体育馆的百人宽度指标 （m/百人）

观众厅座位数范围/座			3000～5000	5001～10000	10001～20000
疏散部位	门和走道	平坡地面	0.43	0.37	0.32
		阶梯地面	0.50	0.43	0.37
	楼 梯		0.50	0.43	0.37

表 2.23 除剧场、电影院、礼堂、体育馆外的其他公共建筑的百人宽度指标 （m/百人）

建 筑 层 数		建筑的耐火等级		
		一、二级	三 级	四 级
地上楼层	≤2 层	0.65	0.75	1.00
	3 层	0.75	1.00	—
	≥4 层	1.00	1.25	—

续表 2.23

建筑层数		建筑的耐火等级		
		一、二级	三级	四级
地下楼层	与地面出入口地面的高差≤10m	0.75	—	—
	与地面出入口地面的高差>10m	1.00	—	—

B　疏散人数

各类建筑的疏散人数，可以由设计值或统计方法得出，《建筑设计防火规范》规定了几类典型建筑的疏散人数。对于电影院、会议室等场所等，可以根据其座位数计算疏散人数。对于商场、歌舞娱乐放映游艺场所等，可以按式（2.26）计算。

$$疏散人数 = 人员密度 \times 场所建筑面积 \tag{2.26}$$

人员密度可以通过统计方法得出。例如，录像厅、放映厅的人员密度为 1.0 人/m^2，其他歌舞娱乐放映游艺场所的人员密度为 0.5 人/m^2 计算确定，展览厅的人员密度为 0.75 人/m^2。商场营业厅的人员密度如表 2.24 所示。对于建材商店、家具和灯饰展示建筑，其人员密度可按表 2.24 规定值的 30% 确定。

表 2.24　商场营业厅内的人员密度　（人/m^2）

楼层位置	地下第二层	地下第一层	地上第一、二层	地上第三层	地上第四层及以上各层
人员密度	0.56	0.6	0.43 ~ 0.6	0.39 ~ 0.54	0.3 ~ 0.42

计算安全出口宽度时，考虑到各层人流到达某一出口的时间差，各层人数不需叠加。计算标准层安全出口总宽度时，按照本层的人数计算；计算首层安全出口总宽度时，应按该层或该层以上人数最多一层的人数计算，不供楼上人员疏散的外门可按本层人数计算。走道宽度的计算方法与安全出口相同。楼梯总宽度也按式（2.24）计算，其中，地上建筑中下层楼梯的总宽度应按上层人数最多一层的人数计算，地下建筑中上层楼梯的总宽度应按其下层人数最多一层的人数计算。

C　最小宽度

房间疏散门、安全出口与疏散走道和疏散楼梯的宽度均按照疏散人数和百人宽度指标经计算确定，同时单个门、出口或通道的宽度要满足最小净宽度的要求。其中，房间疏散门和安全出口的净宽度不小于 0.9m，疏散走道和疏散楼梯的净宽度不小于 1.1m。这是保证安全疏散的最低要求，也是满足使用功能要求的最小尺度。有关疏散走道的最小净宽度是按能通过 2 股人流的宽度确定的。

当计算出 1 个防火分区或 1 个楼层的总疏散宽度时，在确定不同位置的疏散门宽度或疏散楼梯宽度时，需要仔细分配其宽度并根据通过的人流股数进行校核和调整，同时满足最小净宽度的要求。

此外，设计时要注意门宽与走道、楼梯宽度的匹配。一般情况下，走道的宽度均较大。因此，主要核对门与楼梯的宽度，当以门宽为计算宽度时，楼梯的宽度不能小于门的宽度；当以楼梯的宽度为计算宽度时，门的宽度不能小于楼梯的宽度。此外，下层的楼梯或门的宽度不能小于上层的宽度；对于地下、半地下，则上层的楼梯或门的宽度不能小于下层的宽度。

若建筑中有多种使用功能，各种场所有可能同时开放并使用同一出口时，在水平方向要按各部分使用人数叠加计算安全出口的宽度，在垂直方向则按楼层使用人数最多一层计算安全出口的宽度。

2.4.3 安全疏散距离

2.4.3.1 民用建筑的安全疏散距离

从人员安全疏散的阶段划分可以看出，在人员到达安全出口之前主要有两个部分，分别是房间内的疏散（从室内任一点到房间疏散门）和疏散走道内的疏散（从房间疏散门到安全出口）。相应的疏散距离要求也是根据人员在不同位置受保护的情况作了区别对待。

A 房间

人员在着火的房间内将直接受到火灾产生的火焰及烟气的影响，要求该部分的疏散距离相对较短，以便于人员及时逃离着火房间。房间内最远一点到疏散门的距离，如表2.25所示。

表2.25 房间内疏散距离 （m）

名称			耐火等级		
			一、二级	三级	四级
托儿所、幼儿园老年人建筑			20	15	10
歌舞娱乐放映游艺场所			9	—	—
医疗建筑	单、多层		20	15	10
	高层	病房部分	12	—	
		其他部分	15	—	
教学建筑	单、多层		22	20	10
	高层		15	—	
高层旅馆、公寓、展览建筑			15	—	—
其他公共建筑和住宅	单、多层		22	20	15
	高层		20	—	—

B 疏散走道

疏散走道是指发生火灾时，建筑内人员从着火房间的疏散门通向安全出口的路径。疏散走道的设置需要保证逃离火场的人员进入走道后，能顺利地继续疏散至安全出口，最终到达室外安全地带。公共建筑直通疏散走道的房间疏散门至最近安全出口的直线距离如表2.26所示。

表2.26 直通疏散走道的房间疏散门至最近安全出口的直线距离 （m）

名称	位于两个安全出口之间的疏散门			位于袋形走道两侧或尽端的疏散门		
	一、二级	三级	四级	一、二级	三级	四级
托儿所、幼儿园、老年人建筑	25	20	15	20	15	10
歌舞娱乐放映游艺场所	25	20	15	9	—	—

续表 2.26

名称			位于两个安全出口之间的疏散门			位于袋形走道两侧或尽端的疏散门		
			一、二级	三级	四级	一、二级	三级	四级
医疗建筑	单、多层		35	30	25	20	15	10
	高层	病房部分	24	—	—	12	—	—
		其他部分	30	—	—	15	—	—
教学建筑	单、多层		35	30	25	22	20	10
	高层		30	—	—	15	—	—
高层旅馆、公寓、展览建筑			30	—	—	15	—	—
其他公共建筑和住宅	单、多层		40	35	25	22	20	15
	高层		40	—	—	20	—	—

注：建筑物内全部设置自动喷水灭火系统时，其安全疏散距离可按本表的规定增加25%。

C 大空间场所

建筑内采用开敞式布局的观众厅、营业厅、展览厅、多功能厅、餐厅等大空间场所，发生火灾时，场所内的人员由于处于同一空间，较容易发现火灾，有关安全疏散距离的要求区别于房间、走道的并联式布局。这些场所的疏散门或安全出口不少于2个，室内任一点至最近疏散门或安全出口的直线距离不大于30m。

如果疏散门不能直通疏散楼梯间或室外地面，可通过长度不大于10m的疏散走道通至最近的安全出口。当该场所设置自动喷水灭火系统时，室内任一点至最近安全出口的安全疏散距离可增加25%。

2.4.3.2 工业建筑的安全疏散距离

工业建筑普遍采用开敞式的布置形式，同时因生产的工艺设备可能对疏散路线产生阻挡，设计时需充分考虑这些因素。厂房内任一点至最近安全出口的直线距离如表2.27所示。

表2.27 厂房内任一点至最近安全出口的直线距离 (m)

生产的火灾危险性类别	耐火等级	单层厂房	多层厂房	高层厂房	地下或半地下厂房（包括地下或半地下室）
甲	一、二级	30	25	—	—
乙	一、二级	75	50	30	—
丙	一、二级 三级	80 60	60 40	40 —	30 —
丁	一、二级 三级 四级	不限 60 50	不限 50 —	50 — —	45 — —
戊	一、二级 三级 四级	不限 100 60	不限 75 —	75 — —	60 — —

表中的疏散距离均为直线距离，即室内最远点至最近安全出口的直线距离，实际火灾环境往往比较复杂，厂房内的物品和设备布置以及人在火灾条件下的心理和生理因素都对疏散有直接影响，设计时要根据不同的生产工艺和环境，充分考虑人员的疏散需要来确定疏散距离以及厂房的布置与选型，尽量均匀布置安全出口，缩短实际疏散步行距离。

考虑到仓库本身人员数量较少，对库房内人员的疏散距离不作专门要求，一般不超过相同火灾危险性类别和耐火等级的厂房疏散距离要求。

2.4.4 安全疏散设施

疏散楼梯和楼梯间是人员疏散的主要设施。当建筑物发生火灾时，普通电梯没有采取有效的防火防烟措施，因供电中断，一般会停止运行，上部楼层的人员只有通过楼梯才能疏散到建筑物的外边，因此楼梯成为最主要的垂直疏散设施，它既是人员避难和疏散的路线，又是消防队员灭火的辅助进攻路线。楼梯一般设在楼梯间内，其三面或四面的围护结构对楼梯可以起到一定的保护作用。根据楼梯间的形式和安全水平，将其分为普通楼梯间、封闭楼梯间、防烟楼梯间、室外疏散楼梯。

2.4.4.1 疏散楼梯间的一般要求

（1）楼梯间应能天然采光和自然通风，并宜靠外墙设置；

（2）楼梯间及其前室内不应设置烧水间、可燃材料储藏室、垃圾道；

（3）楼梯间及其前室内不应有影响疏散的凸出物或其他障碍物；

（4）楼梯间及其前室内不应敷设甲、乙、丙类液体管道；

（5）公共建筑的楼梯间内不应敷设可燃气体管道；

（6）居住建筑的楼梯间内不应敷设可燃气体管道和设置可燃气体计量表。当住宅建筑必须设置时，应采用金属套管和设置切断气源的装置等保护措施。

2.4.4.2 普通楼梯间

普通楼梯间，又称敞开式楼梯间，是低多层建筑常用的基本形式。该楼梯的典型特征是，不论它是一跑、两跑、三跑，还是剪刀式，其楼梯与走廊或大厅都是敞开在建筑物内。普通楼梯间在发生火灾时不能阻挡烟气进入，而且可能成为向其他楼层蔓延的主要通道。虽然这种楼梯间安全可靠程度低，但使用方便、经济，适用于低多层的居住建筑和公共建筑中，如图 2.17 所示。

2.4.4.3 封闭楼梯间

根据我国经济技术条件和建筑设计的实际情况，当建筑标准不高，而且层数不多时，也可采用封闭楼梯间。封闭楼梯间系指设有能阻挡烟气的双向弹簧门或乙级防火门的楼梯间，如图 2.18 所示。因为这种楼梯间有墙和门与走道分隔，故相对来说是比较安全的，但因这种楼梯间只设有一道门，当疏散人员连续进入楼梯间时在门扇开启处会留有缝隙，难以保证不使烟气进入楼梯间，所以，对这种楼梯间的使用范围仍应加以限制。

A 封闭楼梯间的设置要求

（1）楼梯间的首层可将走道和门厅等包括在楼梯间内，形成扩大的封闭楼梯间，但应采用乙级防火门等与其他走道和房间分隔，如图 2.19 所示；

(2) 除楼梯间的出入口和外窗外，楼梯间的墙上不应开设其他门、窗、洞口；

(3) 高层建筑、人员密集的公共建筑、人员密集的多层丙类厂房、甲、乙类厂房，其封闭楼梯间的门应采用乙级防火门，并应向疏散方向开启；其他建筑，可采用双向弹簧门；

(4) 不能自然通风或自然通风不能满足要求时，应按设置机械加压送风系统或防烟楼梯间的要求设置。

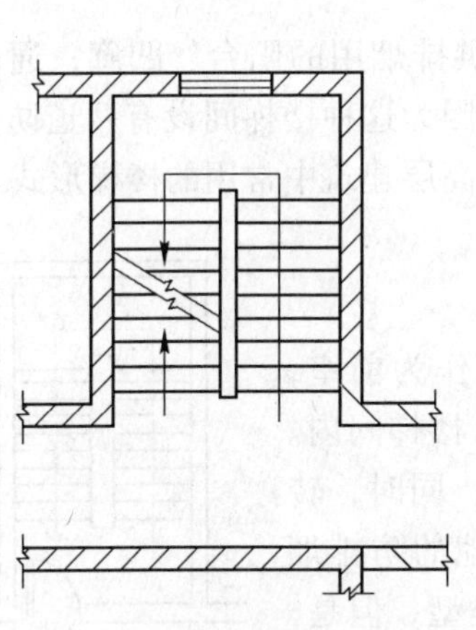

图 2.17 普通楼梯间的应用

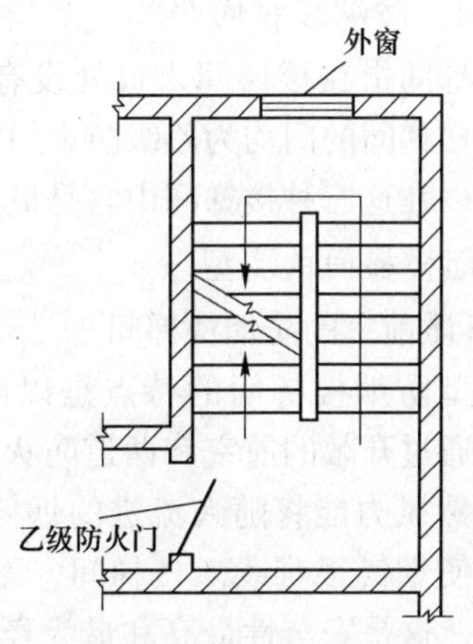

图 2.18 封闭楼梯间

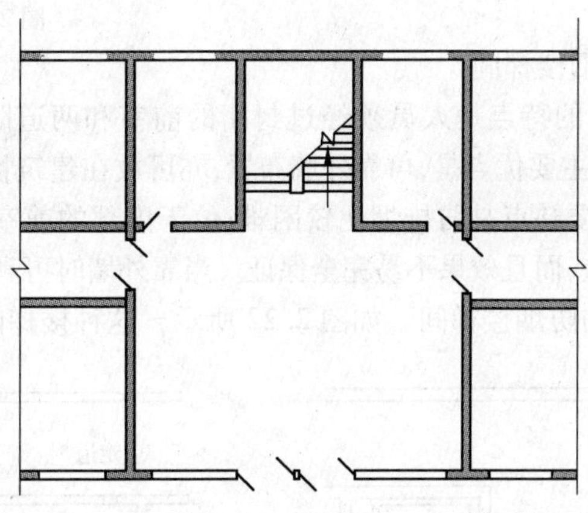

图 2.19 扩大的封闭楼梯间

B 封闭楼梯间的适用范围

a 民用建筑

(1) 下列多层公共建筑的疏散楼梯，除与敞开式外廊直接相连的楼梯间外，均应采用封闭楼梯间：1）医疗建筑、旅馆、老年人建筑；2）设置歌舞娱乐放映游艺场所的建筑；3）商店、图书馆、展览建筑、会议中心及类似使用功能的建筑；4）6 层及以上的其他公共建筑。

(2) 裙房和建筑高度不大于 32m 的二类高层公共建筑，其疏散楼梯应采用封闭楼梯间。

(3) 建筑高度不大于21m的住宅建筑,当疏散楼梯与电梯井相邻布置时,其疏散楼梯应采用封闭楼梯间;建筑高度大于21m、不大于33m的住宅建筑,其疏散楼梯应采用封闭楼梯间。建筑高度不大于33m的住宅建筑,当户门采用乙级防火门时,楼梯间可不封闭。

b 工业建筑

(1) 建筑高度不大于32m的高层厂房和甲、乙、丙类多层厂房;

(2) 高层仓库。

2.4.4.4 防烟楼梯间

防烟楼梯间指在楼梯间入口处设有前室或可供排烟用的阳台、凹廊;通向前室、阳台、凹廊和楼梯间的门均为乙级防火门的楼梯间。因为这种楼梯间设有两道防火门和防排烟设施,所以在这三种楼梯间中它是最安全的,是高层建筑中常用的楼梯形式。

A 防烟楼梯间的类型

a 带开敞前室的防烟楼梯间

这种类型防烟楼梯间的特点是以阳台或凹廊作为前室,疏散人员须通过开敞的前室和两道防火门才能进入楼梯间内。其优点是自然风力能将随人流进的烟气迅速排走,同时,转折的路线也使烟气很难袭入楼梯间,无须再设其他的防排烟装置。因此,这是安全性最高和最为经济的一种类型。但是,只有当楼梯间能靠外墙时才有可能采用,故有一定的局限性。带阳台的防烟楼梯间,如图2.20所示。带凹廊的防烟楼梯间,如图2.21所示。

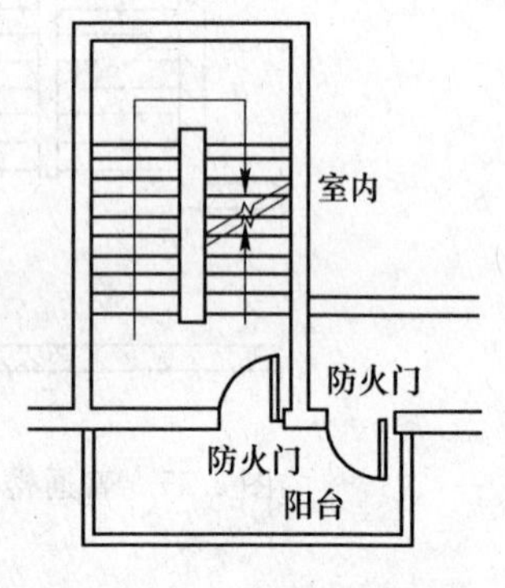

图2.20 带阳台的防烟楼梯间

b 带封闭前室的防烟楼梯间

这种类型防烟楼梯间的特点是人员须经过封闭的前室和两道防火门,才能到达楼梯间内,与前一种类型相比,其主要优点是,可靠外墙布置,亦可放在建筑物核心筒内部。平面布置十分灵活,且形式多样,主要缺点是防排烟比较困难;位于内部的前室和楼梯间须设机械防烟设施,设备复杂和经济性差,而且效果不易完全保证。当靠外墙时可利用窗口自然排烟。

(1) 利用自然排烟的防烟楼梯间。如图2.22所示,这种楼梯间,在平面布置时,宜

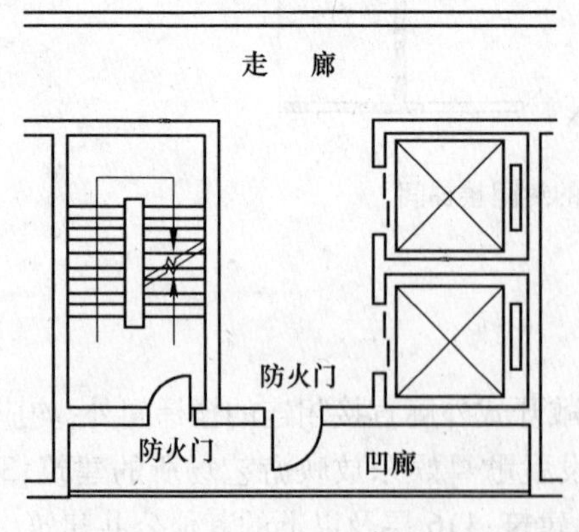

图2.21 带凹廊的防烟楼梯间

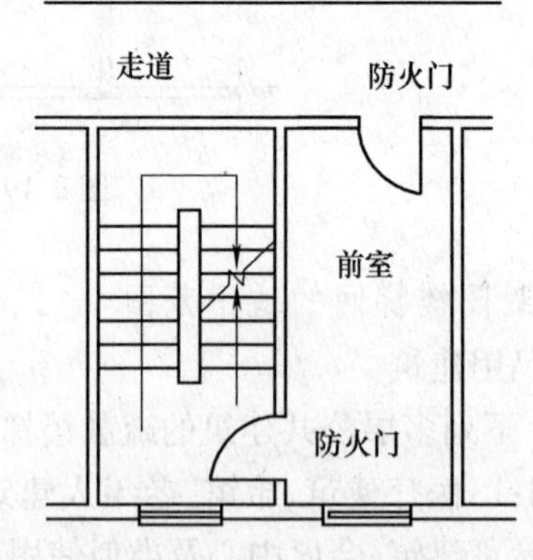

图2.22 靠外墙的防烟楼梯间平面示意图

设靠外墙的前室，并在外墙上设有开启面积不小于$2m^2$的窗户，平时可以是关闭状态，但发生火灾时窗户应全部开启。由走道进入前室和由前室进入楼梯间的门必须是乙级防火门，平时及火灾时乙级防火门处于关闭状态。

发生火灾时，疏散人流由走道进入前室时，会有少量的烟气随之而入，由于前室的窗户，一般情况下，进入前室的少量烟积聚在顶棚附近，并逐渐地向窗口流动。在前室处于建筑物背风面时，即大气形成的负压区，前室内顶部飘动的烟气通过前室的窗户排出室外，达到防烟的效果。前室处于迎风面时，窗户打开之后，前室处于正压状态。实验研究证明，只要有0.7～1.0m/s的风从前室吹向走道，就能阻止烟气进入。实际上，高层建筑若能将迎风面窗打开时，所受的风速要远远大于0.7～1.0m/s。因此处于迎风面的防烟前室，能保障前室防烟的效果和人员的安全。

（2）采用机械防烟的楼梯间。高层建筑高度越来越大，为满足抗风、抗震的需求，筒体结构得到了广泛的应用。这类筒体结构的建筑采用中心核式布置。由于其楼梯位于建筑物的内核，因而只能采用安装有机械加压送风系统的防烟楼梯间，以防止烟气进入，如图2.23所示。加压方式有图2.23（b）所示的仅给楼梯间加压，图2.23（a）所示的分别对楼梯间和前室加压，以及图2.23（c）所示的仅对前室或合用前室加压等不同方式，应根据实际情况选用。楼梯间加压应保持正压50Pa，并利用气压的渗漏量对前室间接加压，使之高于走道的压力；当采用楼梯间与前室分别加压并共用同一竖井时，应采用自动调节设施，使得楼梯间与前室分别保持50Pa和25Pa的压力。

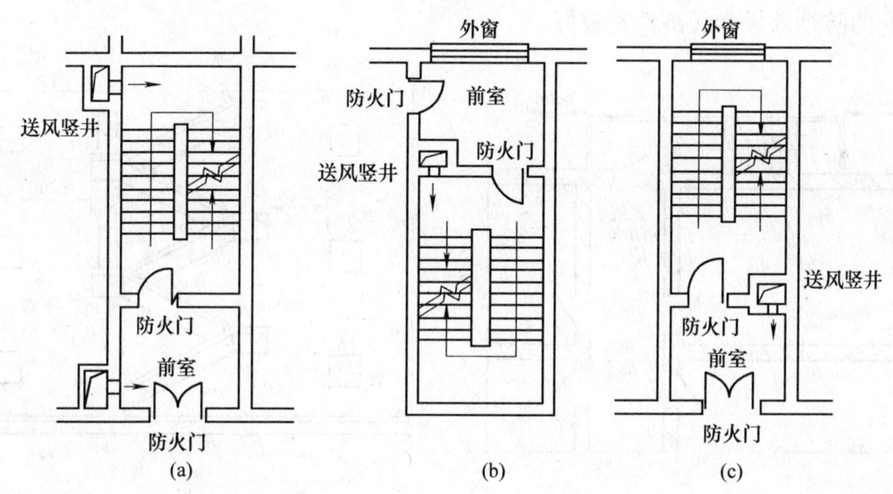

图2.23 采用机械防烟的楼梯间

B 防烟楼梯间的设置要求

防烟楼梯间为能够达到防烟的目的，应满足以下要求：

（1）应设置防烟设施。

（2）在楼梯间入口处应设置前室等，前室可与消防电梯间前室合用。

（3）前室的使用面积：公共建筑，不应小于$6m^2$；住宅建筑，不应小于$4.5m^2$。合用前室的使用面积：公共建筑、高层厂房（仓库），不应小于$10m^2$；住宅建筑，不应小于$6m^2$。

（4）疏散走道通向前室以及前室通向楼梯间的门应采用乙级防火门。

（5）除楼梯间和前室的出入口、楼梯间和前室内设置的正压送风口和住宅建筑的楼梯间前室外，防烟楼梯间和前室的墙上不应开设其他门、窗、洞口。

（6）楼梯间的首层可将走道和门厅等包括在楼梯间前室内，形成扩大的前室，但应采用乙级防火门等与其他走道和房间分隔。

C　防烟楼梯间的适用范围

防烟楼梯间的安全度最高，发生火灾时，能够保障所在楼层人员的疏散安全，并有效地阻止火灾向起火层以上的其他楼层蔓延。防烟楼梯间是高层建筑中常用的楼梯形式，在下列情况下应设置防烟楼梯间：

（1）一类高层公共建筑和建筑高度大于32m的二类高层公共建筑，其疏散楼梯应采用防烟楼梯间。

（2）建筑高度大于33m的住宅建筑，其疏散楼梯应采用防烟楼梯间。

（3）地下商店和设有歌舞娱乐放映游艺场所的地下建筑，当地下层数为3层及3层以上，以及地下室内地面与室外出入口地坪高差大于10m时。

（4）建筑高度大于32m且任一层人数超过10人的高层厂房。

2.4.4.5　室外疏散楼梯

在建筑的外墙上设置简易的、全部敞开的室外楼梯，且常布置在建筑端部，不占室内有效的建筑面积，如图2.24所示，它不易受烟火的威胁，侵入的烟气能迅速被风吹走，因此，它的防烟效果和经济性都较好。

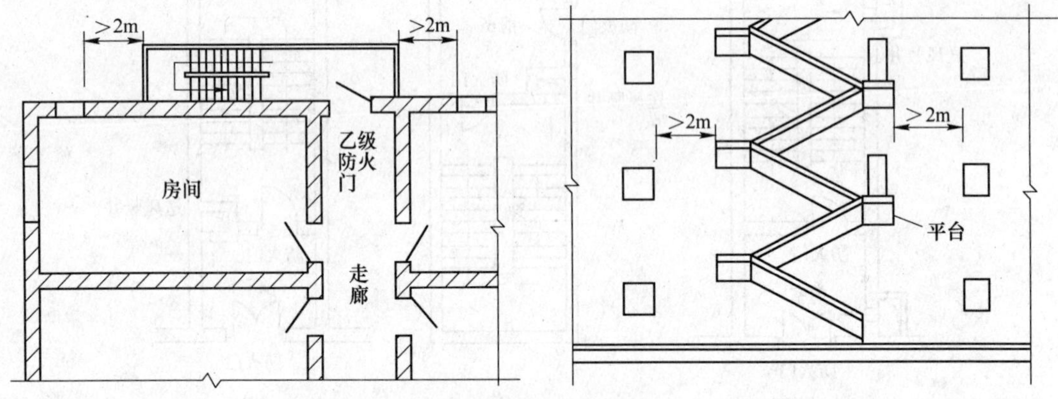

图2.24　室外疏散楼梯

A　室外楼梯的设置要求

室外楼梯作为疏散楼梯应符合下列规定：

（1）栏杆扶手的高度不应小于1.1m，楼梯的净宽度不应小于0.9m；

（2）倾斜角度不应大于45°；

（3）楼梯段和平台均应采取不燃材料制作，平台的耐火极限不应低于1.00h，楼梯段的耐火极限不应低于0.25h；

（4）通向室外楼梯的门宜采用乙级防火门，并应向室外开启；

（5）除疏散门外，楼梯周围2m内的墙面上不应设置门窗洞口。疏散门不应正对楼梯段。

B 室外楼梯的适用范围

满足规范要求的室外楼梯设防级别等同于防烟楼梯间，可以用于替代防烟楼梯间和封闭楼梯间来使用。

综上所述，民用建筑楼梯间适用范围总结如图2.25所示。

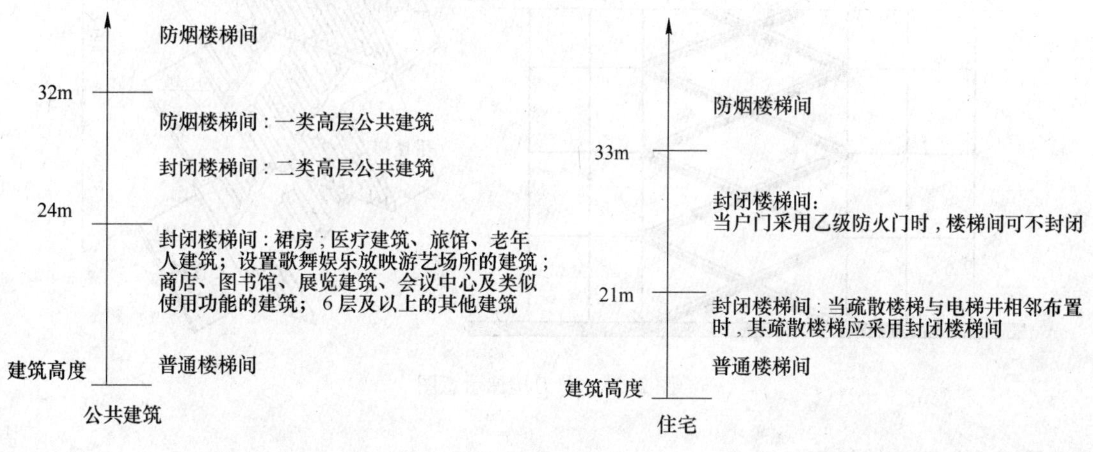

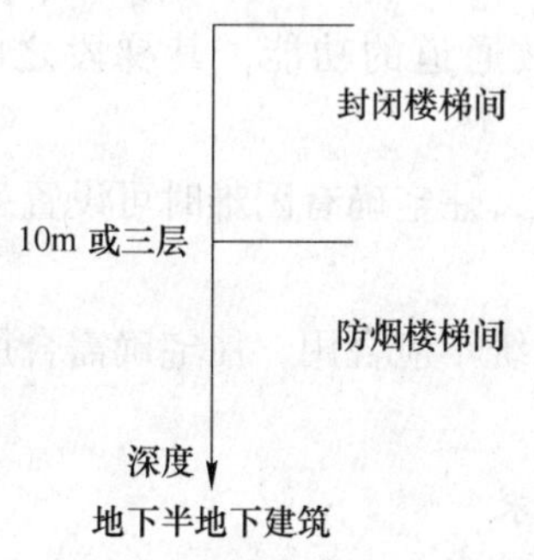

图2.25 民用建筑楼梯间适用范围

2.4.4.6 剪刀梯

剪刀楼梯，又名叠合楼梯或套梯。它是在同一个楼梯间内设置了一对相互交叉，又相互隔绝的疏散楼梯。剪刀楼梯在每层楼层之间的梯段一般为单跑梯段，如图2.26所示。剪刀楼梯的重要特点是，同一个楼梯间内设有两部疏散楼梯，并构成两个出口，有利于在较为狭窄的空间内组织双向疏散。

从任一疏散门至最近疏散楼梯间入口的距离小于10m的高层公共建筑，从任一户门至最近安全出口的距离不大于10m的住宅，当疏散楼梯间分散设置确有困难时，可采用剪刀楼梯间，但剪刀楼梯的两条疏散通道是处在同一空间内，所以只要有一个出口进烟，就会使整个楼梯间充满烟气，影响人员的安全疏散，为防止出现这种情况应采取下列防火措施：

（1）剪刀楼梯应具有良好的防火、防烟能力，为此，剪刀楼梯间应为防烟楼梯间，其

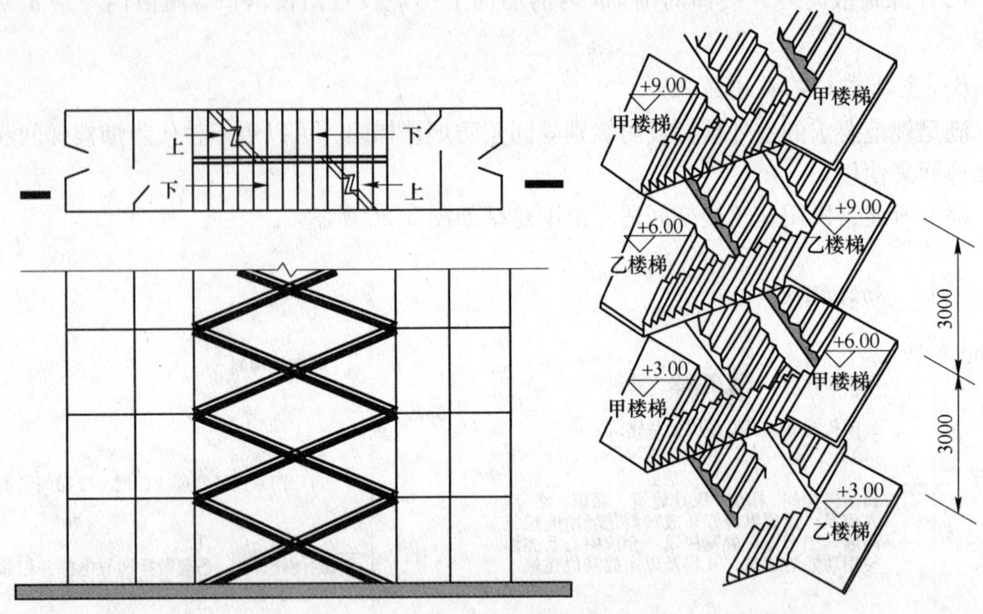

图 2.26 剪刀楼梯示意图

具体要求与防烟楼梯间相同；

(2) 为确保剪刀楼梯两条疏散通道的功能，其梯段之间，应设置耐火极限不低于1.00h 的实体墙分隔；

(3) 剪刀楼梯应分别设置前室，住宅确有困难时可设置一个前室，但两座楼梯应分别设加压送风系统；

(4) 两个楼梯间的加压送风系统不应合用，住宅确需合用时，应符合现行国家有关标准的规定。

2.4.4.7 疏散楼梯的其他要求

(1) 建筑物中的疏散楼梯间在各层的平面位置不应改变。地下室、半地下室的楼梯间，在首层应采用耐火极限不低于 2.00h 的不燃烧体隔墙与其他部位隔开并应直通室外，当必须在隔墙上开门时，应采用乙级防火门。

地下室、半地下室与地上层不应共用楼梯间，当必须共用楼梯间时，在首层应采用耐火极限不低于2.00h 的不燃烧体隔墙和乙级防火门将地下、半地下部分与地上部分的连通部位完全隔开，并应有明显标志。

(2) 用作丁、戊类厂房内第二安全出口的楼梯可采用金属梯，但其净宽度不应小于0.9m，倾斜角度不应大于45°。

丁、戊类高层厂房，当每层工作平台人数不超过 2 人且各层工作平台上同时生产人数总和不超过 10 人时，可采用敞开楼梯，或采用净宽度不小于 0.9m、倾斜角度小于等于60°的金属梯兼作疏散梯。

(3) 疏散用楼梯和疏散通道上的阶梯不宜采用螺旋楼梯和扇形踏步。当必须采用时，踏步上下两级所形成的平面角度不应大于 10°，且每级离扶手 250mm 处的踏步深度不应小于220mm。

(4) 公共建筑的室内疏散楼梯两梯段扶手间的水平净距不宜小于150mm。

(5) 高度大于10m的三级耐火等级建筑应设置通至屋顶的室外消防梯。室外消防梯不应面对老虎窗，宽度不应小于0.6m，且宜从离地面3.0m高处设置。

2.4.5 避难设施

对于建筑高度超过100m的公共建筑来说，一旦发生火灾，要将建筑物内的人员及时安全疏散到地面是非常困难的，甚至是不可能的。因此对于超过100m的公共建筑设置避难层是非常必要的。

避难层是超高层建筑中专供发生火灾时人员临时避难使用的楼层。如果作为避难使用的只有几个房间，则这几个房间称为避难间。

2.4.5.1 避难层的类型

A 敞开式避难层

敞开式避难层不设围护结构，为全敞开式，一般设在建筑物的顶层或屋顶之上。这种避难层采用自然通风排烟方式，结构处理比较简单，但不能绝对保证本身不受烟气侵害，也不能防止雨雪的侵袭。为此，这种避难层只适用于温暖地区，在我国北方大部分地区都不适用。

B 半敞开式避难层

半敞开式避难层，四周设有防护墙（一般不低于1.2m），上半部设有窗口，窗口多用铁百叶窗封闭。

这种避难层通常也采用自然通风排烟方式，四周设置的防护墙和铁百叶窗可以起到防止烟火侵害的作用。但它仍具有敞开式避难层的不足，故也只适用于非寒冷地区。

C 封闭式避难层

封闭式避难层，周围设有耐火的围护结构（外墙、楼板），室内设有独立的空调和防排烟系统，如在外墙上开设窗口时，应采用防火窗。

这种避难层设有可靠的消防设施，足以防止烟气和火焰的侵害，同时还可以避免外界气候条件的影响，因而适用于我国南、北方广大地区。

2.4.5.2 设置要求

(1) 避难层的设置，自高层建筑首层至第一个避难层或两个避难层之间，不宜超过15层；

(2) 通向避难层的防烟楼梯应在避难层分隔、同层错位或上下层断开，但人员均必须经避难层方能上下；

(3) 避难层的净面积应能满足设计避难人员避难的要求，并宜按5.00人/m^{2}计算；

(4) 避难层可兼作设备层，但设备管道宜集中布置；

(5) 避难层应设消防电梯出口；

(6) 避难层应设消防专线电话，并应设有消火栓和消防卷盘；

(7) 封闭式避难层应设独立的防烟设施；

(8) 避难层应设有应急广播和应急照明，其供电时间不应小于1.00h，照度不应低于1.00lx。

2.4.5.3 设置范围

建筑高度超过100m的公共建筑应设置避难层（间）。

2.4.6 应急照明及疏散指示标志

2.4.6.1 应急照明

设置应急照明可以使人们在正常照明电源被切断后，仍然以较快的速度逃生。设置消防应急照明的部位，主要有人员安全疏散必须经过的部位、人员相对集中的场所和在建筑发生火灾时继续保持正常工作的部位。

A 设置场所

（1）封闭楼梯间、防烟楼梯间及其前室、消防电梯间的前室或合用前室、避难走道、避难层（间）；

（2）消防控制室、消防水泵房、自备发电机房、配电室、防烟与排烟机房以及发生火灾时仍需正常工作的其他房间；

（3）观众厅、展览厅、多功能厅和建筑面积超过200m^2的营业厅、餐厅、演播室；

（4）建筑面积大于100m^2的地下或半地下公共活动场所；

（5）公共建筑中的疏散走道。

B 设置要求

（1）建筑内疏散照明的地面最低水平照度应符合下列规定：

1）对于疏散走道，不应低于1.0lx；

2）对于人员密集场所、避难层（间），不应低于2.0lx；对于病房楼或手术部的避难间，不应低于10.0lx；

3）对于楼梯间、前室或合用前室、避难走道，不应低于5.0lx；

4）消防控制室、消防水泵房、自备发电机房、配电室、防烟与排烟机房以及发生火灾时仍需正常工作的其他房间的消防应急照明，仍应保证正常照明的照度。

（2）消防应急照明灯具宜设置在墙面的上部、顶棚上或出口的顶部。

2.4.6.2 疏散指示标志

疏散指示标志，可以引导人员在紧急情况下尽快疏散，其合理设置对人员安全疏散具有重要作用。特别是，对于空间较大的场所，人们在火灾时依靠疏散照明的照度难以看清较大范围的情况，依靠行走路线上的疏散指示标志，可以及时识别疏散位置和方向，较顺利地到达安全出口。

A 设置场所

（1）公共建筑及其他一类高层民用建筑，高层厂房（仓库）及甲、乙、丙类厂房应沿疏散走道和在安全出口、人员密集场所的疏散门的正上方设置灯光疏散指示标志。

（2）下列建筑或场所应在其内疏散走道和主要疏散路线的地面上增设能保持视觉连续的灯光疏散指示标志或蓄光疏散指示标志：

1）总建筑面积超过8000m^2的展览建筑；

2）总建筑面积超过5000m^2的地上商店；

3）总建筑面积超过500m^2 的地下、半地下商店；

4）歌舞娱乐放映游艺场所；

5）座位数超过1500个的电影院、剧院，座位数超过3000个的体育馆、会堂或礼堂。

（3）除二类居住建筑外，高层建筑的疏散走道和安全出口处应设灯光疏散指示标志。

B 设置要求

（1）安全出口和疏散门的正上方应采用“安全出口”作为指示标识；

（2）沿疏散走道设置的灯光疏散指示标志，应设置在疏散走道及其转角处距地面高度1.0m以下的墙面上，且灯光疏散指示标志间距不应大于20.0m；对于袋形走道，不应大于10.0m；在走道转角区，不应大于1.0m，其指示标识应符合现行国家标准《消防安全标志》（GB 13495—1992）的有关规定。

除以上要求外，建筑内设置的消防疏散指示标志和消防应急照明灯具，还应符合现行国家标准《消防安全标志》（GB 13495—1992）和《消防应急灯具》（GB 17945—2010）的有关规定。

2.5 建筑装修防火

2.5.1 建筑装修概述

2.5.1.1 建筑装修及其分类

建筑装修是采用装饰装修材料或饰物，对建筑物的内外表层及空间所进行的各种处理过程。建筑装修工程的规模虽然远不及建筑主体工程宏大，但是涉及的材料品种繁多，所采用的构造方法细致复杂，是建筑主体工程的延伸、深化和完善，能够起到保护建筑构件、完善建筑功能、改善室内环境、美化建筑空间的积极作用。

建筑装修按照施工部位划分为室外装修和室内装修两大类。室外装修是针对建筑外墙、门窗、屋顶、檐口、入口、台阶、建筑小品等部位所进行的功能性或艺术性的处理。室内装修是针对建筑内部空间及构件所进行的装饰装修处理，具体的装修部位，在民用建筑中包括：顶棚、墙面、地面、隔断的装修，以及固定家具、窗帘、帷幕、床罩、家具包布、固定饰物等；在工业厂房中包括顶棚、墙面、地面和隔断的装修。

2.5.1.2 建筑装修的火灾危险性

由于现代建筑的主体结构通常采用不燃性的钢材、混凝土等材料，因此可燃装修材料成为建筑火灾的主要可燃物来源之一。大量使用可燃材料进行装修火灾危险性主要表现在：

（1）增加建筑的火灾荷载。建筑物火灾荷载的大小及分布情况，直接影响到发生火灾时火场的最高温度及火灾持续时间。随着人们生活水平的提高，建筑装修越来越豪华，为了追求装饰效果，大量采用了可燃、易燃的装饰装修材料，如地毯、PVC壁布、木质护墙板等。室内的陈设物品也大多属于可燃物，如壁毯、窗帘、木质家具等。这些材料在燃烧过程中能释放出大量的热能，大大增加了建筑物的火灾荷载，导致火场高温、持续燃烧，增大了火灾的危害性。

（2）增加火灾发生的概率。在建筑火灾初起阶段，燃烧范围相对较小，高温区域仅局限在着火点附近。如果装修材料尽量做到了不燃化，起火点周围没有太多供燃烧持续进行的可燃物，则起火点部位可燃物逐渐燃尽之后，如果没有其他可燃物存在，燃烧将会自行熄灭，起火房间室内平均温度逐步下降至常温水平，不致蔓延成灾。

相反，如果大量采用可燃装修材料进行建筑室内外装修，一旦起火，装修材料将为起火点提供充足的可燃物，支持起火点持续燃烧，导致起火房间内平均温度上升。在这种条件下，建筑物内一旦起火，火势扩大并逐步发展成灾的可能性势必比非燃化装修条件下大大提高，从而增加了建筑物的火灾风险。

(3) 增加火势蔓延的概率和速度。建筑室内外的可燃装修为火势的蔓延提供了多种途径：火可以沿着可燃装修材料覆盖的地面、墙（柱）面、顶棚等部位进行表面传播，也可以在地板、隔墙和吊顶的架空层内部隐蔽地燃烧蔓延；火焰可以沿着垂直悬挂的可燃织物如窗帘、幔帐等物品向上蹿烧蔓延，且这种蔓延的速度相当迅速；可燃的固定家具如沙发、床、桌椅等物品一旦起火，很容易通过热对流或热辐射的方式使与其相邻的可燃物起火燃烧；热塑性塑料质地的装修材料在自身燃烧的过程中还会发生表面融化流淌的现象，带火的融滴会四下滴落，造成火灾向建筑物其他部位蔓延；另外，如果建筑外墙保温层采用膨胀聚苯乙烯等可燃的保温材料时，一旦发生火灾引燃保温层，可燃保温材料将发生猛烈燃烧，迅速沿外墙发展蔓延，并引燃各层靠近外墙部位的可燃物，导致火灾在较大范围内立体传播。

(4) 产生大量烟气及有毒气体。我们平时所谈论的“烟气”是一种含有悬浮性“烟粒子”的气相混合物。所谓“烟粒子”是指一些可见的固体和液体微粒，它们是材料在燃烧或热分解的作用之下产生的，一般能够飘浮在空气之中。

火灾烟气造成的高温、缺氧、蔽光和有毒环境对火灾区域的人员疏散和火灾扑救都有非常巨大的威胁。可燃物在燃烧过程中释放出的大量毒性气体是人员伤亡的第一要因。大多数可燃装修材料在受热或燃烧的情况下都会产生大量有毒烟气，严重地威胁到火场人员的生命安全。

2.5.2 建筑内部装修设计防火要求

建筑内部装修设计应遵循国家规范《建筑内部装修设计防火规范》的要求进行。在不同的建筑类别、不同建筑物及场所、不同装修部位，选用燃烧性能等级符合规定要求的材料。

2.5.2.1 室内装修材料分类

从消防安全的角度，《建筑内部装修设计防火规范》将室内装修材料按其使用部位和功能划分为：顶棚装修材料、墙面装修材料、地面装修材料、隔断装修材料、固定家具、装饰织物、其他装饰材料七类。常见各类装修材料及其燃烧性能等级如表 2.28 所示。

表 2.28 常用建筑装修材料燃烧性能等级划分举例

材料类别	级别	材料举例
各部位材料	A	花岗石、大理石、水磨石、水泥制品、混凝土制品、石膏板、石灰制品、黏土制品、玻璃、瓷砖、马赛克、钢铁、铝、铜合金等
顶棚材料	B_1	纸面石膏板、纤维石膏板、水泥刨花板、矿棉装饰吸声板、玻璃棉装饰吸声板、珍珠岩装饰吸声板、难燃胶合板、难燃中密度纤维板、岩棉装饰板、难燃木材、铝箔复合材料、难燃酚醛胶合板、铝箔玻璃钢复合材料等

续表 2.28

材料类别	级别	材料举例
墙体材料	B_1	纸面石膏板、纤维石膏板、水泥刨花板、矿棉板、玻璃棉板、珍珠岩板、难燃胶合板、难燃中密度纤维板、防火塑料装饰板、难燃双面刨花板、多彩涂料、难燃墙纸、难燃墙布、难燃仿花岗岩装饰板、氯氧镁水泥装配式墙板、难燃玻璃钢平板、PVC 塑料护墙板、轻质高强复合墙板、阻燃模压木质复合板材、彩色阻燃人造板、难燃玻璃钢等
	B_2	各类天然木材、木制人造板、竹材、纸制装饰板、装饰微薄木贴面板、印刷木纹人造板、塑料贴面装饰板、聚酯装饰板、复塑装饰板、塑纤板、胶合板、塑料壁纸、无纺贴墙布、墙布、复合壁纸、天然材料壁纸、人造革等
地面材料	B_1	硬 PVC 塑料地板、水泥刨花板、水泥木丝板、氯丁橡胶地板等
	B_2	半硬质 PVC 塑料地板、PVC 卷材地板、木地板氯纶地毯等
装饰织物	B_1	经阻燃处理的各类难燃织物等
	B_2	纯毛装饰布、纯麻装饰布、经阻燃处理的其他织物等
其他装饰部位材料	B_1	聚氯乙烯塑料、酚醛塑料、聚碳酸酯塑料、聚四氟乙烯塑料、三聚氰胺、脲醛塑料、硅树脂塑料装饰型材、经阻燃处理的各类织物等。另见顶棚材料合墙面材料内中的有关材料
	B_2	经阻燃处理的聚乙烯、聚丙烯、聚氨酯、聚苯乙烯、玻璃钢、化纤织物、木制品等

2.5.2.2　单、多层民用建筑

单层、多层民用建筑内部各部位装修材料的燃烧性能等级，不应低于表 2.29 的规定。

单层、多层民用建筑内面积小于 $100m^2$ 的房间，当采用防火墙和甲级防火门窗与其他部位分隔时，其装修材料的燃烧性能等级可在表 2.29 中规定的基础上降低一级。

当单层、多层民用建筑需做内部装修的空间内装有自动灭火系统时，除顶棚外，其内部装修材料的燃烧性能等级可在表中规定的基础上降低一级。

当同时装有火灾自动报警装置和自动灭火系统时，其顶棚装修材料的燃烧性能等级可在表 2.29 中规定的基础上降低一级，其他装修材料的燃烧性能等级可不限制。

表 2.29　单层、多层民用建筑内装修材料燃烧性能等级

建筑物及场所	建筑规模、性质	装饰材料燃烧性能等级							
		顶棚	墙面	地面	隔断	固定家具	装饰织物		其他装饰材料
							窗帘	帷幕	
候机楼的候机大厅、商店、餐厅、贵宾候机室、售票厅等	建筑面积 > $10000m^2$ 的候机楼	A	A	B_1	B_1	B_1	B_1		B_1
	建筑面积 ≤ $10000m^2$ 的候机楼	A	B_1	B_1	B_1	B_2	B_2		B_2
汽车站、火车站、轮船客运站的候车（船）室、餐厅、商场等	建筑面积 > $10000m^2$ 的车站码头	A	A	B_1	B_1	B_2	B_2		B_2
	建筑面积 ≤ $10000m^2$ 的车站码头	B_1	B_1	B_1	B_2	B_2	B_2		B_2
影院、会堂、礼堂、剧院、音乐厅	>800 座位	A	A	B_1	B_1	B_1	B_1	B_1	B_1
	≤800 座位	A	B_1	B_1	B_1	B_2	B_1	B_1	B_2

续表 2.29

建筑物及场所	建筑规模、性质	装饰材料燃烧性能等级							
		顶棚	墙面	地面	隔断	固定家具	装饰织物		其他装饰材料
							窗帘	帷幕	
体育馆	>3000 座位	A	A	B_1	B_1	B_1	B_1	B_1	B_2
	≤3000 座位	A	B_1	B_1	B_1	B_2	B_2	B_1	B_2
商场营业厅	每层建筑面积 > 3000m² 或总建筑面积 > 9000m² 的营业厅	A	B_1	A	A	B_1	B_1		B_2
	每层建筑面积 1000 ~ 3000m² 或总建筑面积 3000 ~ 9000m² 的营业厅	A	B_1	B_1	B_1	B_2	B_1		
	每层建筑面积 < 1000m² 或总建筑面积 < 3000m² 的营业厅	B_1	B_1	B_1	B_2	B_2	B_2		
饭店、旅馆的客房及公共活动用房等	设有中央空调系统的饭店、旅馆	A	B_1	B_1	B_1	B_2	B_2		B_2
	其他饭店、旅馆	B_1	B_1	B_2	B_2	B_2	B_2		
歌舞厅、餐馆等娱乐、餐饮建筑	营业面积 > 100m²	A	B_1	B_1	B_1	B_2	B_1		B_2
	营业面积 ≤ 100m²	B_1	B_1	B_1	B_2	B_2	B_2		B_2
幼儿园、托儿所、医院病房楼、疗养院、养老院		A	B_1	B_2	B_1	B_2	B_1		B_2
纪念馆、展览馆、博物馆、图书馆、档案馆、资料馆等	国家级、省级	A	B_1	B_1	B_1	B_2	B_1		B_2
	省级以下	B_1	B_1	B_2	B_2	B_2	B_2		B_2
办公楼、综合楼	设有中央空调系统的办公楼、综合楼	A	B_1	B_1	B_1	B_2	B_2		B_2
	其他办公楼、综合楼	B_1	B_1	B_2	B_2	B_2			
住宅	高级住宅	B_1	B_1	B_1	B_1	B_2	B_2		B_2
	普通住宅	B_1	B_2	B_2	B_2	B_2			

2.5.2.3 高层民用建筑

高层民用建筑内部各部位装修材料的燃烧性能等级，不应低于表 2.30 的规定。

表 2.30 高层民用建筑内部各部位装修材料的燃烧性能等级

建筑物	建筑规模、性质	装饰材料燃烧性能等级									
		顶棚	墙面	地面	隔断	固定家具	装饰织物				其他装饰材料
							窗帘	帷幕	床罩	家具包布	
高级宾馆	>800 座位的观众厅、会议厅；顶层餐厅	A	B_1	B_1	B_1	B_1	B_1	B_1		B_1	B_1
	≤800 座位的观众厅、会议厅	A	B_1	B_1	B_1	B_2	B_1	B_1		B_2	B_1
	其他部位	A	B_1	B_1	B_2	B_2	B_1	B_2	B_1	B_2	B_1

续表 2.30

建筑物	建筑规模、性质	装饰材料燃烧性能等级									
		顶棚	墙面	地面	隔断	固定家具	装饰织物				其他装饰材料
							窗帘	帷幕	床罩	家具包布	
商业楼、展览楼、综合楼、商住楼、医院病房楼	一类建筑	A	B_1	B_1	B_1	B_2	B_1	B_1		B_2	B_1
	二类建筑	B_1	B_1	B_2	B_2	B_2	B_2	B_2		B_2	B_2
电信楼、财贸金融楼、邮政楼、广播电视楼、电力调度楼、防灾指挥调度楼	一类建筑	A	A	B_1	B_1	B_1	B_1	B_1		B_2	B_1
	二类建筑	B_1	B_1	B_2	B_2	B_2	B_1	B_2		B_2	B_2
教学楼、办公楼、科研楼、档案楼、图书馆	一类建筑	A	B_1	B_1	B_1	B_2	B_1	B_1		B_1	B_1
	二类建筑	B_1	B_1	B_2	B_1	B_2	B_1	B_2		B_2	B_2
住宅	一类普通旅馆高级住宅	A	B_1	B_2	B_1	B_2	B_1		B_1	B_2	B_1
	二类普通旅馆普通住宅	B_1	B_1	B_2	B_2	B_2	B_2		B_2	B_2	B_2

电视塔等特殊高层建筑的内部装修，均应采用 A 级装修材料；

除歌舞娱乐放映游艺场所、100m 以上的高层民用建筑及大于 800 座位的观众厅、会议厅、顶层餐厅外，当高层民用建筑需做内部装修的空间内设有火灾自动报警装置和自动灭火系统时，除顶棚外，其内部装修材料的燃烧性能等级可在表中有关规定的基础上降低一级；高层民用建筑的裙房内面积小于 $500m^2$ 的房间，当设有自动灭火系统，并且采用耐火等级不低于 2h 的隔墙、甲级防火门、窗与其他部位分隔时，顶棚、墙面、地面的装修材料的燃烧性能等级可在表中规定的基础上降低一级。

2.5.2.4 地下民用建筑

所谓地下民用建筑，是指单层、多层、高层民用建筑的地下部分，以及单独建造在地下的民用建筑、平战结合的地下人防工程等。地下建筑由于其在火灾中散热、排烟、疏散等方面的困难，因此比地上建筑更具火灾危险性，在内部装修材料的选取上更应该从严要求。

地下民用建筑内各部位装修材料的燃烧性能等级，不应低于表 2.31 的规定。

表 2.31 地下建筑内部各部位装修材料的燃烧性能等级

建筑物及场所	装饰材料燃烧性能等级						
	顶棚	墙面	地面	隔断	固定家具	装饰织物	其他装饰材料
休息室和办公室等 旅馆的客房及公共活动用房等	A	B_1	B_1	B_1	B_1	B_1	B_2
娱乐场所、旱冰场等 舞厅、展览厅等 医院的病房、医疗用房	A	A	B_1	B_1	B_1	B_1	B_2
电影院的观众厅 商场的营业厅	A	A	A	B_1	B_1	B_1	B_2
停车库、人行通道 图书资料库、档案库	A	A	A	A	A		

单独建造的地下民用建筑的地上部分，其门厅、休息厅、办公室等内部装修材料的燃烧性能等级可在表中规定的基础上降低一级要求。

地下商场、地下展览厅的售货柜台、固定货架、展览台等，应采用A级装修材料。

2.5.2.5 工业建筑

厂房内部各部位装修材料的燃烧性能等级，不应低于表2.32的规定。厂房附设的办公室、休息室等的内部装修材料的燃烧性能等级，也应按表2.32中的规定执行。

表2.32 工业厂房内部各部位装修材料的燃烧性能等级

工业厂房分类	建筑规模	装饰材料燃烧性能等级			
		顶棚	墙面	地面	隔断
甲、乙类厂房，有明火的丁类厂房		A	A	A	A
丙类厂房	地下厂房	A	A	A	B_1
	高层厂房	A	B_1	B_1	B_2
	高度>24m的单层厂房 高度≤24m的单层、多层厂房	B_1	B_1	B_2	B_2
无明火的丁类厂房，戊类厂房	地下厂房	A	A	B_1	B_1
	高层厂房	B_1	B_1	B_2	B_2
	高度>24m的单层厂房 高度≤24m的单层、多层厂房	B_1	B_2	B_2	B_2

当厂房的地面为架空地板时，其地面装修材料的燃烧性能等级，除A级外，应在表2.32中规定的基础上提高一级。

计算机房、中央控制室等装有贵重机器、仪表、仪器的厂房，其顶棚和墙面应使用A级装修材料；地面和其他部位应采用不低于B_1级的装修材料。

2.5.3 建筑外墙外保温系统防火

现代高层建筑及大型公共建筑外墙面积相当于总建筑面积的30%～40%，施工量大，作业难度高。除了基本的外墙面装饰装修要求外，出于环保节能的考虑，还要设置外墙保温系统以满足围护结构保温隔热方面的要求。

2.5.3.1 外墙外保温系统构造

传统建筑的外墙保温主要依靠外墙材料自身的保温能力。提高墙体的厚度或选择保温能力较强的材料作为墙体，有助于提高外墙保温效果，如采用加气混凝土保温墙体等。随着现代建筑外部围护构件保温要求的不断提高，附设保温层的外墙保温系统逐步推广使用。目前常用的外墙保温系统可以根据保温层的位置不同，分为外墙外保温、外墙内保温和外墙夹芯保温三种构造类型。其中“外保温”是指外墙的保温构造层位于主体结构外侧，这种构造形式保温效果好、施工简便，在外墙保温工程特别是原有建筑保温改造工程中应用最为广泛。

外墙外保温系统主要由保温层、保温层的固定、面层、零配件和辅助材料组成。外墙外保温系统的组成与具体构造因保温层材料的不同而略有不同。但基本构造形式通常都是保温层被墙体主材和墙体饰面材料夹在中间，如图 2.27 所示，在保温层与基层之间需要进行一定的界面处理，以便保温层能牢固地与基层连接固定。

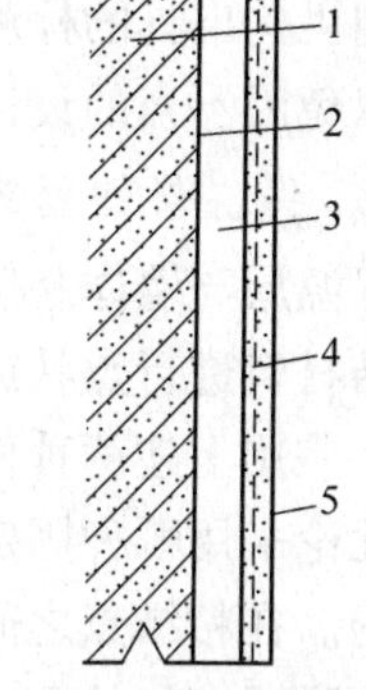

图 2.27 外墙外保温基本构造示意图

1—基层；2—界面处理层；3—保温层；4—罩面层；5—饰面层

A 保温层

保温层是为防止和减少建筑内部的热量（冷量）向环境散失，在建筑外墙及屋顶等部位设置的保温材料层。

外墙保温层所使用的材料品种较多，按材质可分为无机保温材料、有机保温材料和复合材料三种。

常见的无机保温材料有：保温砂浆、岩棉板、玻璃棉板、泡沫水泥板等。无机保温材料均为不燃性材料，在消防安全方面能满足要求，但保温性能通常要比有机保温材料略差。

普通有机保温材料的燃烧性能最高可达到 B_1 级，多数未经防火处理的板状、块状有机保温材料的燃烧性能为 B_2 级，还有不少有机保温材料的燃烧性能不能达到 B_2 级的要求。

复合保温材料是由两种或两种以上不同材料复合而成的。复合保温材料的燃烧性能受到其组成材料的燃烧性能等级、材料的复合方式等因素影响，应以检测机构出具的报告为依据进行判定。

常见保温材料的性能参数见表 2.33。保温层应采用导热系数小、重量轻、吸湿率低、黏结性能好、收缩率小的产品。从保温功能角度，有机保温材料的性能明显优于其他类型材料。但从消防安全角度，其燃烧性能等级最差。因此，保温材料的选用，存在着保温功能与消防安全之间的矛盾，需要在两者间平衡考虑。

表 2.33 几种常用保温材料的性能参数

材料名称		导热系数/W·(m·℃)$^{-1}$	燃烧性能	表观密度/kg·m^{-3}
有机材料	胶粉聚苯颗粒	0.06	B_1	45～150
	聚苯板	0.041	B_2	18～20
	挤塑聚苯板	0.03	B_2	35～45
	聚氨酯	0.025	B_2	35～40
无机材料	岩棉	0.036～0.041	A	80～250
	矿棉	0.053	A	45～150
	泡沫玻璃	0.066	A	170～190
	加气混凝土	0.098～0.12	A	500～600

在工程应用中必须注意到，由于有机材料在材质及加工方面的复杂性，即使是相同种类的材料，也会因不同厂家的加工生产方法不同而造成燃烧性能方面的差异，故此大多数有机保温材料的燃烧性能不宜简单地根据材料名称进行主观判定，而需要参考具体材料的燃烧性能检测报告结果。

某些有机保温材料通过特殊的防火处理可达到上一级燃烧性等级的要求，如某些阻燃酚醛树脂板可达到 A 级要求，某些阻燃聚苯板可达到 B_1 级。针对这种为了使自身燃烧性能达到更高等级而进行特殊处理的有机保温材料，其燃烧性能等级应当以国家公安部认可的检测机构出具的检测报告为准。在设计和施工应特别注意到此类材料相应的技术规定要求，以免因不当的设计或施工操作破坏阻燃处理效果，降低材料燃烧性能等级。

B 保温层的固定

保温层与墙体基层的连接固定有三种做法：黏结法、钉固法和混合法。黏结法是以各类黏结材料进行点状或带状涂覆黏结；钉固法是采用膨胀螺栓或预埋锚固筋进行固定；混合法是兼用上述两种做法共同实现保温层的固定。

无论采用哪种固定方法，保温层与墙体基层、外饰面层都不是毫无缝隙地紧密结合成一体的。在粘结点之间或钉固点之间仍留有一定的构造缝隙。一旦外墙保温层起火，将成为一个联通多层的蹿火缝隙，造成火势蔓延。

2.5.3.2 外墙外保温系统防火措施

外墙外保温系统防火措施主要有：限制保温材料燃烧性能，为保温层设置有效的保护层，设置防火隔离带，避免出现空腔构造。例如，在《建筑设计防火规范》中对建筑外墙保温材料的防火措施做了如下要求。

（1）限制保温材料燃烧性能。设置人员密集场所的建筑，其外墙外保温材料的燃烧性能应为 A 级。其他建筑的外墙外保温材料燃烧性能要求如图 2.28 所示。

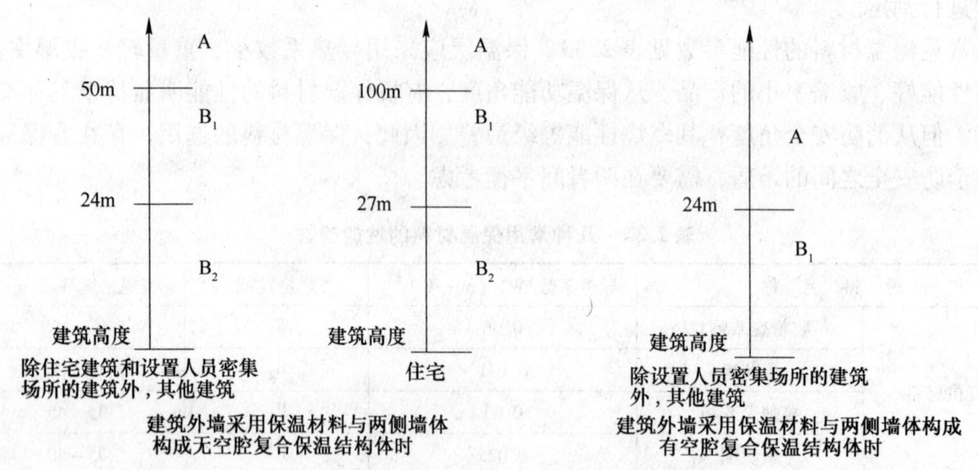

图 2.28 外墙外保温材料燃烧性能要求

（2）为保温层设置有效的保护层。保护层为不燃材料，首层不应小于 15mm，其他层不应小于 5mm。

（3）设置防火隔离带。当保温材料为 B_1、B_2 级时，应在保温系统中每层设置水平防火隔离带。防火隔离带应采用燃烧性能为 A 级的材料，防火隔离带的高度不应小于 300mm。建筑外墙上门、窗的耐火完整性不应低于 0.50h，建筑高度小于 24m 的公共建筑和建筑高度小于 27m 的住宅建筑采用 B_1 级保温材料时除外。

（4）避免出现空腔构造。建筑外墙外保温系统与基层墙体、装饰层之间的空腔，应在每层楼板处采用防火封堵材料封堵。

思考题

2－1　名词解释：防火间距；防火分区；安全出口；室内安全区域。

2－2　钢结构建筑为什么不耐火，其耐火保护方法主要有哪些？

2－3　建筑材料的燃烧性能是如何分级的？

2－4　选定建筑物耐火等级应考虑哪几个因素？

2－5　什么是防火间距，其作用是什么？

2－6　消防车道有哪些设置要求？

2－7　救援场地有哪些设置要求？

2－8　对建筑平面布置防火有特殊要求的场所有哪些？

2－9　建筑平面布置防火措施主要包括哪些内容？

2－10　划分防火分区的防火分隔构件主要有哪些，其设置要求分别是什么？

2－11　防火门按照耐火等级如何分级，各应用在什么场所？

2－12　简述火灾中人员安全疏散的时间过程和人员安全疏散的基本条件。

2－13　为了保证人员安全疏散，安全出口的设计包括哪些内容，为什么？

2－14　简述安全出口数量和宽度的计算方法。

2－15　普通楼梯间、封闭楼梯间、防烟楼梯间、室外楼梯间的设置要求和适用范围各是什么？

2－16　普通电梯为什么在发生火灾时不能作为消防电梯使用？

2－17　消防电梯有哪些设置要求？

2－18　室内装修材料按使用部位和功能不同分为哪几类？

2－19　采用可燃材料进行装修的火灾危险性表现在哪些方面？

2－20　外墙外保温系统的防火技术措施有哪些？

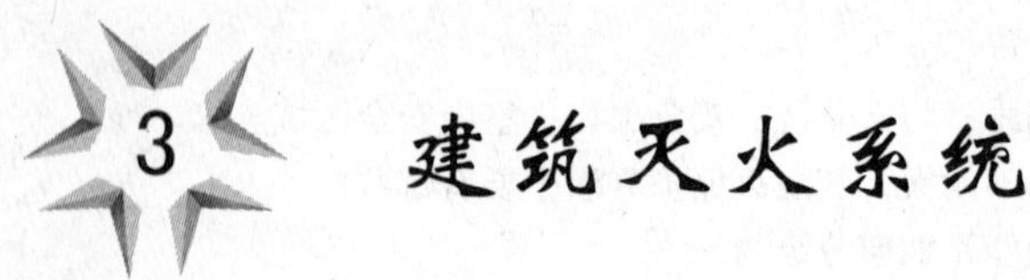

3 建筑灭火系统

3.1 消防给水系统

在建筑物外部和内部设置消防给水系统，用于扑灭建筑物中一般物质的火灾，是最经济有效的方法。建筑消防给水系统按功能和作用原理不同可分为室外消防给水系统、室内消火栓给水系统、自动喷水灭火系统等。室外消防给水系统的任务是供给消防水池和消防车用水。室内消防给水系统分低层建筑和高层建筑室内消防给水系统，其划分主要是根据消防车的供水能力及消防登高器材的性能来确定的。设置室内消防给水系统的目的是有效地控制和扑救室内的初期火灾，对于较大的火灾主要求助于城市消防车赶赴现场，由室外消防给水系统取水加压进行扑救灭火。

3.1.1 室外消防给水系统

建筑室外消防给水系统是指多幢建筑所组成的小区及建筑群的室外消防给水系统。

3.1.1.1 室外消防给水水源

消防用水可由市政给水管网（城镇、居住区、企业单位的室外消防给水，一般均采用低压给水系统，即消防市政管网中最不利点的供水压力为大于或等于0.1MPa）、天然水源或消防水池供给，为了确保供水安全可靠，高层建筑室外消防给水系统的水源不宜少于两个。

高压消防给水系统要求管网内经常保持足够的压力，火场上不再使用消防车或水泵加压，在保证用水总量达到最大时，在任何建筑物最高处，水枪的充实水柱仍不小于10m。室外临时高压给水系统要求管道内平时水压不高，当接到火警时，开启高压消防水泵，使管道内的压力迅速达到高压给水管道系统的要求。在室外低压消防给水系统中，管道内平时水压较低，保证最不利点消火栓的压力不小于0.1MPa即可，当发生火灾时，由消防车或移动式消防泵进行加压，提供水枪所需要的压力。

目前，我国市政给水管实行低压消防制，多采用几幢建筑合用一座消防泵房或每幢建筑物设独立的消防泵房的临时高压给水系统。

3.1.1.2 室外消防给水管道布置

室外消防给水管道通常从市政给水干管接往居住小区、工厂区及公共建筑周边。室外消防给水管道的布置要求如下：

（1）室外消防给水管道应布置成环状，当用水量小于15L/s时，也可布置成支状；

（2）室外消防给水管道的最小管径不应小于100mm；

（3）环状管网（指环网中的主要管道）的输水干管及向环状管网输水的输水管（指市政管网通向小区环网的进水管）均不应少于2条，当其中一条发生故障时，其余干管仍能保证消防用水；

(4) 管网应将阀门分成若干独立段，以防某段发生故障及检修时影响消防供水。阀门应设在管道的三通、四通处的支管段下游一侧，每段管上消火栓的数量不宜超过5个。

3.1.2 低层建筑室内消防给水系统

3.1.2.1 系统组成

低层建筑室内消防给水系统主要由室内消火栓、水带、水枪、消防卷盘（消防水喉设备）、水泵接合器，以及消防管道（进户管、干管、立管）、水箱、增压设备、水源等组成。

(1) 消火栓。室内消火栓分为单阀和双阀两种。单阀消火栓又分单出口和双出口，其出口型式又分直角单出口、45°单出口和直角双出口三种。双阀消火栓为双出口。在低层建筑中较多采用单阀单口消火栓，消火栓口直径有DN50、DN65两种。对应的水枪最小流量分别为2.5L/s和5L/s。双出口消火栓直径为DN65，用于每支水枪最小流量不小于5L/s。消火栓进口端与管道相连接，出口与水带相连接。

(2) 水带。消防水带有麻质、棉织和衬胶三种材质。前两种抗折叠性能较好，后者水流阻力小，长度有15m、20m、25m三种类型。

(3) 水枪。室内一般采用直流式水枪，喷口直径有13mm（配DN50）、16mm（配DN50或DN65）、19mm（配DN65）三种。

(4) 消防卷盘（消防水喉设备）。由DN25的小口径消火栓、内径不小于19mm的橡胶胶带和口径不小于6mm的消防卷盘喷嘴组成，胶带缠绕在卷盘上。对于没有经过专业训练的人员可以使用消防卷盘进行有效的自救灭火。

室内消火栓、水枪、水带之间采用内扣式快速接头进行连接。常用的消防箱的规格为800mm×650mm×200mm。

(5) 水泵结合器。当建筑物发生火灾，室内消防水泵不能启动或流量不足时，消防车可由室外消火栓、水池或天然水源取水，通过水泵结合器向室内消防给水管网供水。水泵结合器就是消防车或移动式水泵向室内消防管网供水的连接口。其接口直径有DN65和DN80两种，分地上式、地下式和墙壁式三种类型。

3.1.2.2 给水方式

(1) 无水泵、水箱的室内消火栓给水系统。当建筑物高度不大，而室外给水管网的压力和流量在任何时候均能够满足室内最不利点消火栓所需的设计流量和压力时，宜采用此种方式。

(2) 仅设水箱的室内消火栓给水系统。在室外给水管网水压变化较大的情况下，而且在生活用水和生产用水达到最大，室外管网不能保证室内最不利点消火栓所需的水压和水量时，可采用此种给水方式。

消防水箱的容积按室内10min消防用水量确定。当生产、生活与消防合用水箱时，应具有保证消防水不作它用的技术措施，以保证消防贮水量。

(3) 设有消防水泵和水箱的室内消火栓给水系统。当室外管网水压经常不能满足室内消火栓给水系统水压和水量要求时，宜采用此种方式。当消防用水与生活、生产用水共用室内给水系统时，其消防水泵应保证供应生活、生产、消防用水的最大秒流量，并应满足室内最不利点消火栓的水压要求。水箱应保证贮存10min的室内消防用水量。水箱的设置高度应保证室内最不利点消火栓所需的水压要求。

3.1.2.3 给水系统的布置及要求

A 消火栓布置要求

(1) 设有室内消火栓的建筑物，其每层（包括有可燃物的设备层）均应设置消火栓。

(2) 建筑物任何部位着火，应保证有两支水枪的充实水柱同时达到着火部位。除建筑物最上一层外，其他部位都不应使用双出口消火栓，应采用单出口消火栓。

(3) 消火栓应设在建筑物内明显而便于灭火取用的地方。例如楼梯间、走廊、大厅、车间的出入口等，并应有明显的标志。消火栓栓口距室内地面高度为1.1m，其出口方向宜向下或与设置消火栓的墙面成90°角。

(4) 消防电梯前室应设室内消火栓。

(5) 冷库内的消火栓应设置在常温穿堂或楼梯间内，以防冻结损坏。

(6) 设有室内消火栓的建筑物如为平屋顶时，宜在平屋顶上设置试验和检查用的试验消火栓，用以检查消防系统的运行情况及保护建筑物免受邻近建筑火灾的波及。

(7) 同一建筑物内应采用同一规格消火栓、水枪和水带，以便串用。每根水带的长度不宜超过25m。

(8) 对于高层工业建筑或水箱设置高度不能满足最不利点消火栓和自动喷水灭火设备的水压及水量要求时，应在每个室内消火栓处设置远距离启动消防水泵的按钮，并应有保护设施，以防损坏或误启动。

(9) 当消防水枪射流量小于3L/s时，应采用DN50口径的消火栓和水带，水枪喷嘴直径采用13~16mm；当射流量大于3L/s时，应采用DN65口径的消火栓和水带，水枪喷嘴直径采用19mm。

(10) 消火栓及消防立管在一般建筑物中均为明装，在对建筑物要求较高及地面狭窄因明装凸出影响通行的情况下，则采用暗装方式。消防立管的底部应设置阀门，阀门经常开启，并应有明显的启闭标志。设置在消防箱内的水带平时要放置整齐，以便灭火时迅速展开使用。

B 室内消防给水管道的布置

(1) 当室内消火栓超过10个，并且室外消防用水量大于15L/s时，室内消防给水管道至少应有2条进水管与室外环状网相连接，并应将室内管道连接成环状或将进水管与室外管道连成环状。

(2) 7~9层的单元住宅，其室内消防给水管道可为枝状，进水管可采用1条。

(3) 超过6层的塔式（采用双出口消火栓者除外）和通廊式住宅，超过5层或体积超过10000m^{3}的其他民用建筑，超过4层的厂房和库房，如果室内消防竖管为2条或2条以上时，应至少每2根竖管连成环状。

(4) 室内消防给水管道应用阀门分割成若干独立段，如某一管段损坏时，停止使用的消火栓在一层中不应超过5个。阀门应该经常处于开启状态，并应有明显的启闭标志。

(5) 室内消火栓给水管网与自动喷水灭火设备的管风宜分开设置，如有困难，应在报警阀前分开设置。

(6) 当生产、生活用水量达到最大，并且市政给水管网仍能满足室内外消防用水量时室内消防水泵的吸水管宜直接从市政管道吸水。

(7) 室内消防给水系统是单独设立还是与其他给水系统合并，应根据建筑物的性质和使用要求确定。高层建筑必须设独立的室内消防给水系统。

(8) 进水管上设置的计量设备不应降低进水管的过水能力。

C 消防水泵要求

(1) 一组消防水泵的吸水管不应少于两条，当其中一条损坏时，其余的吸水管仍能通过全部用水量。高压和临时高压消防给水系统中的每台消防泵应有独立的吸水管。消防水泵宜采用自灌式引水。

(2) 消防水泵房应有不少于两条出水管直接与环状管相连接。当其中一条损坏时，其余的出水管仍能通过全部用水量。在出水管上宜设检查用的压力表和试水用的放水阀门。

(3) 固定消防水泵应设备用泵，其工作能力不应小于一台主要泵。室外消防用水量不超过 25L/s 的工厂、仓库及 7 ~ 9 层的单元式住宅可不设备用泵。

(4) 消防水泵应保证在火警 5min 内开始工作，并在火场断电时仍能正常运转。设有备用泵的消防泵站，应设备用动力，若用双电源或双回路供电有困难时，可采用内燃机作动力。消防水泵与动力机械宜直接相连。

(5) 消防水泵房应有与本单位消防队直接联络的通信设备。

D 室内消防水箱要求

(1) 室内消防水箱的设置，应根据室外管网的水压和水量及室内用水要求确定。

(2) 设有常高压和临时高压给水系统的建筑物，可以不设消防水箱。

(3) 设置临时高压给水系统的建筑物，如设有消防水箱或气压水箱、水塔，应符合下列要求：应在建筑物顶部（最高部位）设置重力自流水箱；室内消防水箱容积（气压水罐、水塔，以及各分区的消防水箱）应贮存 10min 的消防用水量（即扑救初期火灾的用水量——以 25L/s 计算）。

(4) 消防用水与其他用水合用一个水箱，应有消防用水不作他用的技术措施，以保证消防用水安全。

(5) 由固定消防水泵供给的消防用水，不应进入消防水箱，以维持管网内的消防水压，可在与水箱相连的消防用水管道上设置单向阀。发生火灾后，消防水箱的补水应由生产或生活给水管道供应，严禁消防水箱采用消防泵补水，以防火灾时消防用水进入水箱。

(6) 室内消防水箱的设置高度，原则上应满足室内最不利点灭火设备所需水量和水压，如果有困难时，也可设置气压给水装置。

E 减压节流设备要求

在低层室内消火栓给水系统中，消火栓口处静水压力不能超过 800kPa，否则应采用分区给水系统。消火栓栓口处出水水压超过 500kPa 时应考虑减压，并设置减压设施。

3.1.3 高层建筑室内消防给水系统

3.1.3.1 消防用水量

高层建筑消防用水总量包括室内、室外两部分。室内用水量是供室内灭火设施扑救建筑物初、中期火灾的，是保证建筑物消防安全所必需的最小水量。建筑物内设有消火栓、自动喷水、水幕和泡沫灭火设备时，其室内消防用水量，按需要同时开启的上述设备各用水量之和计算。而室外用水量是供消防车支援室内灭火的用水量，通过水泵结合器向室内消防给水系统供水。所以在计算室外给水管网通过的消防流量时，应为室内、室外消防水量的总和；而计算室内消防给水管道时，应按室内消防用水量计算，以免增加室内消防系统的投资。高级旅馆、重要办公楼、一类建筑的商业楼、展览馆、综合楼和建筑高度超过100m 的其他高层建筑，应设消防卷盘，其用水量可不计入消防总用水量。

3.1.3.2 给水系统形式

A 按管网服务范围分

(1) 独立的室内消防给水系统。独立的室内消防给水系统是指每幢高层建筑均单独设置水池、水泵及水箱的消防给水系统。在地震区人防要求较高的建筑及重要的建筑物中采用。

(2) 区域集中的室内消防给水系统。区域集中的室内消防给水系统是指数幢或数十幢高层建筑群共用一个水池及加压泵房的消防给水系统。有合理规划的高层建筑区内，可采用区域集中的高压或临时高压消防给水系统。

B 按建筑高度分

(1) 不分区的室内消火栓给水系统。当建筑高度大于 24m 但不超过 50m，建筑物内最低层消火栓栓口处静水压力不超过 0.8MPa 时采用，即整栋建筑物为一个消防给水系统。

(2) 分区供水的室内消火栓给水系统。管材及水带的工作耐压强度难以保证时，为加强供水的安全可靠性，宜采用此系统。分为并联和串联两种形式，其中采用并联分区时水泵集中布置，位置较高区域使用的消防泵及水泵出水管需耐高压，位置较高区域水泵结合器必须有高压水泵消防车才能起作用；而采用串联分区时消防水泵分别设于各区，当位置较高区域发生火灾时，下面各区消防需要同时工作，从下向上逐区加压供水。

从消防本身来讲，以消火栓处静水压力不大于 0.8MPa 来进行分区，主要是考虑消火栓的水带和普压钢管的压力允许值，若建筑物内采用生活、生产与消防共用给水系统时，分区应协调一致。

3.1.3.3 给水系统布置要求

A 消火栓的布置及要求

(1) 高层建筑（除无可燃物的设备层外）和裙房的各层均应设置消火栓。室内消火栓应设在过道、楼板附近等明显易于取用的地点，严禁伪装消火栓。消防电梯前室应设消火栓。

(2) 消火栓的间距应保证同层任何部位有两个消火栓的充实水柱同时到达。间距不应超过 30m，裙房不应超过 50m。

(3) 消火栓的充实水柱应通过水力计算确定，当建筑高度不超过 100m，充实水柱应不小于 10m；当建筑高度超过 100m 时，充实水柱应不小于 13m。

(4) 消火栓采用同一规格型号，消火栓栓口直径应为 65mm，水带长度不应超过 25m，水枪喷嘴口径不应小于 19mm。

(5) 当消火栓栓口的静压力大于 0.8MPa 时，应采用分区给水系统。消火栓栓口的出水压力大于 0.5MPa 时，消火栓处应设减压装置。

（6）临时高压给水系统的每个消火栓处应设置直接启动消防水泵的按钮，并应设有保护按钮的设施。

（7）高层建筑的屋顶应设有检查用消火栓，采暖地区可设在顶层出口处或水箱间内。检查用消火栓的充实水柱长度不应小于10m，水带长采用25m。

（8）高级宾馆、重要办公楼、一类建筑的商业楼、展览馆、综合楼及建筑高度超过100m的其他高层建筑应增设消防卷盘，以便于一般工作人员扑灭初期火灾。

B 室内消防给水管道的布置及要求

（1）高层建筑室内消防给水系统应与生活、生产给水系统分开独立设置。

（2）室内消防给水管道应布置成环状，以保证供水干管和每个消防竖管道都能双向供水。

（3）室内管道的进水管不应少于两条，宜从建筑物的不同侧引入，当一条引入管发生故障时，其余进水管仍能保证消防水量和水压的要求。

（4）消防竖管的布置，应保证同层相邻两个消火栓的水枪充实水柱同时达到防护区的任何部位，每根竖管的直径应按通过的流量计算确定，但不应小于100mm。18层及其以下，每层不超过8户，建筑面积不超过650m^{2}的塔式住宅，在布置两根消防竖管有困难时，可设一根竖管，但必须采用双阀双出口消火栓。

（5）室内消火栓给水系统应与自动喷水灭火系统分开设置，如分开设置有困难时，可合用消防泵，但在自动喷水灭火系统的报警阀前必须分开设置。

（6）室内消防给水管道应采用阀门分成若干独立段。阀门的布置应保证检修管道时，关闭停用的竖管不超过一根，当竖管超过4根时，可关闭不相邻的两根。管道上的阀门数量一般在节点处按 $n-1$ 的原则设置，n 为每个节点所连接的管段数。阀门应有明显的启闭标志，同时应处于常开状态。

C 水泵结合器的要求

（1）水泵结合器的数量按室内消防流量计算确定。每个水泵结合器的流量按10～15L/s计。水泵结合器不应少于2个。

（2）当室内消防采用竖向分区供水时，在消防车供水压力范围内的分区，应分别设置水泵结合器。

（3）水泵结合器应设在室外便于消防车使用的地点，距室外消火栓或消防水池的距离宜为15～40m。

（4）水泵结合器在温暖地区宜采用地上式，寒冷地区采用地下式，应有明显的标志。墙壁式安装在建筑物的墙角或外墙处，不占地面位置，且使用方便。

D 消防水箱设置要求

（1）采用高压给水系统时可不设水箱。当采用临时高压给水系统时，应设高位消防水箱。其消防贮水量为：一类公共建筑不应小于18m^3；二类公共建筑和一类居住建筑不应小于12m^3；二类居住建筑不应小于6m^3。

（2）高位水箱的设置高度应保证最不利点消火栓静水压力。当建筑物高度不超过100m，要求高层建筑最不得利点消火栓静水压力不低于0.07MPa；当建筑高度超过100m时，不应低于0.15MPa。否则，应设增压设施。

(3) 并联分区消防给水系统的分区消防水箱容量应与高位消防水箱相同。

(4) 消防用水与其他用水合用水箱时，应有确保消防用水不作他用的技术措施。

(5) 除串联消防给水系统外，发生火灾时由消防水泵供给的消防用水不应进入高位水箱。

(6) 设有高位消防水箱的消防给水系统，其增压水泵的出水量，对消火栓给水系统应不大于5L/s；对自动喷水灭火系统应不大于1L/s；气压水罐的调节水量宜为450L。

E 消防水泵

(1) 室内消防水泵应按消防时所需的水枪实际出流量进行设计，其扬程应满足消火栓给水系统所需的总压力的需要。室外消防水泵按室内、室外消防用水量之和设计。

(2) 水泵选择时，宜选择 $Q-H$ 性能曲线较平缓的泵型，以免水泵发生喘振。

(3) 消防给水系统设置一台备用水泵，其工作能力不小于消防工作泵中最大一台工作泵的工作能力。

(4) 一组消防水泵的吸水管不宜少于两条，当其中一条损坏或检修时，其余吸水管应能通过全部流量。消防水泵房应不小于两条供水管与环状管网连接。

(5) 消防水泵应采用自灌式吸水，其吸水管上应设阀门。供水管上应设试验和检查用的压力表和DN65的放水阀门，以方便水泵的检查与试验。

(6) 当市政给水环形干管允许直接吸水时，消防水泵应直接从室外给水管网吸水。如采用直接吸水时，水泵扬程计算应考虑室外给水管网的最低压力，并以室外管网的最高水压校核水泵的工作情况。

(7) 消防水泵房与消防控制中心之间，应设直接通信的设备。

3.2 消火栓系统

消火栓系统以建筑外墙为界，可分为室外消火栓灭火系统和室内消火栓灭火系统。

3.2.1 室外消火栓系统

室外消火栓是设置在室外消防给水管网或市政管网上的供水灭火设施，主要供消防车取水实施灭火，也可以连接水带、水枪直接出水灭火。室外消火栓按安装形式又可分为地上式消火栓和地下式消火栓。地上式消火栓安装在地上，操作方便，但易被碰撞，易受冻，南方地区广泛采用；地下式消火栓防冻效果好，但需要建较大的地下井室，且使用时要到井内接水（见图3.1）。室外消防栓以地上式为主，当采用地下式消火栓时，应有明显标志。室外消火栓的数量应按照室外消防用水量计算，每个消火栓用水量按照10～15L/s计算。

根据《建筑设计防火规范》中相关规定，室外消防栓的布置应符合下列要求。

3.2.1.1 室外消火栓布置消防要求

(1) 设置基本要求：室外消火栓设置安装应明显容易发现，方便出水操作，地下消火栓还应当在地面附近设有明显固定的标志。气候温暖地区选用地上式安装，气候寒冷地区选用地下式安装。

(2) 市政或居住区室外消火栓设置要求：室外消火栓应沿道路铺设，道路宽度超过

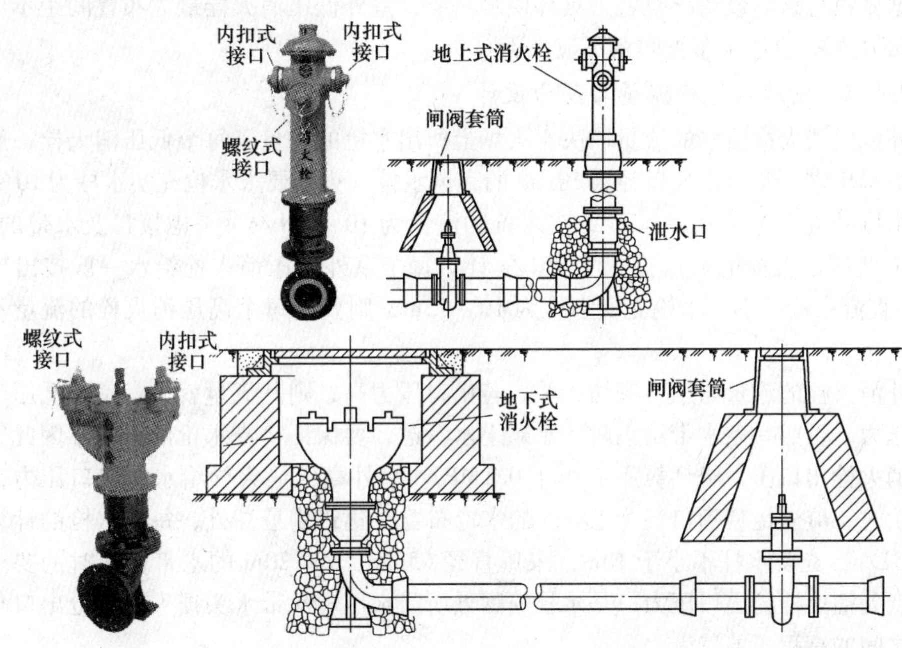

图 3.1 室外消火栓形式

60m 时，宜两侧均设置，并宜靠近十字路口。布置间隔不应大于 120m，距离道路边缘不应超过 2m，距离建筑外墙不宜小于 5m，距离高层建筑外墙不宜大于 40m，距离一般建筑外墙不宜大于 150m。

（3）建筑物室外消火栓数量要求：室外消火栓数量应按其保护半径，流量和室外消防用量综合计算确定，每只流量按 10～15L/s 计算。对于高层建筑，40m 范围内的市政消火栓可计入建筑物室外消火栓数量之内；对多层建筑，市政消火栓保护半径 150m 内，如消防用水量不大于 15L/s，该建筑物可不设室外消火栓。

（4）工业或企业单位室外消火栓设置要求：对于工艺装置区，或储罐区，应沿装置周围设置消火栓，间距不宜大于 60m，如装置宽度大于 120m，宜在工艺装置区内的道路边增改消火栓，消火栓栓口直径宜为 150mm。对于甲、乙、丙类液体或液化气体储罐区，消火栓应改在防火堤外，且距储罐壁 15m 范围内的消火栓，不应计算在储罐区可使用的数量内。

3.2.1.2 室外消火栓保护半径与最大布置间距设计

消火栓保护半径是指某种规格的消火栓、水枪和一定长度的水带配套后，并考虑消防人员使用该设备时有一定的安全保障，以消火栓为圆心，消火栓能充分发挥作用的水平距离。室外低压消火栓给水的保护半径一般按消防车串联 9 条水带考虑，火场上水枪手留有 10m 的机动水带，如果水带沿地面铺设系数按 0.9 计算，那么消防车供水距离为（9×20－10）×0.9＝153m。所以，室外低压消火栓保护半径通常取为 150m。室外高压消火栓给水的保护半径按串联 6 条水带考虑，同样计算，其保护半径为（6×20－10）×0.9＝99m。所以，室外高压消火栓保护半径取为 100m。

室外消火栓间距布置的原则，是保证城镇区域任何部位都在两个消火栓的保护半径之间。根据城镇道路建设情况及考虑火场供水需要，室外低压消火栓最大布置间距不应大于120m，高压消火栓最大布置间距不应大于600m。

3.2.1.3 室外消火栓流量与压力设计

室外低压消火栓给水的流量取决于火场上所出水枪的数量。每个低压消火栓一般只供一辆消防车出水，常出2支口径为19mm的直流水枪，火场要求水枪充实水柱为10～15m，则每支水枪的流量为5～6.5L/s，2支水枪的流量为10～13L/s，考虑接口及水带的漏水，所以每个低压消火栓的流量按10～15L/s计。每个室外高压消火栓给水一般按出口径为19mm的直流水枪考虑，水枪充实水柱为10～15m，则要求每个高压消火栓的流量不小于5L/s。

室外消火栓的流量与压力密切相关，若出口压力高，则其流量就大。室外低压消火栓的出口压力，按照一条水带给消防车水罐上水考虑，要保证2支水枪的流量。因此，最不利点处消火栓出口压力经计算不应小于0.1MPa。室外高压消火栓给水的出口压力，在最大用水量时，应满足喷嘴口径为19mm的水枪布置在建筑物最高处，每支水枪的计算流量不小于5L/s，充实水柱不小于10m，采用直径65mm、长120m的水带供水时的要求。其最不利点处消火栓的出口压力应是水柱喷嘴处所需水压、水带水头损失、水枪出口与消火栓出口之间的高程压差三者之和。

3.2.2 室内消火栓系统

室内消火栓灭火系统是扑救火灾的重要消防设施之一，也是最实用和普遍的室内固定灭火系统，主要包括以下部分：消防给水基础设施、消火栓给水管网、水泵接合器、消火栓箱及系统附件等。

消防给水基础设施有消防水池、消火栓水泵、稳压设施、屋顶消防水箱等，下面分别作简单介绍：

3.2.2.1 消防水池

消防水池是人工建造的储存消防用水的构筑物，是天然水源或市政给水管网的一种重要补充手段。消防用水一般与生活、生产用水合用一个水池，且有循环保证措施，这样既可降低造价，又可以保证水质不变坏。

（1）设置消防水池情况。当生产、生活用水量达到最大时，市政给水管道、进水管或天然水源不能满足室内外消防用水量情况下；市政给水管道为枝状或只有1条进水管，且室内外消防用水量之和大于25L/s情况下（二类高层住宅建筑除外）。

（2）消防水池容量要求。当室外给水管网能保证室外消防用水量时，消防水池的有效容量应满足在火灾延续时间内室内消防用水量的要求。当室外给水管网不能保证室外消防用水量时，消防水池的有效容量应满足在火灾延续时间内室内消防用水量与室外消防用水量不足部分之和的要求。特别的，当室外给水管网供水充足且在火灾情况下能保证连续补水时，消防水池的容量可减去火灾延续时间内补充的水量，但需遵行相关规定。

（3）消防水位的保障措施。消防用水与生产、生活用水合并时，为防止消防用水被生产、生活用水所占用，要求有可靠的技术设施（例如生产、生活用水的出水管设在消防水面之上）保证消防用水不作他用，如图3.2所示。

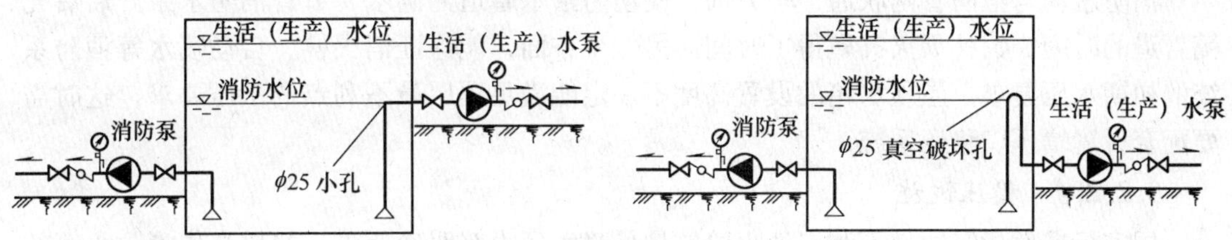

图 3.2　消防水位保障方法

3.2.2.2　消防水泵

多数消防水源提供的消防用水都需要消防水泵（见图 3.3）进行加压，以满足灭火时对水压和水量的要求。消防水泵房与消防水池一般相邻设置，消防水泵直接在消防水池抽水，加压输送至消防管网。不同的消防系统，要求的流量、扬程以及作用时间都是不同的，因此，用于消火栓的消防泵是独立的，一般不与其他消防设施和生活设施共用。消防泵一般采用一用一备的方式，当一台泵启动失败时，控制系统立即切换启动另一台泵。

图 3.3　消防水泵

3.2.2.3　屋顶消防水箱

屋顶消防水箱也称高位水箱，主要贮存火灾前 10min 的消防用水量（包括消防栓、自动喷水等）。屋顶消防水箱和生活水箱一般共用，采取消防水位保障措施（见图 3.4），保证了消防用水，同时保障水的循环，防止水质变坏。

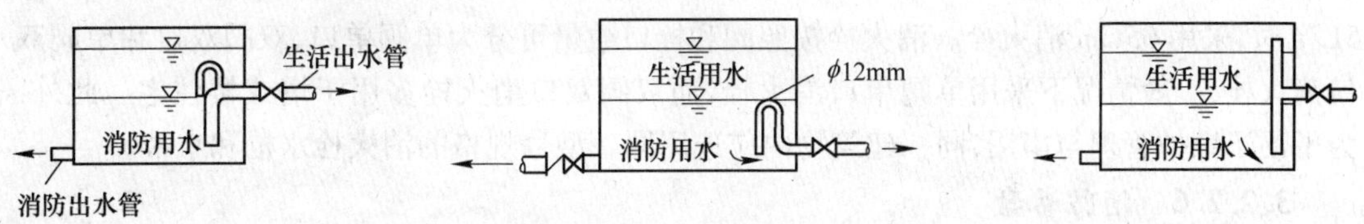

图 3.4　屋顶消防水箱

消防水箱与消防管网联通，一方面，使消防给水管道充满水，节省消防水泵开启后充满管道的时间，为扑灭火灾赢得了时间。另一个方面，能保证消火栓、自动喷水等消防系统的初期水压要求。屋顶水箱的设置高度不一定能满足顶层最不利点的水压要求，这时需要配套设置增压、稳压系统。

3.2.2.4 稳压设施

国家标准对建筑物最不利点消火栓的最低静水压力有明确要求，如果高位消防水箱的设置高度满足不了要求，就需要增加增压、稳压设备。稳压设备一般有消防恒压变频供水设备、消防气压罐稳压设备等。消火栓、自动喷水等系统的稳压设备一般分开设置，如共用则需考虑共用措施。稳压设备可以设置于水泵房或屋顶，如图3.5所示。

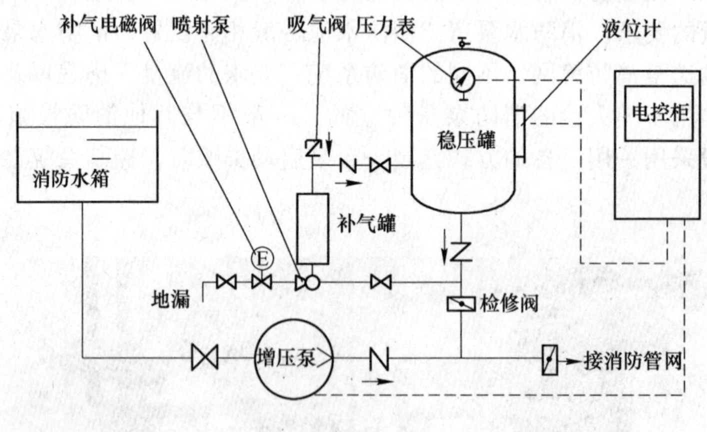

图3.5 稳压设置

3.2.2.5 消火栓箱

室内消火栓箱指安装在建筑物内的消防给水管路上,由箱体、室内消火栓、消防接口、水带、水枪、消防软管卷盘及电器设备等消防器材组成的具有给水、灭火、控制、报警等功能的箱状固定式消防装置。在设计施工中,人们一般将消火栓箱简称为消火栓。室内消火栓通常设置于走廊或厅堂等公共的共享空间中,以方便取用。消火栓箱主要部件有箱体、室内消火栓、消防接口、水带、水枪、消防软管卷盘及电器设备等(见图3.6)。

室内消火栓一般采用直流式水枪,喷嘴口径有13mm、16mm和19mm三种,分别配备50mm、50mm/65mm以及65mm水带。水带的长度一般有15m、20m、25m和30m四种;水带材质有麻织和化纤两种,更有衬胶与不衬胶之分。消火栓均为内扣式接口的球形阀式龙头,进水口端与消防立管相连接,出水口端与水带连接。消火栓按照出口形势可分为单出口和双出口两大类。双出口的消火栓直径为65mm,单出口消火栓直径有50mm和65mm两种。当消防水枪最小射流量小于5L/s时,采用50mm消火栓;当消防水枪最小射流量大于等于5L/s时,采用65mm消火栓。消火栓按照阀和栓口数量可分为单阀单口、双阀双口和单阀双口消火栓,一般情况下采用单阀单口消火栓,而双阀双口消火栓多用于塔式楼住宅。此外,为了便于维护管理与串用,同一建筑物内应选用同一型号规格的消火栓水枪和水带。

3.2.2.6 消防卷盘

在室内消火栓给水系统中，由于消防水带水枪使用时冲击力很大，普通人很难掌控，

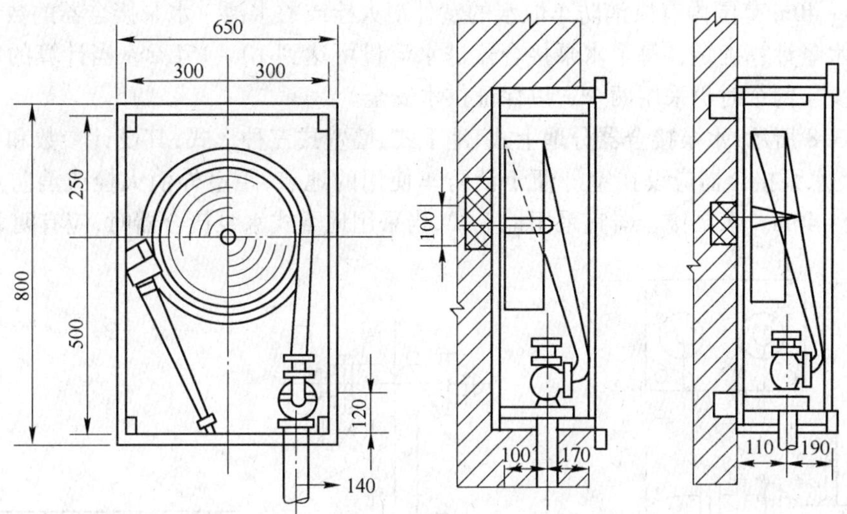

图 3.6 消火栓箱

将影响扑灭初期火灾的效果。因此对于一些重要场所，如高级旅馆、一类建筑的商业楼、展览楼、综合楼或建筑高度超过 100m 的超高层建筑，一般配置消防软管卷盘。消防软管卷盘又称消防卷盘、消防自救卷盘、消防水喉，是由阀门、输入管路、软管、喷枪等组成的，并能在迅速展开软管的过程中喷射灭火剂的灭火器具（见图 3.7）。

消防卷盘由 25mm 或 32mm 小口径室内消火栓、内径不小于 19mm 的输水胶管、喷嘴口径为 6.8mm 或 9mm 的小口径开关和转盘配套组成，胶管长度为 20～40m。整套消防卷盘与普通消火栓可设置在同一个消防箱内，也可以从消防立管接出独立设置在专用消防箱内。消防卷盘一般设置在走道、楼梯附近明显易于取用地点，其间距应保证室内地面的任何部位都有一股水柱能够到达。

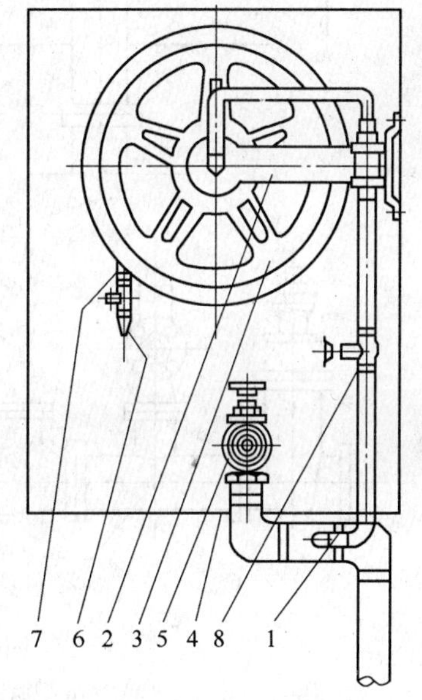

图 3.7 消防卷盘消火栓

1—消防卷盘接管；2—消防卷盘接管支架；3—消防卷盘；4—消火栓箱；5—消火栓；6—消防卷盘水枪；7—胶带；8—阀门

3.2.2.7 水泵接合器

水泵接合器是消防车向室内消防给水系统加压供水的装置，一端由消防给水管网干管引出，另一端设于消防车易于接近的地方。当发生火灾时，消防车的水泵可迅速方便地通过水泵接合器的接口与建筑物内的消防设备相连接，并送水加压，从而使室内的消防设备得到充足的压力水源，有效地解决了建筑物发生火灾后，消防车灭火困难或因室内的消防设备得不到充足的压力水源而无法灭火的情况。

超过 4 层的厂房和库房、设有消防管网的住宅及超过 5 层的其他民用建筑，其室内消防管网应设消防水泵接合器。水泵接合器应设在消防车易于到达的地点，同时还应考虑在其附近15～40m范围内有供消防车取水的室外消火栓或贮水池。水泵接合器的数量应按室内消防用水量计算确定，每个水泵接合器进水流量可达到10～15L/s，当计算的水泵接合器的数量少于两个时仍采用两个，以保证供水安全。

如图3.8所示，水泵接合器分地上式、地下式、墙壁式三种形式，其设计参数和尺寸如表3.1所示。水泵接合器应设在室外便于消防车使用的地点，距室外消火栓或消防水池的距离宜为15～40m。水泵接合器宜采用地上式，当采用地下式水泵接合器时，应有明显标志。

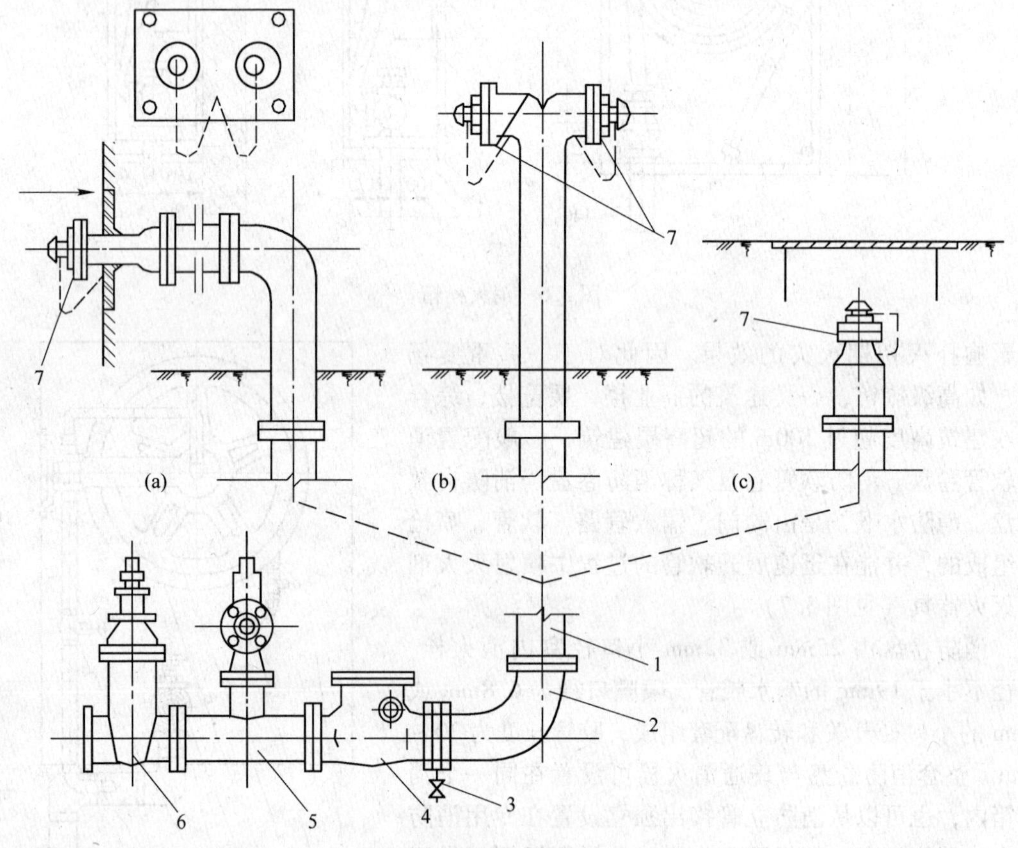

图3.8　不同形式的水泵接合器

(a) SQB型墙壁式；(b) SQ型地上式；(c) SQX型地下式

1—法兰接管；2—弯管；3—放水阀；4—升降式止回阀；5—安全阀；6—楔式闸阀；7—进水用消防接口消防水泵接合器外形图

表3.1　水泵接合器型号及其基本参数

型号规格	形　式	直径/mm	压力/MPa	进　水　口	
				形　式	直径/mm
SQ100 SQX100 SQB100	地上 地下 墙壁	100	1.6	内扣式	65
SQ150 SQX150 SQB150	地上 地下 墙壁	150			80

3.2.3 消火栓给水系统的设计计算

消火栓给水系统的主要设计内容是根据室内外消火栓消防水量的要求，进行合理的流量分配后，确定给水系统管道管径、水压、水箱设计高度和容积，消防水泵的型号等。

3.2.3.1 室内外消火栓用水量

工业与民用建筑物室外消火栓设计用水量应根据建筑物火灾危险性、火灾荷载和点火源等因素综合确定，且不应小于表3.2的规定。

表3.2 工业与民用建筑物室外消火栓用水量

耐火等级	建筑物名称及类别		建筑体积/m^3				
			≤3000	3001~5000	5001~10000	10001~20000	>20000
			一次灭火用水量/$L\cdot s^{-1}$				
一、二级	厂房	甲、乙	15	20	40	40	40
		丙	10	20	35	40	40
		丁、戊	10	10	20	20	20
	库房	甲、乙	15	20	30	40	—
		丙	15	20	25	30	40
		丁、戊	10	10	20	20	20
	民用建筑	多层	10	10	20	30	40
		高层住宅			20	30	30
		高层共建			20	30	30
	地下建筑/人防工程		10	20	30	30	40
	汽车库/修车库		10	20	30	30	40
三级	厂房或库房	乙、丙	20	30	40	40	40
		丁、戊	10	20	30	40	40
	多层民用建筑		20	30	40	40	40
四级	丁、戊类厂房或库房		10	20	30	40	—
	多层民用建筑		20	30	40	40	—

甲、乙、丙类液体储罐（区）的室外消防用水量应按灭火用水量和冷却用水量之和计算，并应符合下列规定：

（1）灭火用水量应按罐区内最大罐泡沫灭火系统、泡沫炮和泡沫管枪灭火所需的灭火用水量之和确定，并应按现行国家标准《低倍数泡沫灭火系统设计规范》(GB 50151—2010)、《高倍数、中倍数泡沫灭火系统设计规范》(GB 50196—93）或《固定消防炮灭火系统设计规范》(GB 50338—2003）的有关规定计算。

（2）冷却用水量包括室外消火栓用水量和自动喷水灭火系统或水喷雾灭火系统等固定冷却系统冷却水量。当储罐采用固定冷却系统时，固定冷却水系统的强度不应小于表3.3的规定，此时室外消火栓用水量不宜小于表3.5的规定；当储罐仅采用室外消火栓时，其用水量应根据表3.4计算确定。

（3）冷却用水量应按储罐区一次灭火最大需水量计算，距着火罐罐壁 1.5 倍直径范围内的相邻储罐应进行冷却，其冷却水的供给范围和供给强度不应小于表 3.3 的规定。

表 3.3　各类液体储罐冷却水的供给范围和供给强度

设备类型	储罐名称			供给范围	供水强度
室外消火栓（移动水枪）	着火罐	固定顶立式罐（包括保温罐）		罐周长	0.60/L·(s·m)$^{-1}$
		浮顶罐（包括保温罐）		罐周长	0.45/L·(s·m)$^{-1}$
		卧式罐		罐表面积	0.10/L·(s·m^2)$^{-1}$
		地下立式罐、半地下和地下卧式罐		无覆土的表面积	0.10/L·(s·m^2)$^{-1}$
	相邻罐	固定顶立式罐	非保温罐	罐周长的一半	0.35/L·(s·m)$^{-1}$
			保温罐		0.20/L·(s·m)$^{-1}$
		卧式罐		罐表面积的一半	0.10/L·(s·m^2)$^{-1}$
		半地下、地下罐		无覆土罐表面积的一半	0.10/L·(s·m^2)$^{-1}$
固定冷却系统（雨林或水喷雾系统）	着火罐	立式罐		罐周长	0.50/L·(s·m)$^{-1}$
		卧式罐		罐表面积	0.10/L·(s·m^2)$^{-1}$
	相邻罐	立式罐		罐周长的一半	0.50/L·(s·m)$^{-1}$
		卧式罐		罐表面积的一半	0.10/L·(s·m^2)$^{-1}$

（4）当相邻罐采用不燃烧材料进行保温时，其冷却水供给强度可按表 3.3 数值的 50% 计算。

（5）储罐可采用移动式水枪或固定式设备进行冷却。当采用移动式水枪进行冷却时，无覆土保护的卧式罐、地下掩蔽室内立式罐的消防用水量，如计算出的水量小于 15L/s 时，仍应采用 15L/s。

（6）地上储罐的高度超过 15m 时，宜采用固定式冷却水设备。

（7）当相邻储罐超过 4 个时，冷却用水量可按 4 个计算。

（8）覆土保护的地下油罐应设有冷却用水。冷却用水量应按最大着火罐罐顶的表面积（卧式罐按投影面积）计算，其供给强度不应小于 0.10L/s·m^2。当计算出来的水量小于 15L/s 时，仍应采用 15L/s。

液化石油气储罐（区）的消防用水量应按储罐固定冷却系统用水量和室外消火栓用水量之和计算，并应符合下列规定：

（1）总容积大于 50m^3 的储罐区或单罐容积大于 20m^3 的储罐应设置固定喷水冷却装置。

（2）固定冷却系统的用水量应按储罐的保护面积与冷却水的供水强度等经计算确定。冷却水的供水强度不应小于 0.15L/(s·m^2)，着火罐的保护面积按其全表面积计算，距着火罐直径（卧式罐按其直径和长度之和的一半）1.5 倍范围内的相邻储罐的保护面积按其表面积的一半计算。

（3）室外消火栓用水量不应小于表 3.4 的规定。

（4）埋地的液化石油气储罐可不设固定喷水冷却装置。

表 3.4 液化石油气储罐区的室外消火栓用水量

总容积/m^3	≤500	501~2500	>2500
单罐容积/m^3	≤100	≤400	>400
水枪用水量/$L\cdot s^{-1}$	20	30	45

易燃、可燃材料露天、半露天堆场，可燃气体罐或储罐区的室外消火栓用水量，不应小于表 3.5 的规定。

表 3.5 堆场、储罐的室外消火栓用水量

名　　称		总储量或总容量	消防用水量
粮库 W/t		$30<W\leqslant 500$	15
		$500<W\leqslant 5000$	30
		$5000<W\leqslant 20000$	45
		$W>20000$	60
棉、麻、毛、化纤百货 W/t		$10<W\leqslant 500$	15
		$500<W\leqslant 1000$	30
		$1000<W\leqslant 5000$	45
稻草、麦秸、芦苇等易燃材料 W/t		$50<W\leqslant 500$	15
		$500<W\leqslant 5000$	30
		$5000<W\leqslant 10000$	45
		$W>10000$	60
木材等可燃材料 V/m^3		$50<V\leqslant 1000$	15
		$1000<V\leqslant 5000$	30
		$5000<V\leqslant 10000$	45
		$V>10000$	60
煤和焦炭 W/t	露天半露天堆放	$100<W\leqslant 5000$	15
		$W>5000$	30
	煤筒仓存放	$30<W\leqslant 500$	15
		$500<W\leqslant 5000$	30
		$5000<W\leqslant 20000$	45
		$W>20000$	60
可燃气体储罐（区）V/m^3		$500<V\leqslant 10000$	15
		$10000<V\leqslant 200000$	30
		$V>200000$	45
浸油变压器等含油设施 V/m^3		$1<V\leqslant 5$	15
		$5<V\leqslant 30$	30
		$V>30$	45

城镇交通长度不小于 1500m 的人行道、长度大于 500m 的机动车道和能通行危险品车的隧道宜设置室外消火栓，其室外消火栓用水量符合下列规定：

（1）隧道洞口外的消火栓用水量不应小于 30L/s；

（2）长度小于 1000m 的人行或机动车隧道，隧道洞口外的消火栓用水量宜为 20L/s。

室内消火栓设计流量应根据建筑物的用途、功能、体积、高度、耐火极限、火灾危险性等因素综合确定。室内消火栓用水量应根据消火栓的布置和充实水柱长度计算，但不应小于如表 3.6 所示的规定。

表 3.6　建筑室内消火栓用水量

<table>
<tr><th colspan="2">建筑物名称</th><th colspan="3">高度 h/m、层数、面积 V/m²、火灾危险性</th><th>消火栓用水量 /L·s⁻¹</th><th>每根竖管最小流量 /L·s⁻¹</th></tr>
<tr><td rowspan="12">工业建筑</td><td rowspan="6">厂房</td><td rowspan="4">$h\leqslant 24$</td><td rowspan="2">$V\leqslant 10000$</td><td>丙</td><td>20</td><td>10</td></tr>
<tr><td>其他</td><td>10</td><td>10</td></tr>
<tr><td rowspan="2">$V>10000$</td><td>丙</td><td>20</td><td>10</td></tr>
<tr><td>其他</td><td>10</td><td>10</td></tr>
<tr><td colspan="3">$24<h\leqslant 50$</td><td>20</td><td>10</td></tr>
<tr><td colspan="3">$h>50$</td><td>30</td><td>15</td></tr>
<tr><td rowspan="6">仓库</td><td rowspan="4">$h\leqslant 24$</td><td rowspan="2">$V\leqslant 5000$</td><td>丙</td><td>20</td><td>10</td></tr>
<tr><td>其他</td><td>10</td><td>10</td></tr>
<tr><td rowspan="2">$V>5000$</td><td>丙</td><td>30</td><td>10</td></tr>
<tr><td>其他</td><td>20</td><td>10</td></tr>
<tr><td colspan="3">$24<h\leqslant 50$</td><td>30</td><td>15</td></tr>
<tr><td colspan="3">$h>50$</td><td>40</td><td>20</td></tr>
<tr><td rowspan="8">民用建筑</td><td rowspan="4">公共建筑</td><td rowspan="2">$h\leqslant 24$</td><td colspan="2">$V\leqslant 10000$</td><td>10</td><td>10</td></tr>
<tr><td colspan="2">$V>10000$</td><td>20</td><td>10</td></tr>
<tr><td colspan="3">$24<h\leqslant 50$</td><td>30</td><td>15</td></tr>
<tr><td colspan="3">$h>50$</td><td>40</td><td>20</td></tr>
<tr><td rowspan="4">住宅建筑</td><td rowspan="2">多层</td><td colspan="2">8、9层</td><td>10</td><td>10</td></tr>
<tr><td colspan="2">通廊式住宅</td><td>10</td><td>10</td></tr>
<tr><td rowspan="2">高层</td><td colspan="2">$h\leqslant 50$m</td><td>10（20）</td><td>10</td></tr>
<tr><td colspan="2">$h>50$m</td><td>20（30）</td><td>10（15）</td></tr>
<tr><td colspan="2" rowspan="2">国家级文物保护单位的重点砖木或木质结构的古建筑</td><td colspan="3">$V\leqslant 10000$</td><td>10</td><td>10</td></tr>
<tr><td colspan="3">$V>10000$</td><td>20</td><td>10</td></tr>
<tr><td colspan="2">汽车库/修车库</td><td colspan="3"></td><td>10</td><td>10</td></tr>
<tr><td colspan="2" rowspan="3">人防工程或地下建筑</td><td colspan="3">$V\leqslant 5000$</td><td>10</td><td>10</td></tr>
<tr><td colspan="3">$5000<V\leqslant 10000$</td><td>20</td><td>10</td></tr>
<tr><td colspan="3">$V>10000$</td><td>30</td><td>15</td></tr>
</table>

3.2.3.2　室内消火栓口所需水压力

消火栓口所需的水压按照下式计算：

$$p_x = p_q + p_d + p_k \tag{3.1}$$

式中 p_x——消火栓口的水压，kPa；

p_q——水枪喷嘴处的水压，kPa；

p_d——水带的压力损失，kPa；

p_k——消火栓口压力损失，一般按照 20kPa 计算。

（1）水枪喷嘴处的压力。水枪喷嘴处的压力 p_q 计算式为

$$p_q = H_q \gamma \tag{3.2}$$

式中 H_q——水枪喷嘴处的压头，mm；

γ——水的容重。

不考虑空气阻力情况下，H_q 的计算公式为

$$H_q = v^2/2g \tag{3.3}$$

考虑空气阻力情况下，H_q 的计算公式为

$$H_q = \frac{\alpha_f H_m}{1 - \varphi \alpha_f H_m} \tag{3.4}$$

式中 v——水流在喷嘴处的流速，m/s；

g——重力加速度，m/s²；

H_m——水枪充实水柱高度，m；

α_f，φ——实验确定参数。

（2）水流通过水带的压力损失。水流通过水带的压力损失 p_d 计算式为

$$p_d = A_d L_d q_x^2 \gamma \tag{3.5}$$

式中 A_d——水带的比阻，可由表 3.7 所示值确定；

L_d——水带的长度，m；

q_x——水枪的射流量，L/s。

表 3.7 水带的比阻 A_d 值

水带材料	水带直径	
	DN50	DN65
帆布、麻质	0.015	0.0043
衬胶	0.00677	0.00172

（3）水枪的实际射流量。根据孔口出流公式，可得到水枪实际射流量计算式为

$$q_x = \mu \frac{\pi d^2}{4} \sqrt{2gH_q} = 0.003477 \mu d^2 \sqrt{H_q} \tag{3.6}$$

令 $B = (0.003477\mu d^2)^2$，则

$$q_x = \sqrt{BH_q} \tag{3.7}$$

式中 B——水枪水流特性系数，与水枪口径相关，可查表 3.8；

H_q——水枪喷嘴处压头；

μ——孔口流量系数，可取值为 1.0。

表 3.8 水枪水流特性系数 B

水枪口直径/mm	13	16	19	22
B	0.346	0.793	1.577	2.836

3.3 自动喷水灭火系统

自动喷水灭火系统由洒水喷头、报警阀组、水流报警装置（水流指示器或压力开关）、管道系统、供水设施等组成。

自动喷水灭火系统，根据被保护建筑物的性质和火灾发生、发展特性的不同，可以有许多不同的系统形式。通常根据系统中所使用的喷头形式的不同，分为闭式自动喷水灭火系统和开式自动喷水灭火系统两大类。

闭式自动喷水灭火系统包括湿式自动喷水灭火系统、干式自动喷水灭火系统、干湿交替式自动喷水灭火系统、预作用自动喷水灭火系统、重复启闭预作用自动喷水灭火系统。闭式自动喷水灭火系统采用闭式喷头，它是一种常闭喷头，喷头的感温、闭锁装置只有在预定的温度环境下，才会脱落，开启喷头。因此，在发生火灾时，这种喷水灭火系统只有处于火焰之中或临近火源的喷头才会开启灭火。

开式自动喷水灭火系统包括雨淋灭火系统、水幕灭火系统、水喷雾灭火系统。开式自动喷水灭火系统采用的是开式喷头，开式喷头不带感温、闭锁装置，处于常开状态。发生火灾时，火灾所处的系统保护区域内的所有开式喷头一起出水灭火。

3.3.1 闭式自动喷水灭火系统类型及组成

闭式自动喷水灭火系统的特点是洒水喷头是闭式洒水喷头。

3.3.1.1 湿式自动喷水灭火系统

湿式自动喷水灭火系统，是世界上使用时间最长，应用最广泛，控火、灭火中使用频率最高的一种闭式自动喷水灭火系统，目前世界上已安装的自动喷水灭火系统中有70%以上采用了湿式自动喷水灭火系统。

湿式自动喷水灭火系统一般包括：闭式喷头、管道系统、湿式报警阀、自动供水系统及消防水泵接合器等（见图3.9）。自动供水系统是指自动喷水灭火系统动作时，水能自动满足系统设计的需水量，水源包括城市自来水、高位水箱、气压水罐、水力自动控制的消防水泵等。

湿式报警阀的上下管网内均充以压力水。当火灾发生时，火源周围环境温度上升，导致火源上方的喷头开启、出水、管网压力下降，报警阀后压力下降致使阀板开启，接通管网和水源，供水灭火；与此同时，部分水由阀座上的凹形槽经报警阀的信号管，带动水力警铃发出报警信号；如果管网中设有水流指示器，水流指示器感应到水流流动，也可发出电信号；如果管网中设有压力开关，当管网水压下降到一定值时，也可发出电信号，启动水泵供水，其工作原理如图3.10所示。

由于湿式系统管网中充有有压水，当环境温度低于4℃时，管网内的水有冰冻的危险；当环境温度高于70℃时，管网内充水汽化的加剧有破坏管道的危险。因此，湿式系统适用于环境温度不低于4℃并不高于70℃的建筑物。湿式报警装置最大工作压力为1.2MPa。

3.3.1.2 干式自动喷水灭火系统

干式自动喷水灭火系统主要是为了解决某些不适宜采用湿式系统的场所。虽然干式系统灭火效率不如湿式系统，造价也高于湿式系统，但由于它的特殊用途，至今仍受到人们

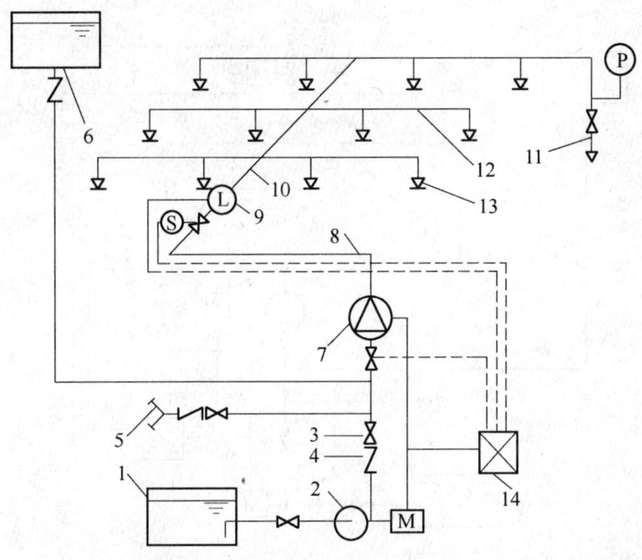

图 3.9 湿式自动喷水灭火系统示意图

1—消防水池；2—水泵；3—闸阀；4—止回阀；5—水泵接合器；6—消防水箱；7—湿式报警阀组；8—配水干管；9—水流指示器；10—配水管；11—末端试水装置；12—配水支管；13—闭式喷头；14—报警控制器；P—压力表；M—驱动电动机；L—水流指示器；S—信号阀

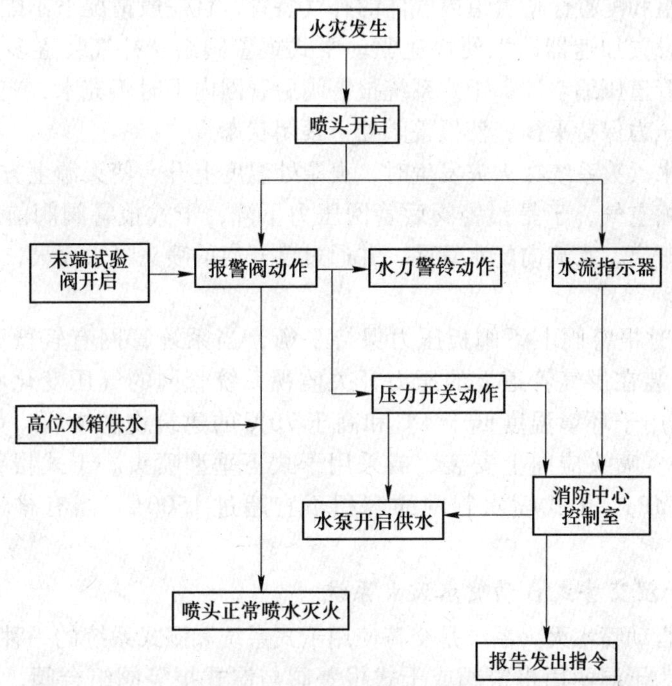

图 3.10 湿式系统原理图

的重视。

干式系统的组成与湿式系统的组成基本相同（见图 3.11），但干式自动喷水灭火系统

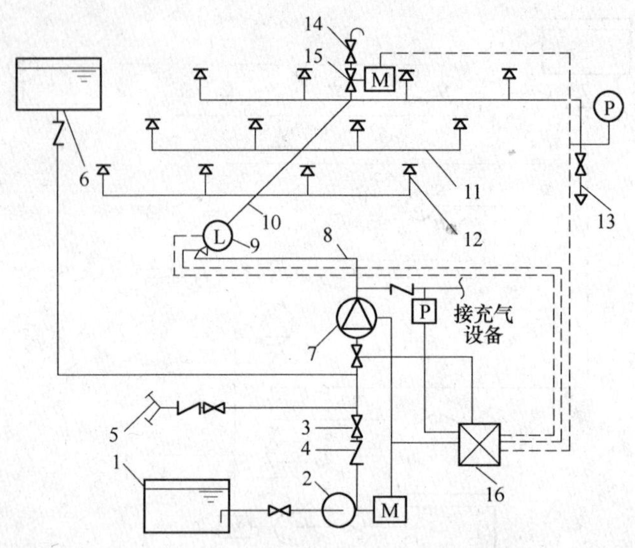

图 3.11 干式自动喷水灭火系统示意图

1—消防水池；2—水泵；3—闸阀；4—止回阀；5—水泵接合器；6—消防水箱；7—干式报警阀组；8—配水干管；9—水流指示器；10—配水管；11——配水支管；12—闭式喷头；13—末端试水装置；14—快速排气阀；15—电动阀；16—报警控制器；P—压力表；M—驱动电动机；L—水流指示器

采用干式报警阀组和配置保持管道内气体的补气装置，且一般情况下不配备延时器，而是在报警阀组附近设置加速器，以便快速驱动干式报警阀组。补气装置多为小型空气压缩机，也可以采用管道压缩空气。干式系统报警阀后管网内平时不充水，充有有压气体，与报警阀前的供水压力保持平衡，使报警阀处于紧闭状态。

干式自动喷水灭火系统在火灾发生时，火源处温度上升，使火源上方喷头开启，首先排出管网中的压缩空气，于是报警阀后管网压力下降，干式报警阀阀前压力大于阀后压力，干式报警阀开启，水流向配水管网，并通过已开启的喷头喷水灭火，其原理如图 3.12 所示。

干式系统平时报警阀上下阀板压力保持平衡，当系统管网有轻微漏气时，由空压机进行补气，安装在供气管道上的压力开关监视系统管网的气压变化状况。干式自动喷水灭火系统适用于环境温度低于 4℃ 和高于 70℃ 的建筑物和场所，如不采暖的地下停车场、冷库等。喷头应向上安装，或采用干式下垂型喷头。干式报警装置最大工作压力不超过 1.2MPa。干式喷水管网的容积不宜超过 1500L，当有排气装置时，不宜超过 3000L。

3.3.1.3 干湿交替式自动喷水灭火系统

干湿交替式自动喷水灭火系统是交替使用干式系统和湿式系统的一种闭式自动喷水灭火系统。报警阀为干湿两用报警阀或干式报警阀与湿式报警阀组合阀，其工作原理与干式、湿式系统相同。在冬季，系统管网中充以有压气体，系统为干式系统。在暖季，管网中充以压力水，系统为湿式系统。为便于在湿式系统改为干式系统时放空管道积水，干湿式系统应采用直立型喷头或干式下垂型喷头。管道也应以一定坡度敷设，并采取可能的放空管道积水措施。

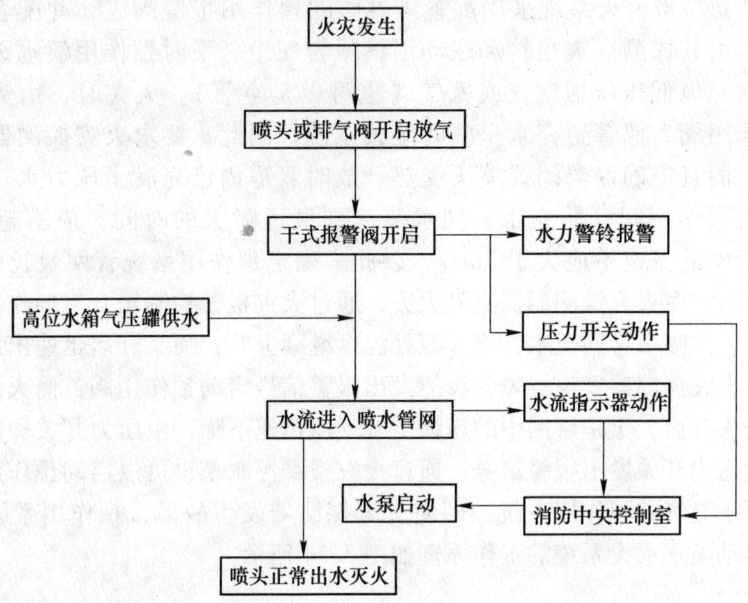

图 3.12　干式系统原理图

3.3.1.4　预作用自动喷水灭火系统

预作用自动喷水灭火系统主要由闭式喷头、管网系统、预作用阀组充气设备、供水设备、火灾探测报警系统等组成（见图 3.13）。

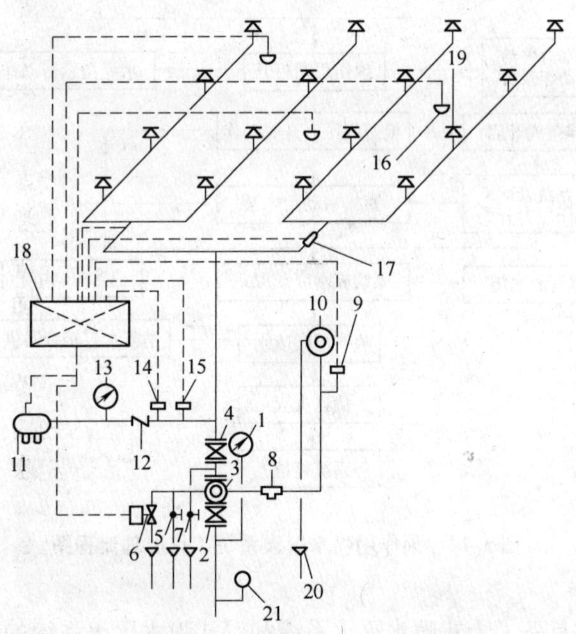

图 3.13　预作用喷水灭火系统示意图

1—阀前压力表；2—控制阀；3—预作用阀；4—检修阀；5—手动阀；6—电磁阀；7—试水阀；8—过滤器；9，15—压力开关；10—水力警铃；11——空气压缩机；12—止回阀；13—压力表；14—低压压力开关；16—火灾控制器；17—水流指示器；18—火灾报警控制箱；19—闭式喷头；20—排水漏斗；21—系统管网低压压力开关

预作用自动喷水灭火系统采用配置雨淋阀的预作用报警阀组，并配套设置火灾自动报警系统，由其探测火灾报警和联动雨淋报警阀组。平时预作用喷水灭火系统的预作用阀后管网充以低压压缩空气或氮气（也可以是空管）。火灾时，由火灾探测系统自动开启预作用阀，使管道充水呈临时湿式系统。因此，要求火灾探测器的动作先于喷头的动作，而且应确保当闭式喷头受热开放时管道内已充满了压力水。从火灾探测器动作并开启预作用阀开始充水，到水流流到最远喷头的时间，应不超过3min，水流在配水支管中的流速不应大于2m/s，以此来确定预作用系统管网最长的保护距离。

发生火灾时，由火灾探测器探测到火灾，通过火灾报警控制箱开启预作用阀，或手动开启预作用阀，向喷水管网充水，当火源处温度继续上升，喷头开启迅速出水灭火。如果发生火灾时，火灾探测器发生故障，没能发出报警信号启动预作用阀，而火源处温度继续上升，使得喷头开启，于是管网中的压缩空气气压迅速下降，由压力开关探测到管网压力骤降的情况，压力开关发出报警信号，通过火灾报警控制箱也可以启动预作用阀，启动灭火。因此，对于充气式预作用系统，即使火灾探测器发生故障，预作用系统也能正常工作。预作用自动喷水灭火系统的工作原理如图3.14所示。

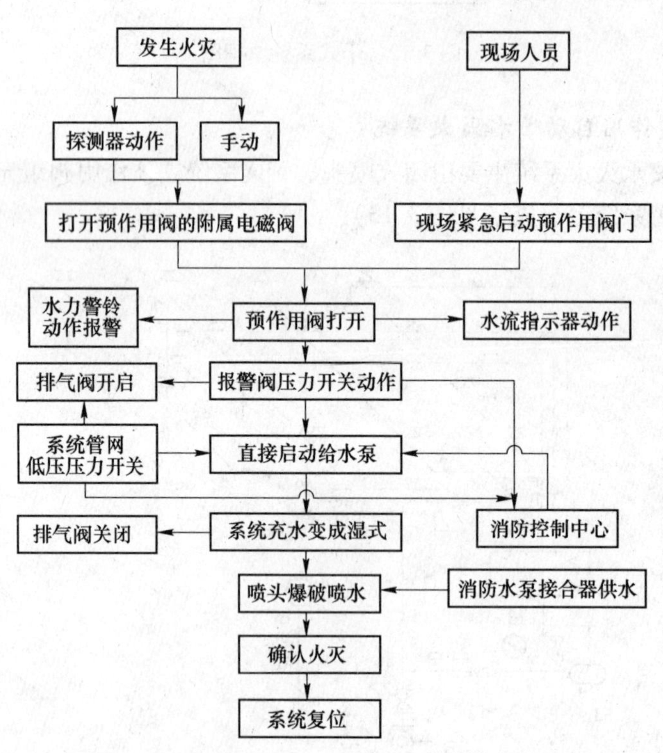

图3.14 预作用喷水灭火系统工作原理流程图

预作用系统同时具备了干式喷水灭火系统和湿式喷水灭火系统的特点，而且还克服了干式喷水灭火系统控火灭火率低，湿式系统易产生水渍的缺陷。因此，预作用系统可以用于干式系统、湿式系统和干湿式系统所能使用的任何场所，而且还能用于一些这三个系统都不适宜的场所。

3.3.1.5 重复启闭预作用自动喷水灭火系统

从湿式自动喷水灭火系统到预作用自动喷水灭火系统，闭式自动喷水灭火系统得到了很大的发展，功能日趋完善，20世纪70年代，又发展了一种新的自动喷水灭火系统，这种系统不但能自动喷水灭火，而且当火被扑灭后又能自动关闭；当火灾再发生时，系统仍能重新启动喷水灭火，这就是重复启闭预作用自动喷水灭火系统。

重复启闭自动喷水灭火系统的组成和工作原理与预作用系统相似。重复启闭预作用自动喷水灭火系统特点：

（1）功能优于以往所有的喷水灭火系统，其使用范围不受控制。

（2）系统在灭火后能自动关闭，节省消防用水，最重要的是能将由于灭火而造成的水渍损失减轻到最低限度。

（3）火灾后喷头的替换，可以在不关闭系统，系统仍处于工作状态的情况下马上进行，平时喷头或管网的损坏也不会造成水渍破坏。

（4）系统断电时，能自动切换转用备用电池操作，如果电池在恢复供电前用完，电磁阀开启，系统转为湿式系统形式工作。

（5）重复启闭预作用自动喷水灭火系统造价较高，一般只用在特殊场合。

3.3.2 开式自动喷水灭火系统类型及组成

3.3.2.1 雨淋系统

雨淋系统为开式自动喷水灭火系统的一种，系统所使用的喷头为开式喷头，发生火灾时，系统保护区域上的所有喷头一起喷水灭火。

雨淋系统通常由三部分组成：火灾探测传动控制系统；自动控制成组作用阀门系统；带开式喷头的自动喷水灭火系统（见图3.15）。其中火灾探测传动控制系统可采用火灾探测器、传动管网或易熔合金锁封来启动成组作用阀。火灾探测器、传动管网、易熔锁封控制属自动控制手段。当采用自动手段时，还应设手动装置备用。自动控制成组作用阀门系统，可采用雨淋阀或雨淋阀加湿式报警阀。

雨淋系统可分为空管式雨淋系统和充水式雨淋系统两大类型。充水式雨淋系统的灭火速度比空管式雨淋系统快，实际应用时，可根据保护对象的要求来选择合适的形式。在实际应用中，雨淋系统可能有许多不同的组成形式，但其工作原理大致相同。雨淋系统采用的是开式喷头，所以喷水是整个保护区域内同时进行的。发生火灾时，由火灾探测系统感知到火灾，控制雨淋阀开启，接通水源和雨淋管网，喷头出水灭火。

雨淋系统的主要特点有：

（1）雨淋系统反应快，它是采用火灾探测传动控制系统来开启系统的。由于火灾发生到火灾探测传动控制系统报警的时间短于闭式喷头开启的时间，所以雨淋系统的反应时间比闭式自动喷水灭火系统快得多。如果采用充水式雨淋系统，则其反应速度更快，更利于尽快出水灭火。

（2）系统灭火控制面积大、用水量大。雨淋系统采用的是开式喷头，发生火灾时，系统保护区域内的所有喷头一起出水灭火，能有效地控制火灾，防止火灾蔓延，初期灭火用水量就很大，有助于迅速扑灭火灾。

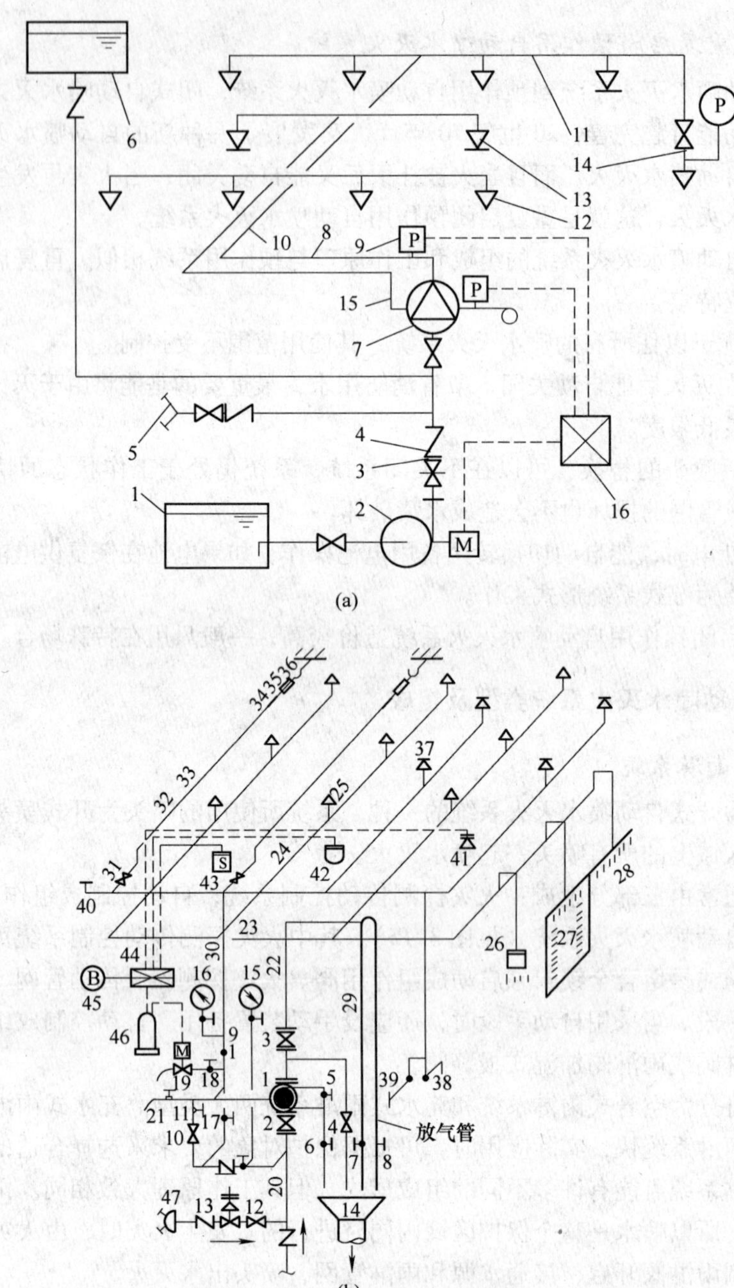

图 3.15 雨淋喷水灭火系统

(a) 空管式（传动管启动）

1—消防水池；2—水泵；3—阀闸；4—止回阀；5—水泵接合器；6—消防水箱；7—雨淋阀组；8—配水干管；9—压力开关；10—配水管；11—配水支管；12—开式喷头；13—闭式喷头；14—末端试水装置；15—传动管；16—报警控制器；P—压力开关；M—驱动电动机

(b) 充水式

1—成组作用阀；2～4—闸阀；5～9，11，12，17，18，40—截止阀；10—小孔阀；13—止回阀；14—漏斗；15，16—压力表；19—电磁阀；20—供水干管；21—水嘴；22，23—配水主管；24—配水支管；25—开式喷头；26—淋水器；27—淋水环；28—水幕；29—溢流管；30—传动管；31—传动阀；32—钢丝绳；33—易熔锁头；34—拉紧弹簧；35—拉紧连接器；36—钩子；37—闭式锁头；38—手动开关；39—长柄手动开关；41—感光探测器；42—感温探测器；43—感烟探测器；44—收信机；45—报警装置；46—自控箱；47—水泵接合器

雨淋系统适用于燃烧猛烈、蔓延迅速的严重危险建筑构成场所，如剧院舞台上部、大型演播室、电影摄影棚等。如果在这些建筑物中采用闭式自动喷水灭火系统，发生火灾时，只有火焰直接影响到喷头才被开启喷水，且闭式喷头开启的速度慢于火势蔓延的速度。因此，不能迅速出水控制火灾。

3.3.2.2 水幕系统

水幕系统喷头通常成1~3排排列,将水喷洒成水幕状,具有阻火、隔火作用,能阻止火焰穿过开口部位,防止火势蔓延,冷却防火隔绝物,增强其耐火性能,并能扑灭局部火灾。

水幕系统的组成与雨淋系统一样,主要由三部分组成:火灾探测传动控制系统、控制阀门系统、带水幕喷头的自动喷水灭火系统(见图3.16)。水幕系统的作用方式和工作原理与雨淋系统相同,当发生火灾时,由火灾探测器或人发现火灾,电动或手动开启控制阀,然后系统通过水幕喷头喷水,进行阻火、隔火或冷却防火隔断物。控制阀可以是雨淋阀、电磁阀和手动闸阀。

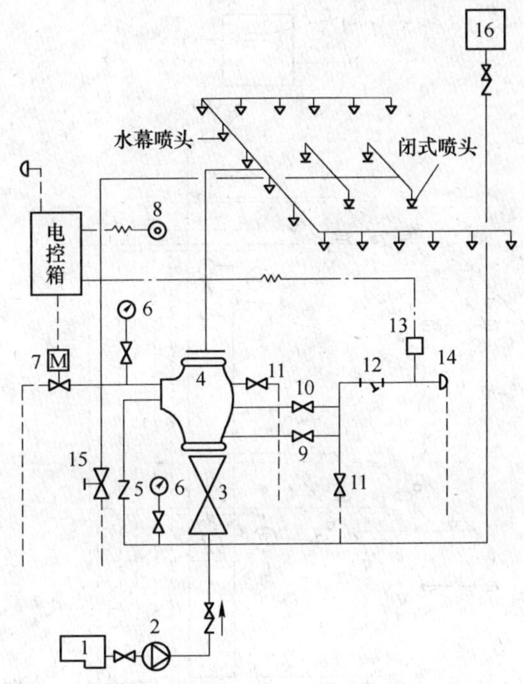

图3.16 水幕消防系统

1—水池；2—水泵；3—供水阀；4—雨淋阀；5—止回阀；6—压力表；7—电磁阀；8—按钮；9—报警铃阀；10—警铃管阀；11——防水阀；12—滤网；13—压力开关；14—警铃；15—手动开关；16—水箱

水幕系统是自动喷水灭火系统中唯一的一种不以灭火为主要目的的系统。水幕系统可安装在舞台口、门窗、孔洞用来阻火、隔断火源，使火灾不致通过这些通道蔓延。水幕系统还可以配合防火卷帘、防火幕等一起使用，用来冷却这些防火隔断物，以增强它们的耐火性能。水幕系统还可作为防火分区的手段，在建筑面积超过防火分区的规定要求，而工艺要求又不允许设防火隔断物时，可采用水幕系统来代替防火隔断设施。

水幕系统的适用范围包括：

(1) 超过1500个座位的剧院和超过2000个座位的会堂、礼堂的舞台口，以及与舞台相连的侧台、后台的门窗洞口。

（2）防火卷帘和防火幕的上部。

（3）应设防火墙、防火门等隔断物，而又无法设置的开口部位。相邻建筑之间的防火间距不能满足要求时，面向相邻建筑物的门、窗、孔洞处以及可燃的屋檐下。

3.3.2.3 水喷雾灭火系统

水喷雾灭火系统是将高压水通过特殊构造的水雾喷头，呈雾状喷出，雾状水滴的平均粒径一般在100～700μm之间。水雾喷向燃烧物，通过冷却、窒息、稀释等作用扑灭火灾。

水喷雾灭火系统根据需要可设计成固定式或移动式两种。固定式水喷雾灭火系统的组成一般由水喷雾喷头、管网、高压水供水设备、控制阀、火灾探测自动控制系统等组成（见图3.17）。移动式是从消火栓或消防水泵上接出水带，安装喷雾水枪。移动式可作为固定式水喷雾系统的辅助系统。

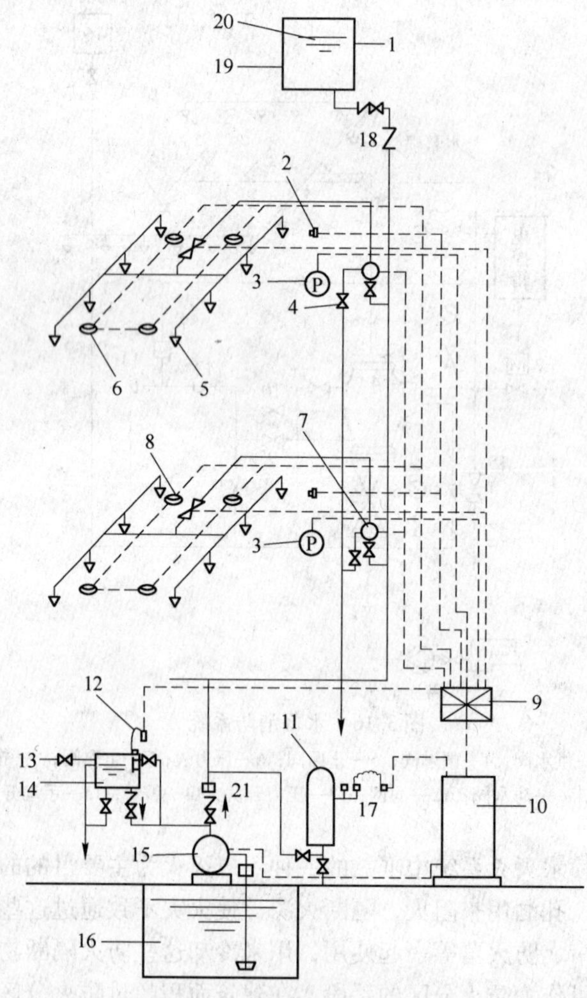

图3.17 水喷雾灭火系统

1—消防水箱；2—警铃；3—手动启动装置；4—试验阀；5—喷雾喷头；6—火灾探测器；7—控制阀；8—自动阀；9—报警装置；10—控制箱；11—压力罐；12—水位报警装置；13—补充水源；14—水泵充水水箱；15—消防水泵；16—消防水池；17—压力开关；18—出水管上的止回阀；19—生产、生活出水管；20—水箱进水管；21—过滤器

水喷雾灭火系统平时管网里充以低压水，火灾发生时，由火灾探测器探测到火灾，通过控制箱，电动开启着火区域的控制阀，或由火灾探测传动系统自动开启着火区域的控制阀和消防水泵，管网水压增大，当水压大于一定值时，水喷雾头上的压力启动帽脱落，喷头一起喷水灭火。

水喷雾系统的主要特点是：水压高，喷射出来的水滴小，分布均匀，水雾绝缘性好，在灭火时能产生大量的水蒸气，具有冷却灭火、窒息灭火作用。因此，水喷雾系统主要用于扑救贮存易燃液体场所贮罐的火灾，也可用于有火灾危险的工业装置，有粉尘火灾（爆炸）危险的车间，以及电气、橡胶等特殊可燃物的火灾危险场所。它可以是独立式装置，也可以与其他灭火装置共同使用。

使用水喷雾系统时，应综合考虑保护对象性质和可燃物的火灾特性，以及周围环境等因素。下列情况不应使用水喷雾灭火系统：

（1）与水混合后起剧烈反应的物质，与水反应后发生危险的物质。

（2）没有适当的溢流设备，没有排水设施的无盖容器。

（3）装有加热运转温度126℃以上的可燃性液压无盖容器。

（4）高温物质和蒸馏时容易蒸发的物质，其沸腾后溢流出来的物质造成危险情况时。

（5）对于运行时表面温度在260℃以上的设备，当直接喷射会引起设备严重损坏时。

3.4 气体灭火系统

3.4.1 气体灭火系统的发展概述

以气体作为灭火介质的灭火系统统称为气体灭火系统。灭火剂可以由一种气体组成，也可以由多种气体组成。灭火剂的物理性质可分为：液化气体灭火剂和非液化灭火剂。气体灭火系统的适用范围是由气体灭火剂的灭火性质决定的。

1947年美国首先试制成功了两种高效低毒的卤代烷（哈龙）1301和1211，这两种灭火剂不导电、挥发快、无残留物、清洁安全。我国在八十年代和九十年代使用较多。由于这两种灭火剂低毒，所以可用于有人场所。另一种常见的灭火介质是二氧化碳（CO_2）。CO_2对A类固体表面火灾及部分深位火灾具有较好的灭火性能，加上CO_2来源广泛、价格低廉、电绝缘性高、清洁无污渍，在国内外早有广泛地应用。由于CO_2对人体有窒息作用，所以CO_2灭火系统应用场所有局限性，只能用于无人场所。

近年来的研究表明，包括卤代烷灭火剂在内的氯氟烃类物质在大气中排放将导致对地球大气臭氧层的破坏，危害人类生存的环境。1990年6月在伦敦由57个国家共同签订了《蒙特利尔议定书》，决定2000年完全停止生产和使用氟利昂、卤代烷、四氯化碳。我国于1991年6月加入《蒙特利尔议定书》（修正案）缔约国行列，并将逐年减少哈龙的产量，到2005年实现完全停止生产、消耗哈龙1211灭火剂，自2010年起停止生产哈龙1301灭火剂。

由于卤代烷灭火剂将逐步被淘汰，研制卤代烷灭火剂的替代物——洁净气体灭火剂和相应的灭火系统的研究已经经历了十几年。国际标准化组织推荐的用于替代哈龙的气体灭火剂有十几种，并要求按洁净气体灭火剂的10项指标和技术要求来评价。目前主要包括氢氟烷（HFC）和惰性气体（IG）两大类，其臭氧耗减潜能值为零（ODP＝0），有着很好的应用前景。

下面结合国家有关规范和相关地方气体灭火系统设计规程，主要介绍七氟丙烷灭火系统、烟烙尽（IG-541）气体灭火系统及二氧化碳灭火系统的有关知识。

3.4.2 气体灭火系统的基础知识

3.4.2.1 气体灭火系统适应场所

气体灭火系统可应用于大、中型计算机房、通信机房或电视发射塔微波室；贵重设备室；文物资料珍藏库；大、中型图书馆和档案库；发电机房；油浸变压器室；变电室；电缆隧道或电缆夹层等电气危险场所。

3.4.2.2 灭火机理

七氟丙烷灭火系统的灭火机理为抑制作用，就是灭火药剂于高温时自行分解，并与空气中的氧气发生化学反应，使空气中游离氧的数量减少，终止燃烧链，使燃烧不能继续。此类灭火系统的灭火浓度较低。

CO_2 灭火系统及烟烙尽灭火系统的灭火机理是窒息作用，主要是大量的非燃烧气体充入到密闭的空间后，使密闭空间的含氧量相对降低，达不到燃烧所需的氧气浓度。另外 CO_2 灭火系统还有冷却作用。

3.4.2.3 系统保护方式

气体灭火系统可分为全淹没灭火系统和局部应用灭火系统。全淹没灭火系统是指在规定的时间内，向防护区喷射一定浓度的灭火药剂，并使其均匀地充满整个防护区的灭火系统。一般民用建筑主要采用全淹没灭火系统，主要是因为保护区可以做到全封闭。局部应用灭火系统是指向保护对象以设计喷射强度直接喷射灭火药剂，并持续一定时间的灭火系统（CO_2 灭火系统不小于0.5min）。对于工业设备的灭火系统，一般采用 CO_2 局部应用系统，因为保护对象不可能做到全封闭，如机器设备等，且喷射时浪费较多。

3.4.2.4 系统装配方式

气体灭火系统按其装配方式的不同可分为分管网灭火系统和无管网灭火系统。一般在保护面积（体积）较小的场所（面积 $<100m^2$、体积 $<300m^3$）并且设置钢瓶间有困难的，采用无管网灭火系统（钢瓶安装在气体防护区内），其他应采用管网灭火系统。设置钢瓶间有困难是指：(1) 因为钢瓶间的防火等级较高，一般的耐火极限为2.5h；(2) 一般大楼内的机房改造，由于本身空间的局限，可能已没有更多的地方考虑钢瓶间；(3) 钢瓶间的出口需直通疏散走道或楼梯。

3.4.2.5 系统组合方式及启动形式

气体灭火系统分为独立式和组合分配系统（见图3.18和图3.19）。独立式系统是指一套钢瓶储存装置保护一个防护区的灭火系统；组合分配系统是指用一套钢瓶储存装置保护两个或两个以上防护区或保护对象的灭火系统。气体灭火系统的启动形式分为自动、手动（电控）、机械应急三种启动方式。

3.4.2.6 设置气体灭火系统防护区的建筑要求

A 防护区的划分

(1) 防护区宜以单个封闭空间划分，同一区间的吊顶层和地板下需同时保护时可合为

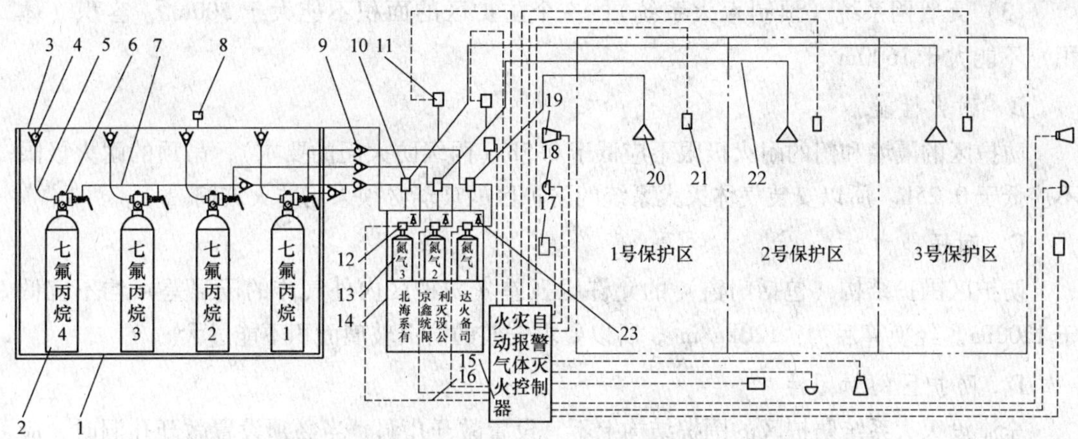

图 3.18 组合多区分配系统

1—灭火剂贮瓶框架；2—灭火剂贮瓶；3—集流管；4—液流单向阀；5—高压软管；6—瓶头阀；7—启动管路；8—安全阀；9—气流单向阀；10—选择阀；11—压力讯号器；12—启动阀；13—启动钢瓶；14—启动瓶框架；15—火灾自动报警气体灭火控制器；16—控制线路；17—手动启动控制盒；18—放气灯；19—声光报警；20—喷嘴；21—火灾探测器；22—灭火剂输送管道；23—低压安全泄漏阀

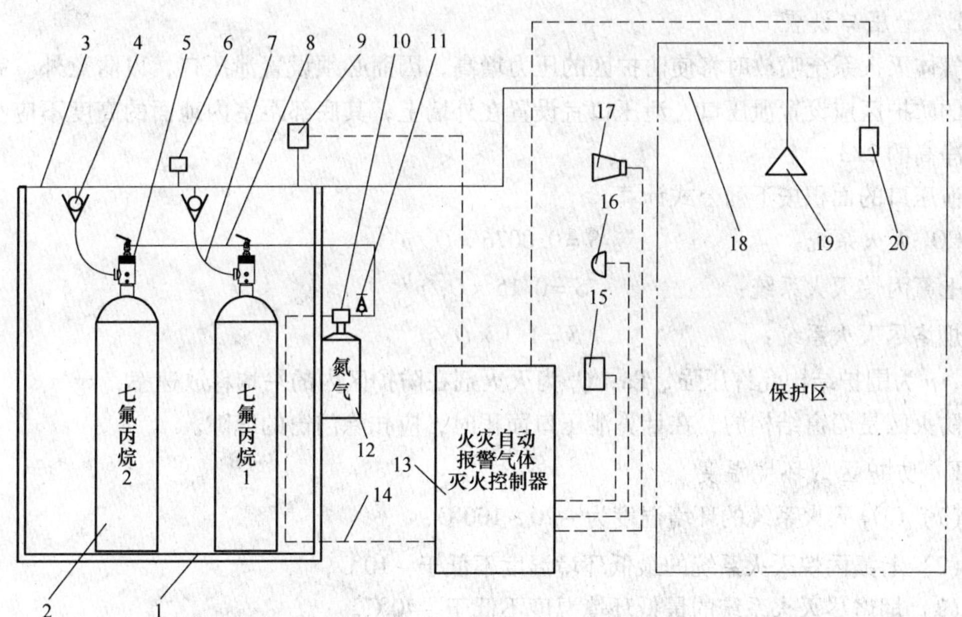

图 3.19 单元独立系统

1—灭火剂贮瓶框架；2—灭火剂贮瓶；3—集流管；4—液流单向阀；5—瓶头阀；6—安全阀；7—高压软管；8—启动管路；9—压力讯号器；10—启动阀；11—低压安全泄漏阀；12—启动钢瓶；13—火灾自动报警气体灭火控制器；14—控制线路；15—手动启动控制盒；16—放气灯；17—声光报警器；18—灭火剂输送管道；19—喷嘴；20—火灾探测器

一个防护区；

（2）管网系统：一个防护区的面积不能大于 $800m^2$，容积（体积）不能大于 $3600m^3$；

(3) 无管网系统（预制灭火系统）：一个防护区的面积不能大于 500m^2，容积（体积）不能大于 1600m^3。

B 耐火性能

防护区的隔墙和门的耐火极限不应低于 0.5h（丙级防火门的要求），吊顶的耐火极限不应低于 0.25h。所以安装气体灭火系统的防护区的玻璃必须采用防火玻璃。

C 耐压能力

防护区围护结构（包括门窗）的允许压强差（防护区内外气体的压强差）均不宜低于 1200Pa。经换算后为：120kg/m^2。所以要求安装的防火玻璃面积不能过大。

D 防护区的封闭性

全淹没灭火系统防护区的围护结构上不宜设置敞开孔洞。当必须设置敞开孔洞时，应设置能手动和自动的关闭装置，如防火阀等（泄压口和防爆口除外），在喷射灭火药剂之前，应自动关闭防护区的通风机、防火阀等其他开口。

另外，CO_2 灭火系统规范中规定，灭火药剂喷放前，不能关闭的开口的最大面积不能超过防护区内表总面积的 3%，且不应开在底面。因为 CO_2 灭火药剂比空气重，一般沉在下面。

E 泄压口设置

气体灭火系统喷放时将使防护区的压力增高，因而必须设置泄压口，以防意外。完全密闭的防护区应设置泄压口，泄压口宜设置在外墙上，其底部距室内地面的高度不应小于室内净高的 2/3。

泄压口的面积按下列公式计算。

CO_2 灭火系统： $S = 0.0076 \times Q_t / p^{1/2}$

七氟丙烷灭火系统： $S = 0.15 \times Q_t / p^{1/2}$

烟烙尽灭火系统： $S = 1.1 \times Q_t / p^{1/2}$

式中，p 为围护结构允许压强，Pa；Q_t 为灭火剂在防护区内的平均释放速率，kg/s。

防火区是门窗结构的，在计算泄压口面积时，应扣除门窗的缝隙。

F 防护区的环境温度

(1) CO_2 灭火系统的环境温度为 -20 ~ 100℃；

(2) 七氟丙烷灭火系统的最低环境温度不低于 -10℃；

(3) 烟烙尽灭火系统的最低环境温度不低于 -40℃。

3.4.2.7 灭火系统的喷射时间与设计浓度

对于 CO_2 灭火系统的固体表面火灾，灭火系统喷射时间小于等于 1min；而对于 CO_2 灭火系统的固体深位火灾，灭火系统喷射时间小于等于 7min，并应在前 2min 内使 CO_2 的浓度达到 30%。对于七氟丙烷灭火系统，灭火系统喷射时间为 7 ~ 10s。对于烟烙尽灭火系统，灭火系统喷射时间为 30 ~ 80s。

CO_2 灭火系统的灭火剂设计浓度为大于等于 34%；七氟丙烷灭火系统的七氟丙烷设计浓度为 8% ~10%；烟烙尽灭火系统的惰性气体灭火剂设计浓度为 37.5% ~43.4%。

3.4.3 二氧化碳灭火系统

二氧化碳灭火系统主要是通过窒息来扑灭火灾，并起到一定程度的冷却作用。二氧化碳灭火系统分全淹没灭火系统和局部应用灭火系统。全淹没灭火系统应用于扑救封闭空间内的火灾，局部应用灭火系统应用于扑救不需要封闭空间条件的具体保护对象。

二氧化碳灭火系统由储存装置、选择阀与喷头、管道及附件组成。储存装置由储存容器（钢瓶）、容器阀（瓶头阀）、单向阀（液流）、高压软管和集流管等组成。常用二氧化碳的充装率为0.6～0.67kg/L。二氧化碳灭火系统碳启动方式有自动控制、手动控制和机械应急操作三种启动方式。当采用火灾探测器时，二氧化碳灭火系统的自动控制应在接收到两个独立的火灾信号后才能启动。根据人员疏散要求，宜延时30s启动。

全淹没灭火系统的防护区，应符合下列条件：

(1) 对气体、液体、电气火灾和固体表面火灾，在喷放二氧化碳前不能自动关闭的开口，其面积不应大于防护区总内表面积的3%，且开口不应设在底面。否则按局部应用灭火系统设计。

(2) 对固体深位火灾（如：纸张、棉花），除泄压口以外的开口，在喷放二氧化碳前应自动关闭。

(3) 防护区的围护结构及门窗的耐火极限不应低于0.50h，吊顶的耐火极限不应低于0.25h；围护结构及门窗的允许压强不宜小于1200Pa。

(4) 防护区用的通风机械和通风管道中的防火阀，在喷放二氧化碳前应自动关闭。

局部应用灭火系统的保护对象，应符合下列规定：

(1) 保护对象周围的空气流动速度不宜大于3m/s。必要时，应采取挡风措施。

(2) 在喷头与保护对象之间，喷头喷射角范围内不应有遮挡物。

(3) 当保护对象为可燃液体时，液面至容器缘口的距离不得小于150mm。

3.4.3.1 全淹没灭火系统的设计过程

(1) 二氧化碳设计浓度不应小于灭火浓度的1.7倍，并不低于34%。常用可燃物的二氧化碳设计浓度见表3.9。

表3.9 常用可燃物的二氧化碳设计浓度

可燃物	K_b	设计浓度/%	抑制时间/min
丙酮	2.25	62	20
棉花	2.00	58	20
纸张	2.25	62	20
塑料（颗粒）	2.00	58	20
聚苯乙烯	1.00	34	—
聚氨基甲酸酯（硬）	1.00	34	—
电缆间和电缆沟	1.50	47	10
数据储存间	2.25	62	20
电子计算机房	1.50	47	10

续表 3.9

可 燃 物	K_b	设计浓度/%	抑制时间/min
电气开关和配电室	1.20	40	10
带冷却系统的发电机	2.00	58	至停转止
油浸变压器	2.00	58	—
数据打印设备间	2.25	62	20
油漆间和干燥设备	1.20	40	—
纺织机	2.00	58	—
电气绝缘材料	1.50	47	10
皮毛储存间	3.30	75	20
吸尘装置	3.30	75	20

(2) 二氧化碳的设计用量应按下列公式计算

$$M = (0.2A + 0.7V)K_b \tag{3.8}$$

式中 K_b——二氧化碳设计浓度与二氧化碳基本设计浓度之间的换算系数；

A——折算面积，A = 防火区内总面积 + 30 × 开口总面积；

V——防火区的净面积，V = 防火区容积 - 防火区内非燃烧体和难燃烧体的总体积。

(3) 二氧化碳的储存量应为设计用量与剩余量之和：剩余量可按设计用量的8%计算，即存储量为设计用量的1.08倍。

(4) 计算出二氧化碳储存量后，根据国内单个二氧化碳钢瓶的储存量（一般最大为45kg），计算出系统钢瓶数。

(5) 根据防护区的几何尺寸，确定防护区内喷头的数量。一般二氧化碳生产厂家的喷头都有保护半径数据。确定喷头的数量有一定的技巧，它涉及管网的计算、工程造价。

(6) 确定防护区喷头位置后，尽量按照平衡法把喷头连接起来，最后总管接到钢瓶间内。

(7) 根据二氧化碳储存量，按照扑灭一般固体表面火灾所需的二氧化碳喷放时间 t（不大于1min，一般按1min计算）计算出系统总管的流量 Q 及干管的直径 D（mm）。

(8) 然后依据每根支管所分配的二氧化碳药剂量，分别计算出流量、初选管径，一直计算到喷头为止。

(9) 以上第（7）~（8）步的计算结果为管网的初步值，然后按照公式（3.9）对初选管径进行校合，直至喷头的入口压力不小于1.4MPa为止，如果喷头的入口压力小于1.4MPa，需对管网的管径进行调整，并重新计算。

$$Q_2 = \frac{0.8725e^{-4}D^{5.25}Y}{L + 0.04319D^{1.25}Z} \tag{3.9}$$

式中 L——管段计算长度（管道实际长度 + 管道附件当量长度）；

Y——压力系数；

Z——密度系数。Y 和 Z 具体取值见表3.10。

表 3.10 二氧化碳的压力系数和密度系数

压力/MPa	Y/MPa · kg · m^{-3}	Z
5.17	0	0
5.10	55.4	0.0035
5.05	97.2	0.0600
5.00	132.5	0.0825
4.75	303.7	0.210
4.50	461.6	0.330
4.25	612.9	0.427
4.00	725.6	0.570
3.75	828.3	0.700
3.50	927.7	0.830
3.25	1005.0	0.950
3.00	1082.3	1.086
2.75	1150.7	1.240
2.50	1219.3	1.430
2.25	1250.2	1.620
2.00	1285.5	1.840
1.75	1318.7	2.140
1.40	1340.8	2.590

（10）最后根据式（3.10）计算喷头的等效孔口面积，并根据每个喷头的开孔数，计算每个开孔的直径。

$$F = Q_i / q_0 \tag{3.10}$$

式中 F——喷头等效孔口面积，mm^2；

Q_i——喷头处的流量，kg/min；

q_0——等效孔口单位面积的喷射率，kg/(min · mm^2)，具体取值见表 3.11。

表 3.11 不同工况下等效孔口单位面积的喷射率

喷头入口压力 /MPa	喷射率 /kg · (min · mm^2)$^{-1}$	喷头入口压力 /MPa	喷射率 /kg · (min · mm^2)$^{-1}$
5.17	3.255	3.28	1.223
5.00	2.703	3.10	1.139
4.83	2.401	2.93	1.062
4.65	2.172	2.76	0.9843
4.48	1.993	2.59	0.9070
4.31	1.839	2.41	0.8296
4.14	1.705	2.24	0.7539
3.96	1.589	2.07	0.6890
3.79	1.487	1.72	0.5484
3.62	1.396	1.40	0.4833
3.45	1.308		

3.4.3.2 局部应用灭火系统的设计过程

局部应用灭火系统的设计过程与全淹没灭火系统类似。但应注意以下几点：

(1) 保护对象的计算体积应采用设定的封闭罩的体积，封闭罩的底应为保护对象的实际底面（因为落地），其侧面及顶部至保护对象的距离不应小于0.6m（一般侧面及顶部每边加0.6m后计算体积）。

(2) 二氧化碳的喷射强度应按下式计算：

$$q_V = K_b\left(16 - \frac{12A_p}{A_t}\right) \tag{3.11}$$

式中 A_p——设定的封闭罩侧面围封结构中存在的实际围封面面积；

A_t——设定的封闭罩侧面围封结构中存在的实际围封面面积与假定的围封面面积之和，m^2。

(3) 二氧化碳设计用量按下式计算：

$$M = V_t \cdot q_V \cdot t \tag{3.12}$$

式中 V_t——保护对象的计算体积。

(4) 喷头的布置与数量应使喷射的二氧化碳分布均匀，并满足喷射强度和设计用量的要求。

(5) 二氧化碳的储存量，当管道使用环境温度不超过45℃的场所，应取设计用量的1.4倍。

3.4.4 七氟丙烷灭火系统

七氟丙烷灭火系统主要是通过抑制作用扑灭火灾，即灭火药剂遇高温自行分解，并与空气中的氧气发生化学反应，使空气中游离氧的数量减少，终止燃烧链，使燃烧不能继续。

3.4.4.1 防护区设置

七氟丙烷灭火系统的防护区，应符合下列条件：

(1) 防护区的围护结构及门窗的耐火极限不应低于0.50h，吊顶的耐火极限不应低于0.25h，围护结构及门窗的允许压强不宜小于1200Pa；

(2) 防护区不宜有不能关闭的开口，防护区内与其他空间相通的开口，除泄压口外，应能在灭火剂喷放前自动关闭，否则应将防护区扩大到与之相通的空间或采取防止或补偿灭火剂流失的措施；

(3) 密封性良好的防护区应设置泄压口，泄压口应设置在防护区室内净高2/3以上（七氟丙烷灭火剂比空气重），且高于保护对象，并宜设置在外墙上。泄压口面积计算公式为

$$S = \frac{0.15Q_t}{p^{0.5}} \tag{3.13}$$

式中 Q_t——主管道平均设计流量，kg/s；

p——围护结构允许压强，Pa。

七氟丙烷灭火系统按系统装配形式分：管网灭火系统和无管网灭火系统（预制灭火系统）。无管网灭火系统一个防护区的面积不宜大于100m^2，容积不宜大于300m^3。广东规定中，管网灭火系统对防护区面积及容积有限制：一个防护区的面积不宜大于500m^2，容积不宜大于2000m^3。

关于组合分配系统有下列注意事项：

（1）每个防护区需单独进行设计；

（2）系统灭火剂设计用量按系统所保护的防护区中灭火剂需要量最大者确定，灭火剂用量较小的防护区应受到安全浓度的制约，即有人场所其最大设计浓度不应超过9%，无人场所其最大设计浓度不应超过10.5%；

（3）选择阀必须在容器阀动作之前或同时打开。

3.4.4.2 七氟丙烷灭火系统设计过程

A 设计浓度及喷放时间

（1）火剂设计浓度不应小于灭火浓度的1.2倍或惰化浓度的1.2倍且不应小于7.35%；

（2）通信机房和计算机房，灭火浓度宜采用8%；

（3）油浸变压器、带油开关的配电室和自备发电机房的灭火设计浓度宜采用8.3%；

（4）图书、档案、票据和文物资料库等，灭火设计浓度宜采用10%；

（5）系统的喷放时间，不应大于10s，广东规定中为7~10s。

B 设计用量

七氟丙烷灭火剂的设计用量计算公式为

$$M=\frac{KVC}{S(100-C)} \tag{3.14}$$

式中 S——七氟丙烷过热蒸汽在101.3kPa压力与防火区最低环境温度下的比体积，m^3/kg，计算公式为 $S=0.1269+0.000513T$；

C——灭火剂设计浓度，%；

V——防护区净容积，m^3；

T——防护区环境温度，℃；

K——海拔修正系数。

灭火剂储存量应为设计用量与钢瓶及管道剩余量之和。而在组合分配系统中，需计算每个防护区的灭火剂用量，钢瓶数是根据最大防护区的容积来确定的，每个钢瓶的充装率需根据整个组合分配系统中各个防护区灭火剂的用量来统筹考虑，并且在确定了每个防护区的钢瓶数（灭火剂量）后，需根据上面的公式，反算灭火浓度（C），灭火浓度必须满足NOAEL及LOAEL所规定的值。

C 管网计算

系统管网流体计算为气液两相流，管道内最小流速应使流体保持紊流状态。流体计算宜采用专用设计软件（一般由设备供应商提供计算），当管网计算采用手工计算时，宜用灭火剂喷放50%时的“中期状态”的质量流量和容器压力为基础进行计算。

计算步骤：

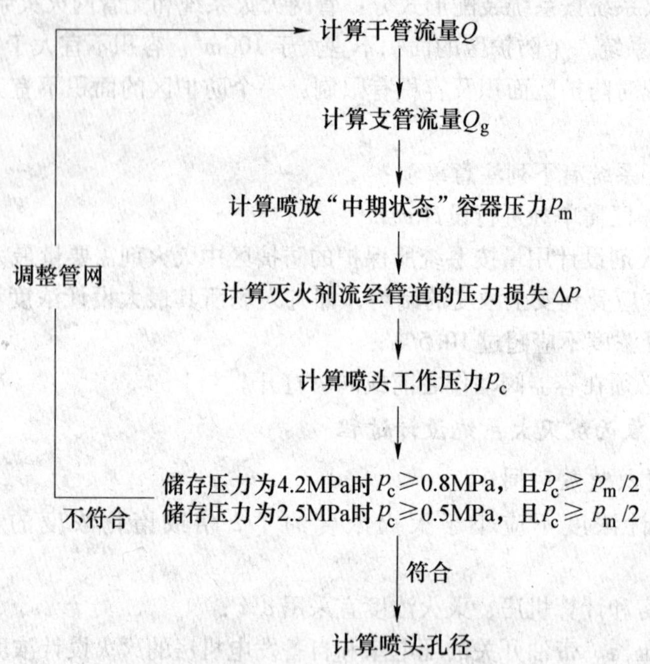

3.4.5 烟烙尽（IG－541）灭火系统

烟烙尽灭火系统主要是通过窒息来灭火，当烟烙尽气体喷洒到防护区后，防护区内氧的浓度降到14%至10%，氧气浓度低于12%至14%时，燃烧将不能维持。

3.4.5.1 系统组成及要求

烟烙尽灭火系统由储存装置、阀门与喷嘴、管道及附件组成。

储存装置由储存容器（钢瓶）、容器阀（瓶头阀）、单向阀（液流）、安全泄压阀、高压排放软管、压力指示器和集流管等组成。储存装置应安装在环境温度0～50℃范围内。储存容器上应有压力指示器。储存容器应设安全泄压阀，且当储存压力为14.9MPa时，安全泄压装置的动作压力为（20.625±1.031）MPa。储存容器的设置应符合下列规定：

（1）储存容器应设置在防护区外专用的储存容器间（钢瓶间），楼板应满足承重要求；

（2）同一集流管上的储存容器，其规格、尺寸、灭火剂充装量、充装压力均应相同（这一点在设计组合分配系统时应注意）；

（3）储存容器上应设耐久的固定标牌，标明每个储存容器的编号、容积、灭火剂名称、充装压力和充装日期等；

（4）储存容器安装应能便于充装和装卸，宜留出不小于1m的操作间距；

（5）储存容器的固定；

（6）储存容器间宜靠近防护区，其出口应直通室外或疏散通道。

组合分配系统中每个防护区应设置能自动启动的选择阀，选择阀应备有手动启动装置，选择阀的公称直径宜与灭火剂输送干管道的公称直径相同。选择阀安装位置应便于操作和维护检查，宜集中安装在储存容器件，并应设有标明防护区名称的永久性标牌。集流管上应设有安全泄压装置。喷嘴的布置应保证灭火剂能在防护区内均匀分布。

灭火剂输送管道应采用《输送流体用无缝钢管》(GB/T 8163—2008) 中规定的无缝钢管，并进行内外热镀锌处理。其规格应符合规范要求：灭火剂输送管道可采用螺纹连接、法兰连接或焊接；公称直径小于或等于 80mm 的管道，宜采用螺纹连接（锥管螺纹）；公称直径大于 80mm 的管道，宜采用法兰连接（凹凸面对焊法兰）。管经大于等于 50mm 的主干管，支架采用龙门架（水平及垂直固定），其余可采用单支架。管道末端喷嘴处应采用支架固定，支架与喷嘴间的管道长度不应大于 300mm。管道固定支架的最大间距应符合表 3.12 要求。

表 3.12 管道固定支架的最大间距

管道公称直径/mm	15	20	25	32	40	50	65	80	100	150
最大间距/m	1.5	1.8	2.1	2.4	2.7	3.4	3.5	3.7	4.3	5.2

烟烙尽灭火系统的控制与操作方面需满足如下要求：

(1) 管网灭火系统同时具有：自动控制、手动控制和机械应急操作（钢瓶间内）三种启动方式。预制灭火装置应具有自动控制和手动控制二种启动方式。

(2) 采用火灾探测器时，灭火系统的自动控制应在接收到两个独立的火灾信号后才能启动，根据人员疏散要求，宜延时最长为 30s 启动。

(3) 关于每个防护区应设置一个手动/自动选择开关问题，一般国产灭火控制器，整套系统只有一个。

(4) 防护区入口处应设置紧急启动/停止按钮。

(5) 灭火控制器应向消防控制中心反馈防护区的，报警信号、灭火剂喷放信号和系统故障信号。

(6) 防护区内应设置火灾声光报警，防护区外应设置灭火剂喷放信号。

3.4.5.2 防护区设置

烟烙尽灭火系统的防护区，应符合下列条件：

(1) 防护区的围护结构及门窗的耐火极限不应低于 0.50h，吊顶的耐火极限不应低于 0.25h，围护结构及门窗的允许压强不宜小于 1200Pa。

(2) 防护区不宜有不能关闭的开口，防护区内与其他空间相通的开口，除泄压口外，应能在灭火剂喷放前自动关闭，否则应将防护区扩大到与之相通的空间或采取防止或补偿灭火剂流失的措施。

(3) 密封性良好的防护区应设置泄压口，泄压口应设置在防护区室内净高 2/3 以上，且高于保护对象，并宜设置在外墙上，泄压口面积计算公式为

$$A_f = \frac{0.0135Q}{p^{0.5}} \tag{3.15}$$

式中 Q——防护区内 IG－541 的峰值流量，m^3/min；

p——围护结构允许压强，Pa。

关于组合分配系统有下列注意事项：

(1) 每个防护区需单独进行设计。

（2）火剂设计用量按系统所保护的防护区中灭火剂需要量最大者确定，灭火剂用量较小的防护区应受到安全浓度的制约，即有人场所其最大设计浓度不应超过43%，无人场所其最大设计浓度不应超过52%。

（3）选择阀可安装在减压孔板的上游或下游。

在安全方面，防护区要求满足如下条件：

（1）防护区灭火浓度，有人场所最高浓度9%（NOAEL），无人场所的最高浓度10.5%（LOAEL）。

（2）防护区应设安全通道和出口以保证现场人员在30s内撤离防护区，在疏散走道与出口处，应设应急照明和灯光疏散指示标志。

（3）防护区的门应向疏散方向开启，并能自动关闭。

（4）防护区应设置换气设施。

3.4.5.3 烟烙尽灭火系统设计过程

A 设计浓度及喷放时间

常见的可燃液体火灾、可溶化固体火灾、可燃气体火灾、可燃固体表面火灾、电气火灾的最小设计浓度应为37.5%。系统的喷放时间，应保证在1min内达到最小设计浓度的95%。

B 设计用量计算

$$M = 2.303\frac{V}{S}V_s\lg\left(\frac{100}{100-C}\right) \tag{3.16}$$

式中 S——IG-541过热蒸汽比体积，m^3/kg，计算公式为 $S=0.65799+0.00239T$；

C——灭火剂设计浓度，%；

V——防护区净容积，m^3；

T——防护区环境温度，℃；

V_s——20℃时灭火剂比体积，取 $0.707m^3/kg$。

C 管网计算

系统管网流体计算为单相气流，宜采用专用计算机软件计算。管网计算时，应采用防护区的正常环境温度。流动计算条件设置可参考如下设置方法：

（1）喷嘴出口前的最小压力为1900kPa；

（2）喷嘴的数量和口径应满足喷嘴最大保护半径和灭火剂喷放数量的要求；

（3）喷嘴最大安装高度为6.0m；

（4）管道容积与储存器的最大容积比应小于66%；

（5）喷嘴孔径与其连接管道直径之比应在20%至70%范围内；

（6）集流管中减压孔板经与其连接管道直径之比应在13%至55%范围内；

（7）管道分流应采用三通。

3.5 泡沫灭火系统

泡沫灭火系统是当今扑救甲（液化烃除外）、乙、丙类液体火灾和一般固体物质火灾普遍使用的灭火系统，主要适用于提炼、加工生产甲、乙、丙类液体的炼油厂、化工厂、油田、油库，为铁路油槽车装卸油品的鹤管栈桥、码头、飞机库、机场及燃油锅炉房、大型汽车库等。在火灾危险性大的甲、乙、丙类液体储罐区和其他危险场所，灭火优越性非常明显。实践证明，该系统具有安全性高、经济实用、灭火效率高等优点。

泡沫液的灭火作用主要体现在以下几个方面：

(1) 在燃烧物表面形成泡沫覆盖层，使燃烧物的表面与空气隔绝，同时泡沫受热蒸发产生的水蒸气可以降低燃烧物附近氧气的浓度，起到窒息灭火作用；

(2) 泡沫层能阻止燃烧区的热量作用于燃烧物质的表面，因此可防止可燃物本身和附近可燃物质的蒸发；

(3) 泡沫析出的水对燃烧物表面进行冷却。

液体火灾必须选用抗溶性泡沫液。扑救水溶性液体火灾只能采用液上喷射泡沫，不能采用液下喷射泡沫。对于非溶性液体火灾，当采用液上喷射泡沫灭火时，选用普通蛋白泡沫液，氟蛋白泡沫液或水成膜泡沫液均可。对于非水溶性液体火灾，当采用液下喷射泡沫灭火时，必须选用氟蛋白泡沫液或水成膜泡沫液。泡沫液的储存温度应为 0～40℃。泡沫灭火系统灭火过程如图 3.20 所示。

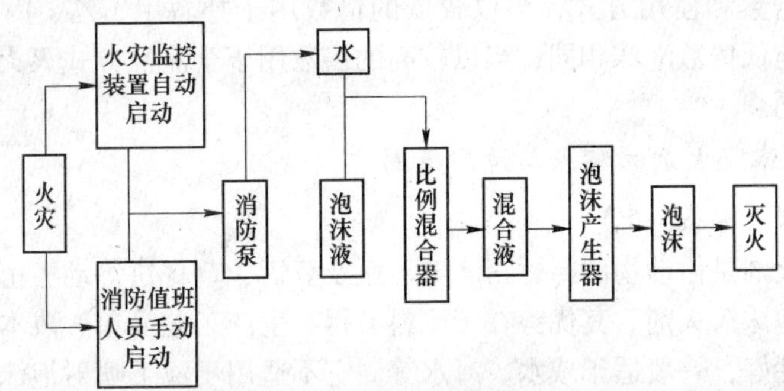

图 3.20 泡沫灭火系统灭火流程

泡沫灭火系统主要由消防水泵、泡沫灭火剂储存装置、泡沫比例混合装置、泡沫产（发）生装置及管道等组成。它是通过泡沫比例混合器将泡沫灭火剂与水按比例混合成泡沫混合液，再经泡沫产（发）生装置制成泡沫并施放到着火对象上实施灭火的系统。泡沫体积与其混合液体积之比称为泡沫的倍数，按照系统产生泡沫的倍数不同，泡沫系统分为低倍数泡沫灭火系统、中倍数泡沫灭火系统、高倍数泡沫灭火系统。

低倍泡沫系统被广泛用于生产、加工、储存、运输和使用甲、乙、丙类液体的场所，并早已成为甲、乙、丙类液体储罐区及石油化工装置区等场所的消防主力军。高倍、中倍泡沫系统是继低倍数泡沫系统之后发展起来的泡沫灭火技术。八十年代，我国开发了高倍数泡沫灭火剂和系统设备，九十年代颁布了《高倍数、中倍数泡沫灭火系统设计规范》，高倍泡沫系统在我国得到了一定的推广。

本节主要介绍泡沫灭火剂、泡沫系统类型与选择、泡沫系统设备、储罐区低倍泡沫系统设计、泡沫系统使用与维护等方面内容。

3.5.1 泡沫灭火剂

3.5.1.1 泡沫灭火剂的基本组分及其灭火机理

泡沫灭火剂由发泡剂、稳泡剂、耐液添加剂、助溶剂与抗冻剂以及其他添加剂组成。发泡剂是泡沫灭火剂中的基本组分，多为各种类型的表面活性物质，作用是使泡沫灭火剂的水溶液易发泡。稳泡剂多为一些持水性强的大分子或高分子物质，它能提高泡沫的持水时间，增强泡沫的稳定性。耐液添加剂多为既疏水又疏油的表面活性剂和某些抗醇性高分子化合物，使泡沫有良好的耐燃料破坏性。助溶剂与抗冻剂一般为一些醇类或醇醚类物质，使泡沫灭火剂体系稳定、泡沫均匀、抗冻性好。泡沫灭火剂中还有泡沫改进剂、防腐蚀剂、防腐败剂等添加剂。所有泡沫灭火剂配成预混液后，有效期会大大缩短，尤其是蛋白类泡沫灭火剂，很快会腐败，所以通常应以原液状态储存。

低倍数泡沫的主要灭火机理是通过泡沫的遮断作用，将燃烧液体与空气隔离实现灭火。高倍数泡沫的主要灭火机理是通过密集状态的大量高倍数泡沫封闭火灾区域，以阻断新空气的流入达到窒息灭火。由于泡沫中水的成分占97%以上，所以它同时伴有冷却而降低燃烧液体蒸发的作用，以及灭火过程中产生的水蒸气的窒息作用。中倍数泡沫的灭火机理取决于其发泡倍数和使用方式，当以较低的倍数用于扑救甲、乙、丙类液体流淌火灾时，其灭火机理与低倍数泡沫相同；当以较高的倍数用于全淹没方式灭火时，其灭火机理与高倍数泡沫相同。

3.5.1.2 泡沫灭火剂的特点与适用范围

A 蛋白泡沫灭火剂（P）

蛋白泡沫灭火剂是由动物的蹄、角、毛、血及豆饼、草籽饼等动、植物蛋白质水解产物为基料制成的泡沫灭火剂。其优势在于原料易得、生产工艺简单、成本低，泡沫稳定性和持水性及抗烧性好，一般适于咸水、海水等。它不适用于液下喷射泡沫系统，储存期较短，质量好的蛋白泡沫灭火剂储存期在5年以上，我国目前的蛋白泡沫灭火剂一般储存2~3年。蛋白泡沫灭火剂适用于扑救诸如原油、汽油、柴油、苯、甲苯等非水溶性甲、乙、丙类液体火灾，也可扑救如纸张、木材等A类火灾。

B 氟蛋白泡沫灭火剂（PP）

在蛋白泡沫灭火剂中添加氟碳表面活性剂制成了氟蛋白泡沫灭火剂，由于氟碳表面活性剂的表面张力较低，并具有较好的疏油性，所以氟蛋白泡沫灭火剂与蛋白泡沫灭火剂相比，其泡沫流动性与封闭性好，灭火效力提高了一倍，可用于液下喷射泡沫系统，并能与干粉联合使用。

C 抗溶氟蛋白泡沫灭火剂（FP/AR）

抗溶氟蛋白泡沫灭火剂是在氟蛋白泡沫灭火剂的基础上添加了高分子多糖和其他添加剂等制成的，它兼有氟蛋白泡沫灭火剂和凝胶型抗溶泡沫灭火剂的特点，主要用于扑救水溶性甲、乙、丙类液体火灾，也可用于扑救非水溶性甲、乙、丙类液体火灾和A类火灾。

D 成膜氟蛋白泡沫灭火剂（FFFP）

成膜蛋白泡沫灭火剂以水解蛋白为基础，添加适宜的氟碳表面活性剂制成的，它具有蛋白灭火剂抗烧性能好的优点，同时还具有成膜性，它作为高性能的氟蛋白泡沫灭火剂可配非吸气式泡沫喷射装置使用。由于它的基料为水解蛋白，储存期与蛋白泡沫灭火剂相同。

E 抗溶成膜氟蛋白泡沫灭火剂（FFFP/AR）

抗溶成膜氟蛋白泡沫灭火剂是在成膜氟蛋白泡沫灭火剂的基础上，添加高分子抗醇化合物制成的，主要用于扑救水溶性甲、乙、丙类液体火灾，当扑救非水溶性甲、乙、丙类液体火灾时，可视为普通成膜氟蛋白泡沫灭火剂。

F 水成膜泡沫灭火剂（AFFF）

普通水成膜泡沫灭火剂是以氟碳表面活性剂和碳氢表面活性剂为基料制成的。由于所用氟碳表面活性剂的表面张力较低，泡沫析出的混合液能在所保护的非水溶性液体表面上形成一层具有隔绝空气和降温作用的防护膜，增强了泡沫的流动性和流油性，同时增强了泡沫的封闭性和抗复燃性，因此其灭火效力不仅与泡沫性能有关，还依赖于其防护膜的牢固性。水成膜泡沫灭火剂与蛋白类泡沫灭火剂相比，灭火性能较好，但抗烧性能较差；由于它是合成原料制成的，其储存期较长，通常可储存 15 ~ 20 年。它能与干粉灭火剂联合使用，适用于液下喷射泡沫系统，还适用于非吸气型泡沫喷射装置。水成膜泡沫灭火剂主要适用于扑灭汽油、煤油、柴油、苯等非水溶性甲、乙、丙类液体火灾，由于其渗透性强，对于 A 类火灾它比纯水的灭火效率高，所以也适用于扑灭木材、织物、纸张等 A 类火灾。

G 抗溶水成膜泡沫灭火剂（AFFF/AR）

抗溶水成膜泡沫灭火剂是在普通水成膜泡沫灭火剂的基础上，添加一种抗醇的高分子化合物制成的，它在灭非水溶性液体火灾时，具有普通水成膜泡沫灭火剂的成膜特点，在灭醇、酯、醚、醛、酮等水溶性液体火时，在燃料表面上能形成一层高分子胶股，保护上面的泡沫免受极性液体脱水而导致的破坏。它主要用于扑救水溶性甲、乙、丙类液体火灾，也可用于扑救非水溶性甲、乙、丙类液体火灾和 A 类火灾。

H 合成型抗溶泡沫灭火剂（S/AR）

1974 年美国奇萨以触变形多糖作为抗醉剂，制成了凝胶型抗溶泡沫灭火剂，我国于 80 年代研制出多糖和凝胶型抗溶泡沫灭火剂。凝胶型抗溶泡沫与水溶性液体接触时，泡沫中的多糖凝聚并在水溶性液体燃料上形成一层薄膜，保护上面的泡沫免受极性液体脱水而导致的破坏。凝胶型抗溶泡沫主要用于扑灭水溶性甲、乙、丙类液体火灾。

3.5.1.3 泡沫灭火剂的主要性能与标准

泡沫灭火剂的主要性能为：泡沫倍数、析液时间、灭火时间、抗烧时间。低倍数泡沫与中、高倍数泡沫在检测试验方法、检测项目和指标上是有别的，具体可参考有关标准。为了保证质量，多数国家制定了泡沫灭火剂技术标准，对泡沫灭火剂的性能进行了规定。我国的《泡沫灭火剂》（GB 15308—2006）标准中对泡沫灭火剂的定义、要求、试验方法、检验规则、标志等内容作了详细规定。

3.5.2 泡沫灭火系统

泡沫灭火系统可分为立式储罐区低倍泡沫系统、泡沫喷淋系统与泡沫—水喷淋系统、泡沫炮系统，中倍与高倍泡沫系统等类型。本节主要介绍应用广泛的储罐区低倍泡沫系统。

3.5.2.1　系统组成

储罐区低倍泡沫系统泡沫灭火系统由水源、泡沫消防泵、泡沫液储罐、泡沫比例混合器、泡沫产生器、阀门、管道及其他附件组成。下面简要介绍泡沫消防泵、泡沫比例混合器和泡沫产生器的作用和类型。

A　泡沫消防泵

泡沫消防泵即能把泡沫以一定的压力输出的消防用泵，泡沫消防泵宜选用特性曲线平缓的离心泵，以保证流量的可变性和扬程的不变性。泡沫消防泵宜为自灌式引水。但采用自灌式引水时，蓄水池的水面不得高于水泵轴线5m，否则环泵式负压比例混合器不能正常工作。

泡沫灭火系统必须采用自来水或干净的天然水源作为水源。泡沫消防泵应保证在火警时立即投入工作，并在火场非消防电源断电时仍能正常工作。因此，应安装两路电源供电，其中一路作备用，或配备内燃以电机组备用。在重要防护场所应根据规范配置备用泡沫消防泵。同时，泡沫消防泵进水管上应设置真空压力表或真空表，以观察水位高低和真空度大小；泡沫消防泵的出水管上，应设置压力表、单向阀和带控制阀的回流管，以观察泵的扬程，防止管网内的水或泡沫混合液倒流至泵内造成水锤和泵超压运转造成泵过热损坏。

B　泡沫比例混合器

泡沫比例混合器是一种使水与泡沫原液按规定比例混合成的混合液，以供泡沫产生设备发泡的装置。目前国内常见的泡沫比例混合器有环泵式泡沫比例混合器、压力式比例混合器、平衡压力泡沫比例混合器、管线式泡沫比例混合器等类型。

C　泡沫产生器

它的作用是将泡沫混合液与空气混合形成空气泡沫，输送至燃烧物的表面上，并且分为液上喷射空气泡沫产生器、液下喷射空气泡沫产生器、高倍数泡沫产生器、低倍数泡沫产生器四种。

3.5.2.2　系统类型

泡沫灭火系统的种类很多。按喷射方式分为液上喷射、液下喷射、泡沫喷淋和固定式泡沫炮四种：

(1) 泡沫液上灭火系统是将泡沫通过油罐上部覆盖到燃烧的液面而进行灭火的系统。与液下喷射灭火系统相比较，这种系统有泡沫不易受油的污染，可以使用廉价的普通蛋白泡沫等优点。

(2) 液下喷射灭火系统是一种在液体燃烧层的下部注入泡沫，泡沫上升至液体表面并扩散开，形成一个泡沫层的灭火系统。液下用的泡沫液必须是氟蛋白泡沫灭火液或是水成膜泡沫液。

(3) 泡沫喷淋系统：用喷头喷洒泡沫的固定式灭火系统称为泡沫喷淋系统。泡沫喷淋系统适用于在甲、乙、丙类液体可能泄露或消防设施不足的场所。泡沫喷淋应设有自动报警装置。宜采用自动控制方式，但必须同时设有手动控制装置。

(4) 固定式泡沫炮分为手动、电动和遥控三种类型，主要用于机场、码头、化工装置等场所，其特点是射程远，控制方便，喷射量大，灭火效率高。

按系统结构分为固定式、半固定式和移动式三种：

(1) 固定式泡沫灭火系统：由水源、固定消防泵站、泡沫液储存设备、空气比例混合器、固定管道和泡沫发生装置及系统组件组成。一旦保护对象着火，能自动或手动供给泡沫及时扑救火灾。

(2) 半固定式泡沫灭火系统：由固定泡沫产生装置和水源、泡沫消防车或机动消防车，临时由水带连接组成的灭火系统。或者由固定的泡沫消防泵、相应的管道和移动的泡沫产生装置（泡沫炮、泡沫钩枪），用水带临时连接组成的灭火系统。

(3) 移动式泡沫灭火系统：即由消防车或机动消防泵、泡沫比例混合器、移动式泡沫产生装置（泡沫炮、泡沫枪），用水带临时连接组成的灭火系统。

按发泡倍数分为三种系统：发泡倍数在 20 倍以下的称低倍数泡沫灭火系统；发泡倍数在 21 ~200 倍之间的称中倍数泡沫灭火系统；发泡倍数在 201 ~1000 倍之间的称高倍数泡沫灭火系统。

3.5.2.3　系统的管理与维护

泡沫灭火系统的管理与维护一般要求满足如下规定：

(1) 泡沫灭火系统验收合格方可投入运行。

(2) 泡沫灭火系统投入运行前建设单位应配齐经过专门培训，并通过考试的人员负责系统的维护、管理、操作和定期检查。

(3) 泡沫灭火系统正式启用时，应具备下列条件：

1) 验收申请报告、系统验收表、施工图，设计说明书，设计变更文件，建筑防火审核意见书、泡沫液储罐的强度和严密性试验记录表，阀门的强度和严密性记录表，隐蔽工程验收记录表，管道试压记录表，管道冲洗记录表系统调试记录表、系统及设备的使用说明书、主要设备及泡沫液的国家质量监督检验测试中心的检测报告和产品出厂合格证，阀门、压力表、管道过滤器金属软管、管子及管件等出厂检验报告或合格证。与系统相关的电源，备用动力，电气设备，以及火灾报警系统和联动控制设备等验收合格的证明管理维护人员登记表；

2) 操作规程并绘制系统流程图；

3) 值班人员手册；

4) 系统定期检查维修记录表；

5) 已建立泡沫灭火系统的技术档案。

3.5.3　泡沫灭火系统水力计算

泡沫灭火系统水力计算的目的是合理选择消防泵、确定各管道的直径，保证所设计系统的泡沫混合液供给强度和连续供给时间满足规范要求且合理。

3.5.3.1　泡沫混合液流量

泡沫产生器或高背压泡沫产生器型号和数量确定后，按制造商提供的压力—流量特性曲线确定其流量。若制造商提供了 K 系数，可按下式计算泡沫混合液流量：

$$q = K(10p)^{0.5} \tag{3.17}$$

式中 K——泡沫产生器的流量特性系数；

p——泡沫产生器进口压力，MPa。

所有泡沫产生器或高背压泡沫产生器工作压力和流量确定之后应计算通过各管段的最大泡沫混合液或泡沫流量。如果一个储罐区储存了多种可燃液体，并且立式储罐种类也不同，设计者在不能准确判断系统主管道的最大流量按那一个（或几个）储罐进行计算时，应逐个计算。计算液下喷射系统的泡沫流量时，泡沫倍数按 3 倍计算。注意此处计算的最大泡沫混合液流量是为水力计算初步确定的，不是最终值。具体计算公式如下：

$$Q = \sum q + \sum qpQ \tag{3.18}$$

式中 q——每个泡沫产生器流量，L/s；

qpQ——每支辅助泡沫枪的泡沫混合液流量，L/s。

3.5.3.2 系统管道直径

管道直径按下式计算确定：

$$d = 10\left(\frac{4Q}{10\pi V}\right)^{0.5} \tag{3.19}$$

式中 Q——管道的最大泡沫混合液或泡沫流量，L/s；

V——管道的泡沫混合液或泡沫流速，m/s。

流速要求是保证经济流速和较好的水力特性。储罐区泡沫系统管道内的泡沫混合液流速不宜大于 3m/s。液下喷射系统管道内的泡沫由于倍数较低，物理性质很不稳定，其 25% 析液时间约 2～3min，如果流速过小、流动时间过长，势必造成部分液体析出，影响泡沫的灭火效果。较高的泡沫流速，有利于泡沫在流动中的搅拌、混合，减少泡沫流动中的析液，在压力损失允许的情况下应尽量提高泡沫流速，适宜的泡沫流速为 3～9m/s（泡沫喷射管除外）。

3.5.3.3 沿程压力损失

泡沫混合液管道的沿程压力损失应按下式计算，

$$i = 0.0000107V^2/D^{1.3} \tag{3.20}$$

式中 i——每米泡沫混合液管道的压力损失，kPa；

V——管道内泡沫混合液的平均流速，m/s；

D——管道的内径，mm。

泡沫管道的压力损失按下式计算：

$$h = CQ^{1.72} \tag{3.21}$$

式中 h——泡沫管道单位长度压力损失，kPa；

C——管道压力损失系数；

Q——泡沫消防泵的流量，L/s。

3.5.3.4 泡沫消防泵流量与扬程

泡沫消防泵的流量按下式计算确定：

$$Q = K_1 Q_j \tag{3.22}$$

式中 K_1——系统裕度，一般大于或等于1.05；

Q_j——系统的泡沫混合液计算量，L/s。

泡沫消防泵扬程应按下式计算确定：

$$H = \sum h + h_0 + h_z \tag{3.23}$$

式中 $\sum h$——系统管道的沿程压力损失与局部压力损失之和，kPa；

h_0——最不利点处泡沫产生器的工作压力，kPa；

h_z——最不利点处泡沫产生器与消防水池最低水位间的静压，kPa。

3.5.3.5 系统泡沫液和水的设计用量

储罐区泡沫系统的泡沫混合液用量包括三部分，主要部分是罐内用量，其次是辅助管枪用量，再者是管道剩余量。泡沫系统扑救一次火灾的泡沫混合液设计用量可按下式计算，并应按三者之和最大的一个储罐确定：

$$V = A_1 R_1 T_1 + nQ_f t + V_s \tag{3.24}$$

式中 A_1——单个储罐的保护面积，m^2；

R_1——泡沫混合液供给强度，L/s；

T_1——泡沫混合液连续供给时间，h；

n——计算储罐的辅助泡沫枪数量；

Q_f——每支辅助泡沫论的泡沫混合液流量，L/s；

t——泡沫枪的混合液连续供给时间，min；

V_s——系统管道内泡沫混合液剩余量，L。

计算出泡沫混合液用量后，按其中泡沫液与水的比例即可确定泡沫液和水的用量。在确定泡沫液实际储量时，应考虑储罐的剩余量；同样水池的储水量应考虑水池中不能吸取的水量。

3.6 灭火器

灭火器是一种可由人力移动的轻便灭火器具，它能在其内部压力作用下，将所充装的灭火剂喷出，用来扑灭火灾。由于其结构简单，操作方便，使用面广，对扑灭初起火灾效果明显。因此，在企业、机关、商场、公共楼宇、住宅和汽车、轮船、飞机等交通工具上，随处可见，已成为群众性的常规灭火器具。因此，了解和掌握灭火器的使用常识，在发生火灾事故时，能及时正确地把火灾消灭在初发阶段，减少损失，显得非常必要。

3.6.1 灭火器分类及性能要求

3.6.1.1 灭火器的分类

灭火器的种类很多，按其移动方式可分为手提式和推车式；按驱动灭火剂的动力来源可分为储气瓶式、储压式和化学反应式；按所充装的灭火剂划分有泡沫灭火器、干粉灭火器、卤代烷灭火器、二氧化碳灭火器、酸碱灭火器及清水灭火器等。我国灭火器的型号编制是由类、组、特征代号和主参数四个部分组成。类、组、特征代号用汉语拼音字母表示具有代表性的字头，主参数是灭火剂的充装量，其型号编制方法如表3.13所示。

表 3.13　各类灭火器的型号编制方法

类	组	代号	特　征	代 号 含 义	主要参数	
					名称	单位
灭火器 M（灭）	水 S（水）	MS	酸碱	手提式酸碱灭火器	灭火剂充装量	L
		MSQ	清水，Q（清）	手提式清水灭火器		
	泡沫 P（泡）	MP	手提式	手提式泡沫灭火器		L
		MPZ	舟车式，Z（舟）	舟车式泡沫灭火器		
		MPZ	推车式，T（推）	推车式泡沫灭火器		
	干粉 F（粉）	MF	手提式	手提式干粉灭火器		kg
		MFB	背负式，B（背）	背负式干粉灭火器		
		MFT	推车式，T（推）	推车式干粉灭火器		
	二氧化碳 T（碳）	MT	手提式	手提式二氧化碳灭火器		kg
		MTZ	鸭嘴式，Z（嘴）	鸭嘴式二氧化碳灭火器		
		MTT	推车式，T（推）	推车式二氧化碳灭火器		
	1211 Y（1）	MY	手提式	手提式 1211 灭火器		kg
		MYT	推车式	推车式 1211 灭火器		

3.6.1.2　灭火器的性能要求

A　喷射性能

喷射性能是指对灭火器喷射灭火剂的技术要求。它包括有效喷射时间、喷射滞后时间、喷射距离和喷射剩余率：

（1）有效喷射时间。有效喷射时间是指灭火器在保持最大开启状态下，自灭火剂从喷嘴喷出至喷射结束的时间。不包括驱动气体喷射结束时间。

（2）喷射滞后时间。喷射滞后时间是指自灭火器阀门开启或达到相应的开启状态时至灭火剂从喷嘴喷出的时间。在（20±5）℃时，手提式灭火器的喷射滞后时间不得大于5s；推车式灭火器的喷射滞后时间不得大于10s；可间歇喷射的手提式灭火器，每次间歇喷射的滞后时间不得大于3s；推车式灭火器每次间歇喷射的滞后不得大于5s。

（3）喷射距离。喷射距离是指从灭火器喷嘴的顶端到喷出灭火剂最集中处的中心的水平距离。

（4）喷射剩余率。喷射剩余率是指额定充装灭火剂的灭火器在喷射至灭火器内部压力与外界大气压力相等时，内部剩余的灭火剂量相对于喷射前灭火剂充装量的重量百分比。在（20±5）℃时，灭火器的喷射剩余率不得大于10%。

B　使用温度性能

灭火器的使用温度应取下列规定的某一温度范围：4～55℃、－10～55℃、－20～55℃、－40～55℃或－55～55℃。灭火器在上述温度范围内的喷射性能与在（20±5）℃时的喷射性能相比，有效喷射时间的偏差不大于25%；且在最高使用温度时的有效时间不得小于6s；喷射剩余率不得大于15%；手提式灭火器的喷射滞后时间不得大于5s；推车式灭火器的喷射滞后时间不得大于15s。

C 灭火性能

灭火器的灭火性能是指灭火器扑灭火灾的能力。灭火性能用灭火级别表示。灭火级别由数字和字母组成。如3A、21A、5B、20B等，数字表示灭火级别的大小，数字越大，灭火级别越高，灭火能力越强。字母表示灭火级别的单位和适于扑救的火灾种类。灭火器的灭火级别是通过试验确定的。

D 密封性能

密封性能是指灭火器在喷射过程中各连接处的密封性能和长期保存时驱动气体不泄漏的性能。灭火器及其贮气瓶应具有可靠的密封性能，其泄漏量应符合下列规定：

（1）由灭火剂蒸气压力驱动的贮压式灭火器和二氧化碳贮气瓶，用称重法检查泄漏量。灭火器年泄漏量不得大于灭火剂额定充装量的5%或50g。贮气瓶年泄漏量不得大于额定充装重量的5%。

（2）充有非液化气体的贮压式灭火器和贮气瓶，应用测压法检查泄漏量。每年其内部压力降低值不得大于20℃时额定充装压力的10%。

E 机械强度

为了确保灭火器使用安全可靠，其零、部件必须具有足够的机械强度。评定灭火器机械强度有三个指标，即设计压力、试验压力和爆破压力。

（1）设计压力：灭火器的设计压力应根据灭火器在60℃时，其内部的最高压力来确定。它与灭火剂数量、加压气体数量等因素有关。

（2）试验压力：灭火器制成后或使用一定时间，均需进行水压试验。为确保灭火器安全，试验压力应为设计压力的1.5倍。试验时不得有渗漏和宏观变形等影响强度的缺陷。

（3）爆破压力：灭火器的爆破压力受到材料的机械性能和零件质量的影响。为保障使用安全，一般取3倍的设计压力作为爆破压力。

F 结构要求

（1）灭火器的操作机构应简单灵活，性能可靠。操作机构应设有保险装置，保险装置的解脱动作应区别于灭火器的开启动作，其解脱力不得大于100N。操作机构的开启动作应能一次完成。

（2）手提式的水、泡沫、干粉灭火器和推车式灭火器应设有卸压结构，以保证在滞压情况下能安全拆卸。

（3）干粉、卤代烷和二氧化碳灭火器的灭火剂量大于或等于4kg时，应设有可间歇喷射的结构和喷射软管。

（4）灭火器的设计压力大于2.2MPa时，应设有超压安全保护装置，即安全膜或安全阀。

各个型号灭火器的主要性能参数见表3.14。

表 3.14 灭火器的型号和主要性能参数

灭火器类型	特征	项目规格	充装剂量/kg	有效喷射时间最小值/s	有效喷射距离最小值/m	使用温度范围/℃	灭火级别
强化液灭火器	手提式	MQH4	0.15	30	7	-22~55	3A/1B
		MQH8	0.3	40	7	-22~55	5A/1B
化学泡沫灭火器	手提式	MP3		30	4		
		MP6		40	6		
		MP9		60	8		
	推车式	MPT40		120	9		
		MPT65		150	9		
		MPT90		180	9		
干粉灭火器	手提式	MF1	1	6	2.5	-10~55	3A/2B
		MF2	2	8	2.5	-10~55	5A/5B
		MF3	3	8	2.5	-10~55	5A/7B
		MF4	4	9	4	-10~55	8A/10B
		MF5	5	9	4	-10~55	8A/12B
		MF6	6	9	4	-10~55	13A/14B
		MF8	8	12	5	-10~55	13A/18B
		MF10	10	15	5	-10~55	21A/20B
	推车式	MFT25	25	15	8		21A/35B
		MFT35	35	20	8		27A/65B
		MFT50	50	25	9		34A/65B
		MFT70	70	30	9		43A/90B
		MFT100	100	35	10		55A/120B
二氧化碳灭火器	手提式	MT2	2	8	1.5	-10~55	1B
		MT3	3	8	1.5	-10~55	2B
		MT5	5	9	2.0	-10~55	3B
		MT7	7	12	2.0	-10~55	4B
	推车式	MTT20	20	15	4	-10~55	8B
		MTT25	25	15	4		10B

3.6.2 泡沫灭火器

泡沫灭火器指灭火器内充装的灭火药剂为泡沫灭火剂。又分化学泡沫灭火器和空气泡沫灭火器。

3.6.2.1 化学泡沫灭火器

化学泡沫灭火器内充装有酸性（硫酸铝）和碱性（碳酸氢钠）两种化学药剂的水溶液。使用时，将两种溶液混合引起化学反应生成灭火泡沫，并在压力的作用下喷射灭火。

类型有手提式、舟车式和推车式三种。

A MP型手提式化学泡沫灭火器

手提式化学泡沫灭火器按照充装灭火剂的容量，分有6L和9L两种规格，其型号分别为MP6和MP9。其主要性能指标见表3.15。

表3.15 手提式化学泡沫灭火器的技术性能

项目规格			MP6	MP9
灭火剂灌装量	酸性剂	硫酸铝/g	600±10	900±10
		清水/mL	1000±50	1000±50
	碱性剂	碳酸氢钠/g	430±10	650±10
		清水/mL	4500±100	750±100
有效喷射时间/s			≥40	≥60
有效喷射距离/m			≥6	≥8
喷射滞后时间/s			≤5	≤5
喷射剩余量/%			≤10	≤10

手提式化学泡沫灭火器由筒体、筒盖、瓶胆、瓶夹及喷嘴等组成，其构造如图3.21所示。筒体是充装碳酸氢钠溶液的容器，使用时要承受一定的工作压力。一般采用1.2～1.5mm厚的钢板焊接而成，其设计压力为1.5～2.0MPa；水压试验压力为2.3～3.0MPa。筒盖是封闭筒体的盖子，一般采用2.5mm钢板或铝合金制成。为增强密封性能，筒体与筒盖之间有密封垫圈。瓶胆也称内胆。是充装硫酸铝溶液的容器，一般采用耐热玻璃或耐酸的工程塑料制成，并以瓶夹固定，悬挂大筒体的正中上方。喷嘴安装在筒盖的前侧，结构较简单，用金属或工程塑料制造，它的根部还装有滤网，以防止杂质堵塞。

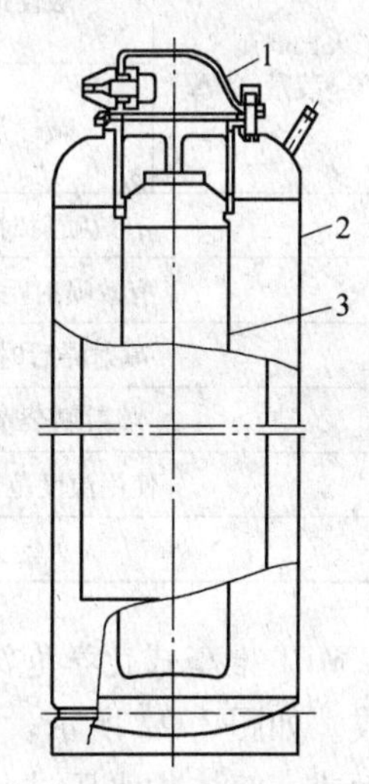

图3.21 手提式化学泡沫灭火器
1—筒盖；2—筒体；3—瓶胆

手提式化学泡沫灭火器适用于扑救一般B（液体）类火灾，如石油制品、油脂类火灾，也可适用A类（固体）火灾，但不能扑救B类火灾中的水溶性可燃、易燃液体火灾，如醇、酮、醚、酯等物质火灾；也不适用扑救带电设备及C类（气体）和D类（金属）火灾。火灾发生后，救援人员手提筒体上部的提环，迅速赶赴着火部位，当距着火点10m左右时，可将筒体颠倒过来。一只手紧握提环，另一只手扶住筒底的底圈，将泡沫射流对准燃烧物。扑救液体火灾时应根据火场情况采取灭火措施，如液体已呈流淌状燃烧，则将泡沫由远而近喷射，使泡沫完全覆盖在燃烧液面上；如在容器内燃烧，应将泡沫射向容器的内壁，使泡沫沿着内壁流淌，逐步覆盖着火液面。切忌直接对准液面喷射，以免由于射流冲击将燃烧的液体冲散或冲出容器，扩大燃烧范围。在扑救固体物质的火灾时，应将射流对准燃烧最猛烈处。灭火时，随着灭火器有效喷射距离的缩短，使用者应逐渐向燃烧区靠近，并始终将泡沫喷射在燃烧物上，直至灭火。

提取灭火器时应注意，不得使灭火器过分倾斜，更不能横拿或颠倒，以免两种药剂混合。灭火器应存放在干燥、阴凉、通风并取用方便之处，不可靠近高温或可能受到曝晒的地方，以避免碳酸氢钠分解而失效；冬季要采取防冻措施，以防止药剂冻结；并应经常疏通喷嘴、使之保持畅通。

B MPZ 型手提舟车式化学泡沫灭火器

MPZ 型手提舟车式化学泡沫灭火器的主要性能、构造、适用范围及使用方法等与 MP 型手提式化学泡沫灭火器基本相同。所不同的是灭火器的瓶胆上装有密封瓶盖，在器盖上装有开启瓶盖的机构，这样可以防止车辆、船舶行驶时，由于剧烈震动或颠簸而使两种药剂混合。瓶盖的开启机构设在器盖的上部，由开启手柄、密封压杆和弹簧等组成。使用时，将开启手柄向上扳起，密封压杆依靠弹簧的弹力即可将密封瓶盖打开。

C MPT 型推车式化学泡沫灭火器

MPT 型推车式化学泡沫灭火器按所充装的灭火剂量有 40、65 和 90L 三种规格，型号分别为 MPT40、MPT65 和 MPT90。其主要性能参数见表 3.16。

表 3.16 MPT 型推车式化学泡沫灭火器的主要性能参数

项目			MPT40	MPT65	MPT90
灭火剂充装量	酸性剂	硫酸铝/g	4000 ± 700	6500 ± 700	9000 ± 700
		清水/mL	7000 ± 500	11000 ± 500	16000 ± 500
	碱性剂	碳酸氢钠/g	3000 ± 500	4500 ± 500	6200 ± 500
		清水/mL	31000 ± 1000	49000 ± 1000	68000 ± 1000
有效喷射时间/s			≥120	≥150	≥180
有效喷射距离/m			≥9.0	≥9.0	≥9.0
喷射滞后时间/s			≤10.0	≤10.0	≤10.0
喷射剩余量/%			≤15.0	≤15.0	≤15.0
使用温度范围/℃			4 ~ 55	4 ~ 55	4 ~ 55
灭火能力			13A/18B	21A/24B	27A/35B

MPT 推车式化学泡沫灭火器由筒体、筒盖、瓶胆、瓶盖启闭机构、喷射系统和车身等组成。如图 3.22 所示。筒体是存装碳酸氢钠溶液的容器，采用 3.5 ~ 4.0mm 厚的钢板焊接而成。筒体的水压试验压力为 2.2 ~ 3.0MPa。筒盖一般用铸铁或铝合金压铸而成。筒盖上装有瓶盖的启闭机构；有的还装有安全阀，它的泄放压力为 1.4 ~ 2.0MPa，当筒体内压力超过规定时，能自动泄压，确保使用安全。瓶胆是存放硫酸铝溶液的容器，一般用耐酸的工程塑料制成。它由瓶夹固定，悬挂在筒体上方。瓶胆口有密封盖，平时严密紧闭，防止胆内溶液流出。瓶盖启闭机构由带有密封圈的瓶盖、升降螺杆及手轮组成。启用时，按逆时针方向转动手轮，螺杆随之上升带动瓶盖亦上升即开启。喷射系统由滤网、阀门、喷射转管及喷枪构成。滤网可防止溶液内杂质堵塞喷枪；阀门是开关泡沫喷射的机构；喷枪用铝合金或工程塑料制成；喷射软管用纤维编织层的橡胶管，长度在 6m 左右。车身由车轮、减震装置、车架、拉杆及固定喷枪和软管的夹层组成。

MPT 型推车式化学泡沫灭火器扑救火灾的适用范围相同于 MP 型手提式化学泡沫灭火

器。使用时，一般由两人操作，先将灭火器迅速推到火场，在距着火点10m左右停下，由一人施放喷射软管后，双手紧握喷枪并对准燃烧处；另一人逆时针方向转动手轮，将螺杆开启到最高位置，然后将筒体向后倾倒，并将出口阀门手柄旋转90°，即可进行泡沫灭火。由于该种灭火器的装药量大，喷射距离远，连续喷射的时间长，可用来扑救较大面积的储槽或油罐车等处的初起火灾。

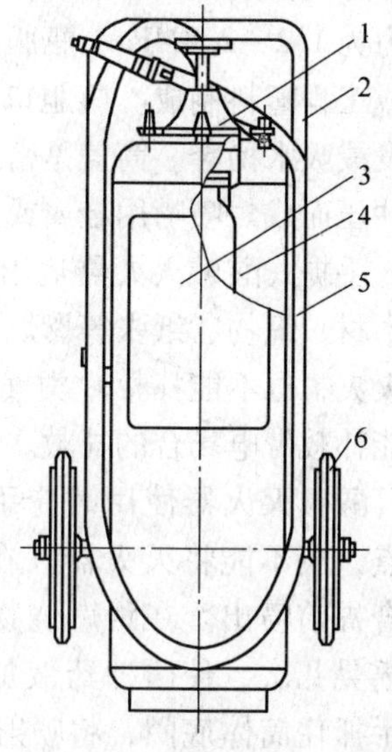

图3.22　MPT型推车式化学泡沫灭火器

1—筒盖；2—车架；3—筒体；4—瓶胆；5—喷射软管；6—车轮

3.6.2.2　空气泡沫灭火器

空气泡沫灭火器内部充装90%的水和10%的空气泡沫灭火剂。依靠二氧化碳气体将泡沫压送至喷射软管，经喷枪作用产生泡沫。按照所装灭火剂种类不同，可分蛋白泡沫灭火器、氟蛋白泡沫灭火器、抗溶性泡沫灭火器和“轻水”泡沫灭火器。虽然它们类型各异，但组成及使用方法大体相似。例如MQP3型“轻水”泡沫灭火器由筒身、操纵机构、二氧化碳钢瓶、启闭机构和喷射系统组成。需要注意的是，空气泡沫灭火器在使用时不能将灭火器颠倒或横卧使用，否则会中断喷射。

3.6.3　酸碱灭火器

酸碱灭火器是一种内部装有65%的工业硫酸和碳酸氢钠的水溶液作为灭火剂的灭火器。使用时，两种药液混合发生化学反应，产生二氧化碳压力气体，灭火剂在二氧化碳气体的压力下喷出灭火。

手提式酸碱灭火器按灭火剂的充装量分有7L、9L两种规格，其型号分别为MS7和MS9。其技术性能参数见表3.17。

表3.17　手提式酸碱灭火器技术性能

项目规格				MS7	MS9
灭火剂灌装量	酸液	硫酸	量/mL	100±5	110±5
			纯度/%	60~65	60~65
	碱液	碳酸氢钠	量/mL	430±10	460±10
			纯度/%	85~92	85~92
		水	量/L	6.7±0.1	8.7±0.1
有效喷射时间/s				≥40	≥50
有效喷射距离/m				≥6	≥6
喷射滞后时间/s				≤5	≤5
喷射剩余量/%				≤10	≤10
灭火能力				5A	8A

手提式酸碱灭火器由筒体、瓶胆、瓶夹、筒盖和喷嘴等组成，如图3.23所示。筒体

用于存装碳酸氢钠水溶液，由1.2mm钢板焊接而成。水压试验压力为1.2～2.8MPa。瓶胆用于存装工业硫酸，一般由耐热玻璃或工程塑料制成。瓶胆口一般设有玻璃或铅塞，以防止硫酸蒸发或吸水稀释。筒盖是密封筒体的盖子，一般用2.5mm的钢板冲压而成。喷嘴用金属或胶木等材料制成。

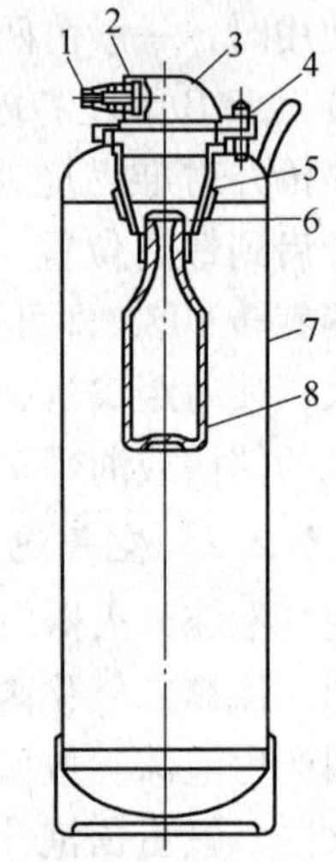

图3.23　MS型手提式酸碱灭火器

1—喷嘴；2—滤网；3—筒盖；4—密封垫圈；5—瓶夹；6—铅盖；7—筒体；8—瓶胆

手提式酸碱灭火器适用于扑救A类物质燃烧的初起火灾，如木材、织物、纸张等燃烧的火灾。它不能扑救B类物质燃烧的火灾，也不能扑救C类气体火灾和D类轻金属火灾。同时也不能扑救带电场合的扑救。

酸碱灭火器使用时应手提筒体上部提环，迅速奔到着火地点，决不能将灭火器扛在背上或过分倾斜，以防两种药液混合提前喷出。在距燃烧物6m左右时，将灭火器颠倒过来，并摇晃几次，使两种药液加快混合；一只手握住提环，另一只手抓住筒体底圈，将喷射的泡沫射流对准燃烧物体灭火。

3.6.4　干粉灭火器

干粉灭火器以液态二氧化碳或氮气作为动力，将灭火器内干粉灭火药剂喷出而进行灭火。干粉灭火器适用扑救石油、可燃液体、可燃气体、可燃固体物质的初期火灾。这种灭火器由于灭火速度快、灭火效力高，广泛应用于石油化工企业。

干粉灭火器按充入的干粉药剂分类，有碳酸氢钠干粉灭火器，也称BC干粉灭火器；磷酸铵盐干粉灭火器，也称ABC干粉灭火器；按加压方式分类有储气瓶式和储压式；按移动方式分类有手提式和推车式。

3.6.4.1　手提式干粉灭火器

手提式干粉灭火器按充装的干粉药剂量，有1kg、2kg、3kg、4kg、5kg、6kg、8kg、10kg等8种。其型号有MF1、MF2、MF3、MF4、MF5、MF6、MFS、MF10。其技术性能参数如表3.14所示。

A　储气瓶式干粉灭火器

储气瓶式干粉灭火器主要由筒体、器盖、储气瓶、喷射装置组成。筒体是充装干粉药剂的容器，其水压试验压力为2.4～3.0MPa，由1.2～2.0mm厚的钢板焊接制成；器盖是密封筒体的盖子，在其上部装有开启机构和喷嘴或喷射软管，下部有出粉管，出气管；储气瓶是充装二氧化碳驱动气体的容器，其设计压力为14.7～17.0MPa，水压试验压力为22.5～25.0MPa；喷射装置由出粉管、喷射软管和喷嘴组成。储气瓶式干粉灭火器按储气瓶安装的位置有外挂式和内置式两种。图3.24和图3.25分别为外挂式储气瓶干粉灭火器结构图和内置式干粉灭火器结构图。

B　贮压式干粉灭火器

贮压式干粉灭火器与储气瓶式干粉灭火器结构的区别在于：储气瓶式有单独的储气瓶；而储压式则无储气瓶，但有一块显示筒体内部压力的显示器。

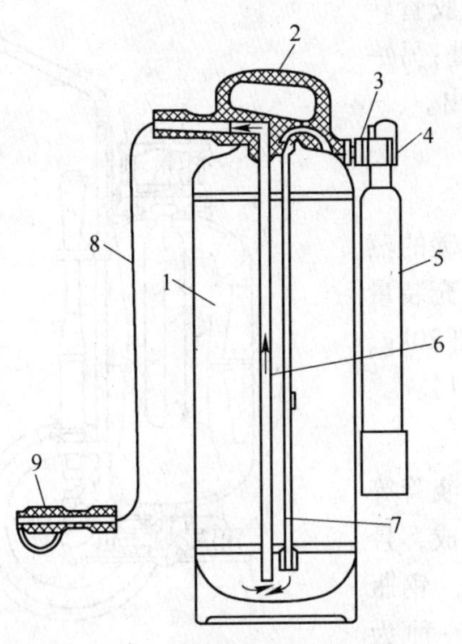

图3.24 MF型手提外挂式干粉灭火器

1—进气管；2—出粉管；3—二氧化碳钢瓶；4—螺母；5—提环；6—筒体；7—喷粉胶管；8—喷枪；9—拉环

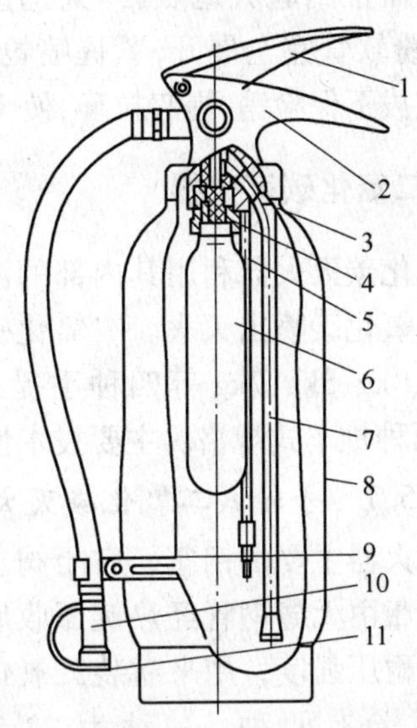

图3.25 MF型手提内置式干粉灭火器

1—压把；2—提把；3—刺针；4—密封膜片；5—进气管；6—二氧化碳钢瓶；7—出粉管；8—筒体；9—喷粉管固定夹箍；10—喷粉管（带提环）；11—喷嘴

常用的贮压式干粉灭火器有碳酸氢钠干粉灭火器和磷酸铵盐干粉灭火器。碳酸氢钠干粉灭火器适用于易燃、可燃液体，气体及带电设备的初起火灾扑救。磷酸铵盐干粉灭火器除用于扑救易燃、可燃液体、气体及带电设备火灾扑救外，还可扑救固体类物质的初起火灾扑救。但不能扑救轻金属燃烧的火灾。

C 干粉灭火器使用方法

灭火时，救援人员可手提或肩扛灭火器奔向火场，在燃烧处5m左右，选择上风位置，一手紧握喷粉胶管，一手打开开启装置喷射。若是外挂式储气瓶干粉灭火器，操作者提起储气瓶上的开启提环；内置式储气瓶或储压式，操作者应先将开启把上的保险销拔下，然后将开启压把压下。

干粉灭火器扑救可燃、易燃液体火灾时，应对准火焰根部扫射。如被扑救的液体火灾呈流淌状燃烧，应对准火焰根部由近而远，并左右扫射，直至把火焰全部扑灭；如可燃液体在容器内燃烧，应对准火焰根部左右晃动扫射，使干粉雾流覆盖容器开口表面。切不能将喷嘴直接对准液面喷射，防止喷流冲击力将可燃液体溅出容器造成火势蔓延扩大。

3.6.4.2 MFT推车式干粉灭火器

MFT推车式干粉灭火器按干粉灭火剂充装量分有20kg、25kg、35kg、50kg、70kg、100kg 6种；按加压气体储气方式分有储气瓶式和储压式两种；按干粉灭火药剂种类分有碳酸氢钠干粉灭火器和磷酸铵盐干粉灭火器。其主要技术性能参数见表3.14。

推车式干粉灭火器的构造与手提式干粉灭火器的构造基本相同，主要有干粉罐体、二氧化碳储气瓶、进气管、出粉管、喷粉胶管、喷嘴、压力表、开关、车架、车轮等组成（见图3.26）。

MFT推车式干粉灭火器灭火适用范围与MF干粉灭火器相同。在火灾救援中，救援人员将灭火器推到起火地点,一人迅速打开喷粉胶管转盘,使喷粉软管完全展开,紧握喷枪对准燃烧处;另一人则迅速拔下保险销,提起拉环,使干粉药剂喷出。

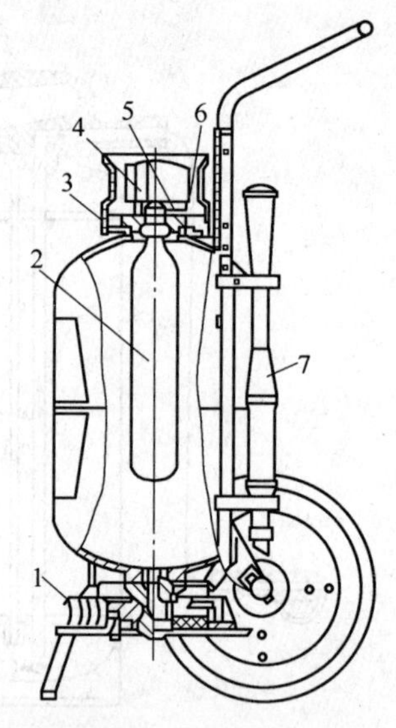

图 3.26　推车式干粉灭火器

1—出粉管；2—钢瓶；3—护罩；4—压力表；5—进气压杆；6—提环；7—喷枪

3.6.5　二氧化碳灭火器

二氧化碳灭火器利用其内部的液态二氧化碳的蒸气压将二氧化碳喷出灭火。二氧化碳灭火器按充装量分有 2kg、3kg、5kg、7kg 等四种手提式的规格和 20kg、25kg 等两种推车式规格。主要技术性能见表 3.14。

3.6.5.1　手轮式二氧化碳灭火器

该灭火器主要由钢瓶、启闭阀、喷筒、出液管等组成。钢瓶由无缝钢管经热旋压收底、收口制成，且有较高的耐压强度，用来灌装二氧化碳灭火剂。钢瓶的水压试验有两种，一种为 22.5MPa，另一种为 25.0MPa。启闭阀采用钢锻制，有良好的密封性，由手轮的转动控制开闭；其下部有一根钢制或尼龙材料制成的出液管直通瓶底。喷筒为喇叭状，由一根钢管与启闭阀出口相连。为确保安全，当瓶内二氧化碳灭火剂蒸气压达到 17.0MPa 以上时，启闭阀一侧的安全膜片会自行爆破，释放二氧化碳气体，其构造如图 3.27 所示。

3.6.5.2　鸭嘴式二氧化碳灭火器

鸭嘴式二氧化碳灭火器的构造与手轮式大致相同，只是启闭阀的开启形式不同和喷筒的钢丝编织胶管与启闭阀相连。启闭阀为手动开启，手一松开即自动关闭，又称手动开启自动关闭型。其结构如图 3.28 所示。

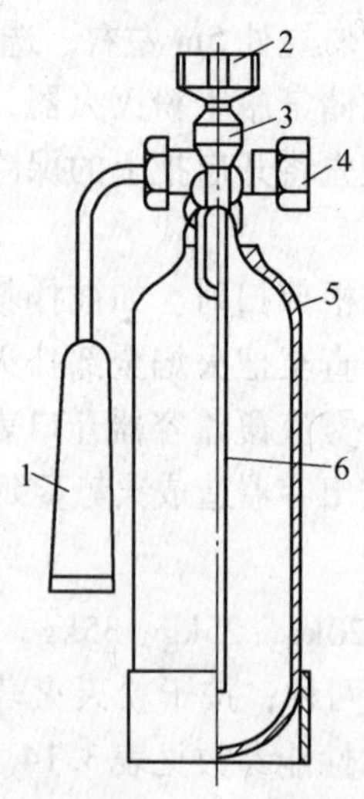

图 3.27　MT 型手轮式二氧化碳灭火器

1—喷筒；2—手轮；3—启闭阀；4—安全阀；5—钢瓶；6—虹吸管

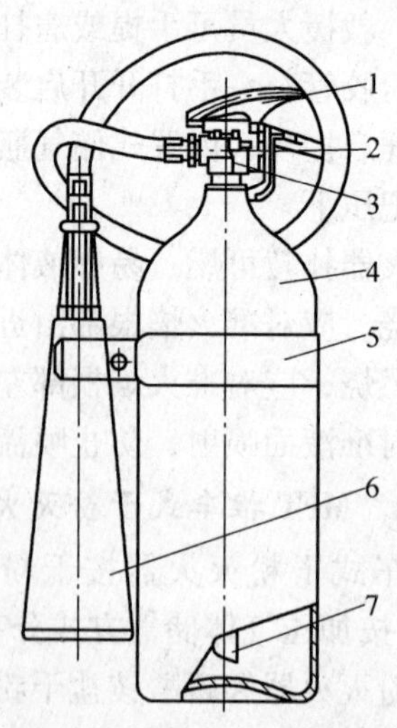

图 3.28　MTZ 型鸭嘴式二氧化碳灭火器

1—压把；2—提把；3—启闭阀；4—钢瓶；5—长箍；6—喷筒；7—虹吸管

3.6.5.3 二氧化碳灭火器适用范围及使用方法

由于二氧化碳灭火剂具有灭火不留痕迹，并有一定的电绝缘性等特点，所以它适宜扑救600V以下的带电电器、贵重设备、图书资料、仪器仪表等场所的初起火灾，以及一般可燃液体的火灾。

火灾发生时，将二氧化碳灭火器提到起火地点，在距燃烧物5m处，将喷嘴对准火源，打开开关，即可进行灭火。若使用鸭嘴式二氧化碳灭火器，应先拔下保险销，一手紧握喇叭口根部，另一只手将启闭阀压把压下；若使用手轮式二氧化碳灭火器，应向左旋转手轮。使用二氧化碳灭火器需注意不能直接用手抓住喇叭口外壁或金属连接管，防止手被冻伤。在室外使用时，应选择上风方向喷射；室内窄小空间使用时，使用者在灭火后应迅速离开，防止窒息。

思考题

3-1 建筑消防给水的分类及主要组成有哪些？

3-2 简述低层建筑与高层建筑室内消防给水系统的异同。

3-3 消火栓系统的主要组件有哪些，其布置的具体要求是什么？

3-4 简述闭式与开式自动喷水灭火系统的组成。

3-5 气体灭火系统的原理是什么，有哪些类别？

3-6 提高气体灭火设施安全性的途径有哪些？

3-7 简述灭火器的分类方法及含义。

3-8 简述各类灭火器的特点及应用场合。

4 防排烟系统

4.1 建筑火灾中的烟气流动

众多建筑火灾案例表明，烟气是导致建筑火灾人员伤亡的最主要原因，如何有效地控制火灾中的烟气流动，对保证人员安全疏散以及消防灭火救援行动的展开起着重要的作用。无论是两个不同的火场，还是同一火场中的不同时刻，烟气的差别很大，成分也非常复杂。总体而言，火灾烟气是由以下三类物质组成的具有较高温度的均匀混合物，即：(1) 气相燃烧产物；(2) 未完全燃烧的液、固相分解物和冷凝物微小颗粒；(3) 未燃的可燃蒸汽和卷吸混入的大量空气。火灾烟气中含有众多的有毒和有害成分、腐蚀性成分及颗粒物等，加之火灾环境高温、缺氧、能见度低等，对生命财产以及生态环境都会造成很大危害。

4.1.1 建筑火灾烟气的特性

建筑火灾的统计分析表明，死亡人数中有80%左右是由于烟气毒性致死的。近年来由于大量的塑料制品用于建筑物内，以及空调设备和无窗房间增多等原因，烟气致死的比例在显著增加。在某些宾馆或歌舞厅的火灾中，烟气的致死比例甚至高达80% ~90%。建筑火灾中烟气对人员的危害过程可以分为三个阶段：

第一阶段：火灾增长期。该阶段人员尚未受到来自火灾区的烟气和热量的影响，此时影响人员疏散逃生的重要因素是大量的心理行为因素，诸如人员对火灾的警惕程度、对火灾警报的反应以及对地形的熟悉程度等；

第二阶段：火场烟气和热量包围时期。该阶段中，烟气对人的刺激和人的生理因素影响着人员的逃生能力。因此此时火灾烟气的刺激性及毒性物质的生成对于人员逃生非常重要。

第三阶段：火灾中人员死亡期。该阶段致死的主要因素可能是烟气窒息、毒性、灼烧或其他作用。

因此，火灾烟气的作用在上述第二阶段和第三阶段尤其重要。从烟气特性方面来说，其危害性主要有以下几个方面。

4.1.1.1 毒害性

首先，火灾中由于燃烧本身消耗大量的氧气，使得烟气中的含氧量降低，缺氧是气体毒性的特殊情况。研究数据表明，仅考虑缺氧的影响时，当含氧量降至10%时就可能对人构成威胁。另外，烟气中含有大量的有毒气体，其中的CO、HCN、NH_3 等都是有毒性的气体；高分子材料燃烧时还会产生HCl、HF、丙烯醛、异氰酸酯等有害物质。表4.1中列出了人体对缺氧和几种主要有害及有毒气体的耐受极限。

表 4.1　人体对缺氧及主要有毒、有害气体的耐受极限

有害环境和气体	环境中最大允许浓度/10^{-6}	致人麻木的极限浓度	致人死亡的极限浓度
O_2	—	14%	6%
CO_2	5000	3%	20%
CO	50	2000×10^{-6}	13000×10^{-6}
HCN	10	200×10^{-6}	270×10^{-6}
H_2S	10	—	$(1000\sim2000)\times10^{-6}$
HCl	5	1000×10^{-6}	$(1300\sim2000)\times10^{-6}$
NH_3	50	3000×10^{-6}	$(5000\sim10000)\times10^{-6}$
HF	3	—	—
SO_2	5	—	$(400\sim500)\times10^{-6}$
Cl_2	1	—	1000×10^{-6}
$CoCl_2$	0.1	25×10^{-6}	50
NO_2	5	—	$(240\sim775)\times10^{-6}$

4.1.1.2　高温危害

火灾时物质燃烧产生大量热量，使烟气温度迅速升高。火灾初起（5～20min）烟气温度可达250℃；而后由于空气不足，温度有所下降；当窗户爆裂，燃烧加剧，短时间可达500℃。人暴露在高温烟气中，65℃时可短时忍受，在100℃左右的时候，人一般人只能忍受几分钟。吸入150℃或者更高温度的热烟气将引起人体的内部灼伤。

4.1.1.3　遮光作用

当光线通过烟气时，致使光强度减弱，能见距离缩短，称之为烟气的遮光作用。能见距离是指人肉眼能看到光源的距离。能见距离的缩短不利于人员的疏散，使人感到恐怖，给火灾现场带来恐慌和混乱状态，严重妨碍人员安全疏散和消防人员扑救。

4.1.2　建筑材料的发烟量与发烟速度

各种建筑材料在不同温度下，其单位质量所产生的发烟量是不同的，如表4.2所示。从中可以看出，木材类的建筑材料在温度升高时，发烟量有所减少，这主要是因为分解出的碳质微粒在高温下又重新燃烧，且温度升高后减少了碳质微粒的分解所致。另外，还可以看出，高分子有机材料能产生大量的烟气。

表 4.2　各种材料的发烟量

材　料　名　称	300℃	400℃	500℃
松/$m^3\cdot g^{-1}$	4.0	1.8	0.4
杉木/$m^3\cdot g^{-1}$	3.6	2.1	0.4
普通胶合板/$m^3\cdot g^{-1}$	4.0	1.0	0.4
难燃胶合板/$m^3\cdot g^{-1}$	3.4	2.0	0.6
硬质纤维板/$m^3\cdot g^{-1}$	1.4	2.1	0.6

续表 4.2

材料名称	300℃	400℃	500℃
锯木屑板/$m^3 \cdot g^{-1}$	2.8	2.0	0.4
玻璃纤维增强塑料/$m^3 \cdot g^{-1}$	—	6.2	4.1
聚氯乙烯/$m^3 \cdot g^{-1}$	—	4.0	10.4
聚苯乙烯/$m^3 \cdot g^{-1}$	—	12.6	10.0
聚氨酯/$m^3 \cdot g^{-1}$	—	14.0	4.0

除了发烟量以外，火灾中影响生命安全的另一重要因素就是发烟速度，即单位时间、单位质量可燃物的发烟量。表 4.3 中是由实验得到的各种材料的发烟速度。该表说明，木材类在加热温度超过 350℃时，发烟速度一般随温度的升高而降低，而高分子有机材料则恰好相反。同时可以看出，高分子材料的发烟速度比木材的要大得多，这是高分子材料的发烟系数大、燃烧速度快的缘故。

表 4.3　各种材料的发烟速度　　($m^3/(s \cdot g)$)

材料名称	加热温度/℃											
	225	230	235	260	280	290	300	350	400	450	500	550
针枞	—	—	—	—	—	—	0.72	0.80	0.71	0.38	0.17	0.17
杉	—	0.17	—	0.25	—	0.28	0.61	0.72	0.71	0.53	0.13	0.13
普通胶合板	0.03	—	—	0.19	0.25	0.26	0.93	1.08	1.10	1.07	0.31	0.24
难燃胶合板	0.01	—	0.09	0.11	0.13	0.20	0.56	0.61	0.58	0.59	0.22	0.20
硬质板	—	—	—	—	—	—	0.76	1.22	1.19	0.19	0.26	0.27
微片板	—	—	—	—	—	—	0.63	0.76	0.85	0.19	0.15	0.12
聚氨酯	—	—	—	—	—	—	—	1.58	2.68	5.92	6.90	8.96
玻璃纤维增强塑料	—	—	—	—	—	—	—	1.24	2.36	3.56	5.34	4.46
苯乙烯泡沫板 A	—	—	—	—	—	—	—	—	5.00	11.5	15.0	16.5
苯乙烯泡沫板 B	—	—	—	—	—	—	—	—	0.50	1.00	3.00	0.50
聚氨乙烯	—	—	—	—	—	—	—	—	0.10	4.50	7.50	9.70
聚苯乙烯	—	—	—	—	—	—	—	—	1.00	4.95	—	2.97

现代建筑中，高分子材料大量用于家具、建筑装修、管道及其保温、电缆绝缘等方面。一旦发生火灾，高分子材料不仅燃烧迅速，加快火势扩展蔓延，还会产生大量有毒浓烟，其危害远远超过一般可燃材料。

4.1.3　烟气的流动与蔓延

建筑物发生火灾后，烟气在建筑物内不断流动传播，不仅导致火灾蔓延，而且引起人员恐慌，影响疏散与扑救。引起烟气流动的因素有：扩散、烟囱效应、浮力、热膨胀、风力、通风空调系统等。其中扩散是由于浓度差而产生的质量交换，着火区的烟粒子或其他有害气体的浓度大，必然会向浓度低的地区扩散。

火灾烟气存在水平和垂直两个扩散方向。由于火灾产生烟气的温度高，其密度比周围空气密度小，故产生使烟气上升的浮力。烟气上浮过程中遇到水平楼板或顶棚后，改为沿水平方向继续流动，这就形成了烟气的水平扩散；当烟气进入管道井、楼梯间时，烟气在“烟囱效应”的作用下，迅速向上传播，形成烟气的垂直扩散。

烟气的扩散流动速度与烟气温度和流动方向有关。水平扩散时的动力主要由烟气的浮力转化而来，因而水平方向的扩散流动速度较小，在火灾初期为0.1~0.3m/s，在火灾中期为0.5~0.8m/s。在垂直通道中，烟气在“烟囱效应”产生的抽力作用下，上升的流动速度很大，可达6~8m/s，甚至更高。烟气温度越高．则浮力越大，“烟囱效应”愈加显著，因而流动速度越大。

4.1.3.1 烟气在着火房间内的流动

着火房间内产生的烟气，其密度比冷空气小，由于浮力作用向上升起，遇到水平楼板或顶棚时，改为水平方向继续流动，由于受到四周墙壁的阻挡和冷却，将沿墙向下流动，如图4.1所示。随着烟气的不断产生，烟气层将不断加厚，当烟气层的厚度达到门窗的开口部位时，烟气会通过开启的门、窗、洞口向室外和走廊扩散。

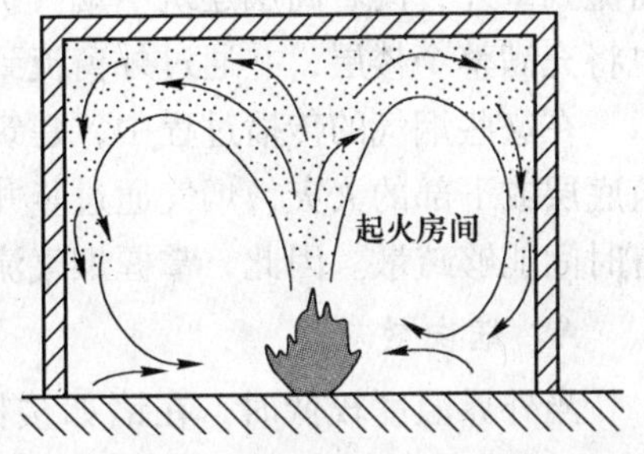

图4.1 着火房间内的烟气流动

当房门紧闭且无其他孔洞与走廊相通，外墙上的窗户呈开启状态时，烟气从室内排向室外。火焰和高温烟气从窗口喷出时的运动轨迹，取决于窗宽与1/2窗高之比。也就是说，当火焰和高温烟气从竖向长条形窗口喷出时，因被带走的附近的空气可从窗口两侧得到补充，故轨迹呈向上弯曲状，火势通过窗口向上蔓延的危险相对减少；当火焰及高温烟气从横向带形窗口喷出时，因被带走的附近的空气不能从窗口两侧得到及时补充，故火焰及高温烟气将附着在墙面向上流动，并延伸较长的距离，此时将对上层构成很大的威胁。

4.1.3.2 烟气在走廊内的流动

从房间内流向走廊的烟气，开始即贴附在顶棚下流动，由于受到冷却和与周围冷空气的混合，烟气层逐渐加厚下降，靠近顶棚和墙面的烟气易冷却，先沿墙面下降。随着流动路线的增长和周围空气混合作用的加剧，烟气由于温度逐渐下降而失去浮力，最后只在走廊中心剩下一个圆形空间，如图4.2所示。

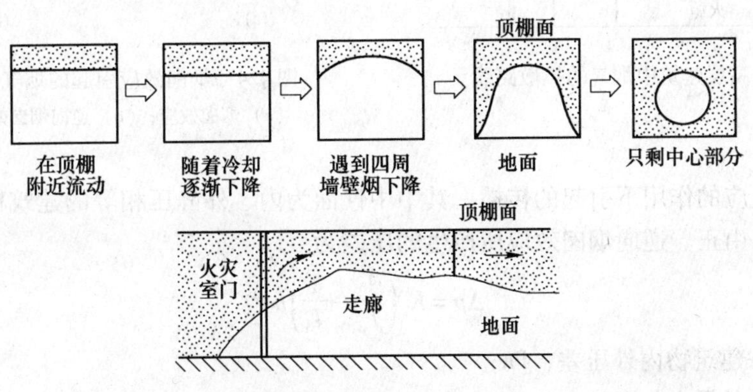

图4.2 烟气在走廊中的流动状态

4.1.3.3　烟气在建筑中的流动

当建筑发生火灾时，烟气在其内的流动扩散一般有三条路线：第一条，也是最主要的一条是着火房间→走廊→楼梯间→上部各楼层→室外；第二条是着火房间→室外；第三条是着火房间→相邻上层房间→室外。

图 4.3 为高层建筑发生火灾时典型的烟气扩散线路。房间着火后，室内温度急剧上升，室内空气迅速膨胀，导致门窗破裂，烟气通过门窗孔洞夺路而出。向室外和走廊中蔓延扩散。与此同时，着火房间的烟气还通过各种管道穿越楼板处的缝隙向相邻的上层房间扩散。从着火房间流到走廊的高温烟气遇到顶棚后改为水平方向流动，这时烟气只在走廊的上部流动，走廊下部仍为低温的空气层。当烟气通过走廊流入楼梯间、电梯间及管井等垂直通道时，迅速上升，很快到达建筑物的最顶层，使顶层的上部充满烟气，然后通过外窗流到室外，向着高层建筑中烟气扩散路线流到室外，向着火层相邻上层房间扩散的烟气也将充满整个楼层，并通过外窗流到室外。

在这些烟气的传播过程中，建筑内的各种垂直通道是烟气蔓延的主要途径。发生在建筑底层或下部的火灾，烟气通过竖井在数十秒内便可窜上几十层的高度，这使人员几乎没有时间能够疏散。因此．掌握烟气流动规律，对防排烟工程是十分重要的。

A　烟囱效应

当外界温度较低时，在诸如楼梯井、电梯井、垃圾井、机械管道等建筑物中的竖井内，空气通常自然向上运动，这一现象被称为烟囱效应。相反，当外界温度较高时，则在建筑物中的竖井内存在向下的空气流动，这种现象称为逆向烟囱效应。图 4.4 表示了火灾

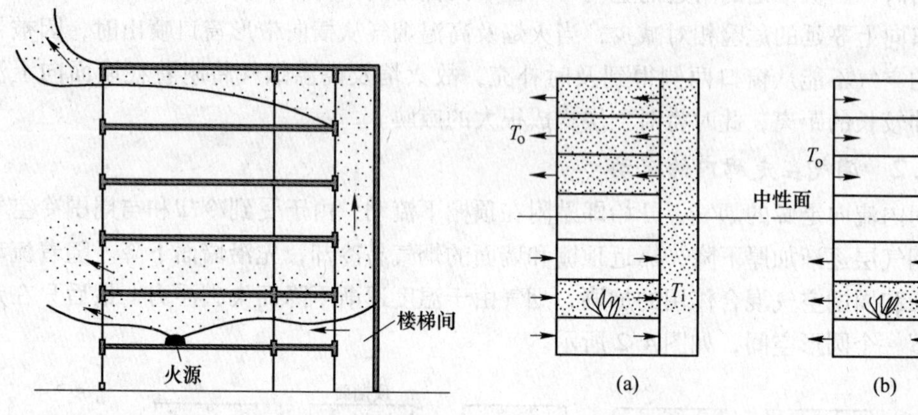

图 4.3 • 高层建筑中烟气的扩散路线

图 4.4　烟囱效应引起的烟气流动
（a）烟囱效应；（b）逆向烟囱效应

烟气在烟囱效应的作用下引起的传播，其中中性面为内、外静压相等的建筑横截面。在标准大气压下，由正、逆向烟囱效应所产生的压差为

$$\Delta p = K_s\left(\frac{1}{T_o} - \frac{1}{T_i}\right)h \tag{4.1}$$

式中　Δp——建筑物内外压差，Pa；

T_o——外界空气温度，K；

4.1.4.3　烟气控制的方法

烟气控制的主要目的是在建筑物内创造无烟或烟气含量极低的疏散通道或安全区。烟气控制的实质是控制烟气合理流动，也就是使烟气不流向疏散通道、安全区和非着火区，而尽量向室外流动。烟气控制的主要方法有：隔断或阻挡；疏导排烟；加压防烟。

A　隔断或阻挡

墙、楼板、门等都具隔断烟气传播的作用。为了防止火势蔓延和烟气传播，各国的法规中对建筑内部间隔都作了明文规定，规定了建筑中必须划分防火分区和防烟分区。所谓防火分区是指用防火墙、楼板、防火门或防火卷帘等分隔的区域，可以将火灾限制在一定局部区域内（在一定时间内），不使火势蔓延。当然防火分区的隔断同样也对烟气起了隔断作用。所谓防烟分区是指在设置排烟措施的过道、房间中，用隔墙或其他措施（可以阻挡和限制烟气的流动）分隔的区域。防烟分区是通过在区域边界上设置隔烟和隔烟设施而实现的，这些设施包括防烟垂壁和挡烟梁两大类。其基本的方法是在区域边界上形成围挡，使烟气不能越过阻碍物而继续流动，如图4.6所示。在火灾发展初期，挡烟垂壁和挡烟梁对阻止烟气的水平扩散很有效，若及时启动排烟装置，则烟气能被有效地控制在本区域内；若没有及时排烟，烟气越积越多，烟气层的厚度增大，烟气将越过垂壁下端继续沿水平方向扩散。

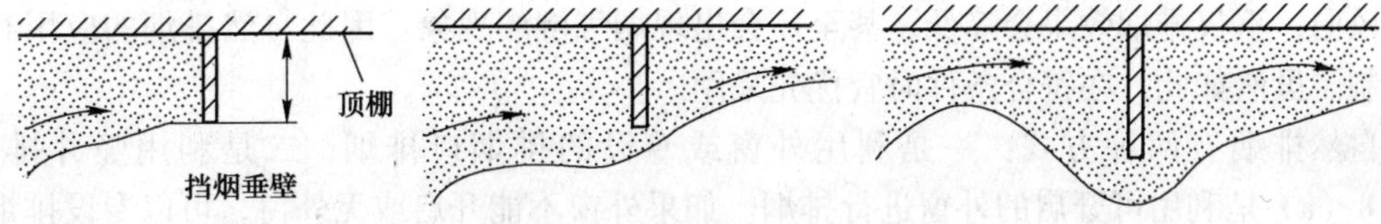

图4.6　挡烟垂壁的阻挡作用

挡烟垂壁通常有防烟卷帘、活动式挡烟板、固定式挡烟板等。

根据挡烟垂壁的工作场所，挡烟垂壁必须用非燃烧材料制成。活动式挡烟垂壁一般多用钢板或铅丝玻璃板制成；有的固定式挡烟垂壁还可为钢筋混凝土结构，在建筑物土建时一起制成。

挡烟梁作为顶棚构造的一个组成部分，在顶棚某处下垂一梁式构造，其高度应超过垂壁的有效高度，而宽度应小于顶棚总宽度的1/10，如图4.7所示。

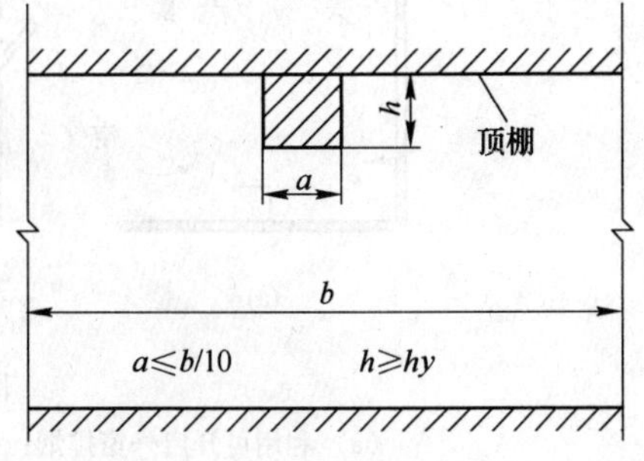

图4.7　挡烟梁设置示意图

B　疏导排烟

利用自然或者机械作用力，将烟气排到室外，称之为排烟。排烟方式可分为自然排烟和机械排烟方式。利用自然作用力的排烟称为自然排烟；利用机械（风机）作用力的排烟称为机械排烟。所有排烟方式针对的排烟部位有两类：着火区和疏散通道。在确定可能着火的区域内排烟，其目的是将火灾发生的烟气，也包括空气受热膨胀的体积排到室外，降低着火区的压力，尽量不使烟气流向非着火区。对于不能确定着火部位的建筑，可采用疏散通道的排烟方式，其目的是排除可能侵入的烟气，以保证疏散通道内无烟或少烟，有利于人员的安全疏散及消防员救火通行。

C　加压防烟

在建筑物发生火灾时，对着火区以外的有关区域进行送风加压。使其保持一定的正压，以防止烟气侵入的防烟方式称为加压防烟。在加压区域与非加压区域之间使用一些构件分隔，如墙壁、楼板及门窗等，分隔物两侧之间的压力差可有效地防止烟气通过缝隙渗漏进去。发生火灾时，由于疏散和扑救的需要，加压区域与非加压区域之间的分隔门总是要打开的，在这种情况下，当被加压场所的压力达到一定值时，仍能有效阻止烟气的扩散和蔓延。

4.2　自然排烟设计

自然排烟方式是利用热烟气产生的浮力、热压或其他自然作用力使烟气排出室外的排烟方式。在自然排烟设计中，必须有冷空气进口和热烟气的排烟口。排烟口可以是建筑物的外窗，也可以是专门设置在侧墙上部或屋顶上的排烟口。

自然排烟方式的优点是设施简单、投资少、日常维护工作少、操作容易；但排烟效果受室外很多因素的影响与干扰，并不稳定，如烟气温度、热压的季节变化、风速、风向等。例如，当建筑物受到风的影响时，排烟口在下风向时排烟效果很好，而如果排烟口处于上风向，不仅排烟效果会降低，甚至还会出现烟气倒灌现象。因此自然排烟的应用有一定限制。虽然如此，在符合条件时宜优先采用。

自然排烟有两种方式：一是利用外窗或专设的排烟口排烟；二是利用竖井排烟。图4.8（a）是利用可开启的外窗进行排烟。如果外窗不能开启或无外窗，可以专设排烟口进行自然排烟，如图4.8（b）所示。专设的排烟口也可以就是外窗的一部分，但它在火灾时应该能够人工开启或自动开启。图4.8（c）是利用专设的竖井，即相当于专设一个烟囱。各层房间设排烟风口与之相连接，当某层起火有烟时，排烟风口自动或人工打开，热烟气即可通过竖井排到室外。

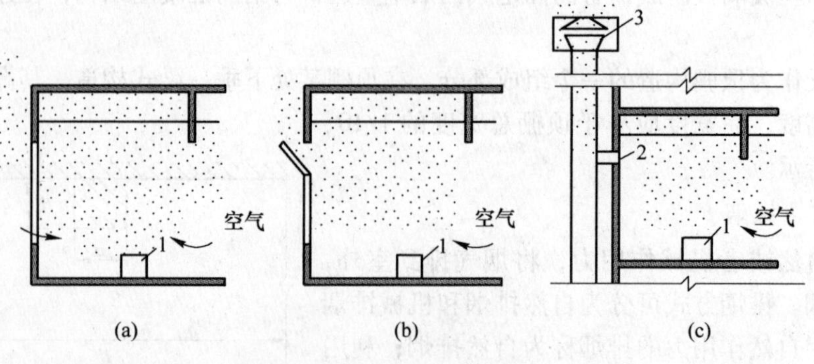

图4.8　自然排烟

（a）利用可开启外窗排烟；（b）利用专设排烟口排烟；（c）利用竖井排烟

1—火源；2—排烟风口；3—避风风帽

4.2.1 热压与风压作用下的自然排烟

4.2.1.1 风压作用

室外的风由于受到建筑物阻挡而造成建筑物四周的气流静压升高或降低，这种现象称为风压作用。以远处未受干扰的气流的压力为基准，静压升高，风压为正，称为正压；静压降低，风压为负，称为负压。

建筑物周围的风压分布与该建筑物的几何形状和室外风的方向有关。在某一风向下，建筑物外围上任一点的风压为

$$p = \frac{1}{2} K \rho_o V^2 \tag{4.3}$$

式中 p——风压，Pa；

ρ_o——外界空气的密度，kg/m^3；

V——未受干扰时的风速，m/s；

K——建筑物外围的风压系数，由实验确定。

建筑物外围的风压系数通常是在风洞内通过建筑物的模型试验得到的。几种典型建筑物风压系数的分布如图 4.9 所示。

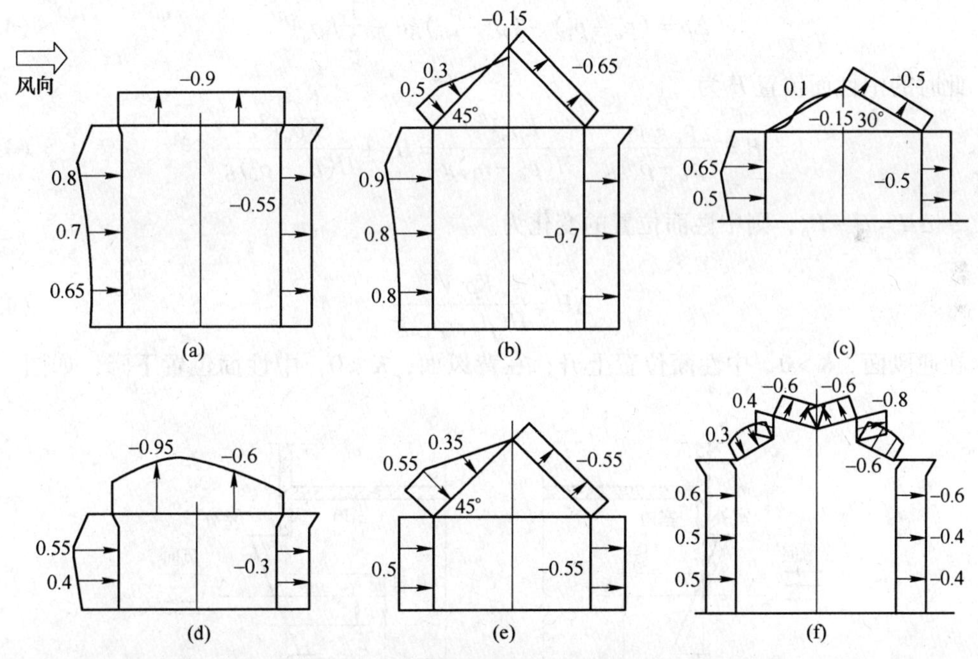

图 4.9 几种典型建筑的风压系数分布图

室外的风速、风向在不同地区、不同季节均有较大变化。风速变化也较大，其在高度上的变化规律为

$$V = V_0 \left(\frac{h}{h_0} \right)^n \tag{4.4}$$

式中 V——室外计算高度处的风速，m/s；

h_0——标准高度，即10m高度处，m；

V_0——标准高度处的风速，m/s；

h——计算高度，m；

n——指数，与地面状况有关，如市区为1/3，郊区为1/4，开阔地为1/5。

4.2.1.2 热压和风压共同作用下中性面的位置变化

在热压单独作用下，距基准面高度 h 处，室内外的压力差变为

$$\Delta p = (p_o - p_i) - (\rho_o - \rho_i)gh \tag{4.5}$$

式中 Δp——室内外压力差，Pa；

p_o，p_i——距基准面高度 h 处室外与室内的静压值，Pa；

ρ_o，ρ_i——距基准面高度 h 处室外与室内的空气密度，kg/m^3；

h——计算高度，m；

g——重力加速度，9.81m/s^2。

在中性面 N 处，$\Delta p = 0$，则中性面的高度 H_0 为

$$H_0 = \frac{p_o - p_i}{(\rho_o - \rho_i)g} \tag{4.6}$$

在风压作用下，距基准面高度 h 处，室内外的压力差变为

$$\Delta p = (p_o - p_i) - (\rho_o - \rho_i)gh + \frac{1}{2}K\rho_o V^2 \tag{4.7}$$

此时的中性面位置 H 为

$$H = \frac{p_o - p_i}{(\rho_o - \rho_i)g} + \frac{K\rho_o V^2}{H(\rho_o - \rho_i)g} = H_0 + \frac{K\rho_o V^2}{H(\rho_o - \rho_i)g} \tag{4.8}$$

令 $\Delta H = H - H_0$，则中性面位置的变化为

$$\Delta H = \frac{K\rho_o V^2}{H(\rho_o - \rho_i)g} \tag{4.9}$$

在迎风面，$K>0$，中性面位置上升；在背风面，$K<0$，中性面位置下降，如图4.10所示。

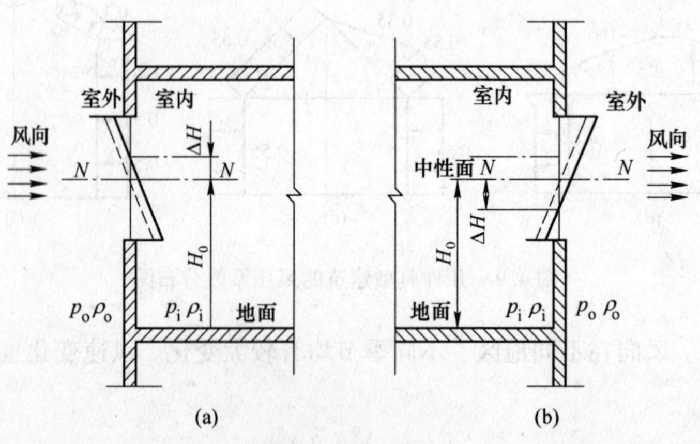

图4.10 风压对建筑物外墙开口处压力分布的影响

（a）风压为正时；（b）风压为负时

4.2.1.3 临界风速与极限高度

若排烟口设在迎风面，风压的作用对自然排烟是不利的。风压过大将导致排烟口不仅不能排烟，还可能产生烟气倒灌现象。使排烟口失效时的风压所对应的室外风速称为临界风速，记为 V_c。

对层高低于6m 的着火房间而言，当仅有一个开启的窗孔与大气相通时，如窗孔的总高度为 D，其中性面的位置遵循如下关系

$$h_2 = \frac{D(T_i/T_o)^{1/3}}{1+(T_i/T_o)^{1/3}} \tag{4.10}$$

风压引起的中性面上移距离大于 h_2，即 $\Delta H \geqslant h_2$ 时，该窗孔的自然排烟将失效，即当

$$\frac{K\rho_o V^2}{H(\rho_o-\rho_i)g} \geqslant \frac{D(T_i/T_o)^{1/3}}{1+(T_i/T_o)^{1/3}} \tag{4.11}$$

此时对应的风速为临界风速 V_c，即

$$V_c = \sqrt{\frac{2gh_2(T_i/T_o-1)}{K(T_i/T_o)}} = \sqrt{\frac{2gD}{K} \cdot \frac{(T_i/T_o)^{-2/3}}{1+(T_i/T_o)^{1/3}} \cdot (T_i/T_o-1)} \tag{4.12}$$

当建筑物某高度处的室外风速达到临界风速时，称这个高度为采用外窗自然排烟的极限高度 H_c，H_c 可由下式表示：

$$H_c = \left(\frac{V_0}{V_c}\right)^{1/n} H_0 \tag{4.13}$$

对于走廊、前室的自然排烟，当室外风速大于烟气的水平流动速度时，自然排烟就将失效。与烟气水平流速相等的室外风速就是走廊、前室自然排烟的临界风速。

对于进入垂直通道的烟气，由于烟气在竖井产生的热压很大，风压对其影响并不太大。烟气从竖井上部排除出去是有保证的。但只有当建筑物本身存在正热压作用，而着火层又在原中性面以上时，烟气才能在进入处通过自然排烟就地排出，否则烟气不能在进入的高度处就地排除，而是要沿竖井上升到正压区以后才能排出，这样将使得烟气在竖井内蔓延扩散，对人员疏散十分不利。

4.2.2 自然排烟系统的设计要求

如前所述，自然排烟的效果受到诸多因素的影响。而多数因素本身又是不确定的，这导致了自然排烟效果的不稳定。另外，外窗排烟时火灾还可以通过外窗向上蔓延，需要在建筑设计中采取一定的措施等。但由于其优点突出，如构造简单、经济、运行维修费用低等。排烟口还可以兼作平时的通风换气设备，因而仍然被大量采用。我国《高层民用建筑设计防火规范》中规定宜优先采用自然排烟，既可以作为排烟设施，也可作为防烟设施。其有关规定如下。

4.2.2.1 适用范围

(1) 建筑高度不超过 50m 的一类公共建筑和建筑高度不超过 100m 的居住建筑，靠外

墙的防烟楼梯间及其前室、消防电梯间前室和合用前室。宜采用自然排烟方式。

(2) 一类高层建筑和建筑高度超过 32m 的二类高层建筑的下列部位可采用自然排烟方式：长度小于 30m，有单面外窗的内走道；长度小于 60m，有双面外窗的内走道；面积超过 $100m^2$，且经常有人停留或可燃物较多的房间；净高度小于 12m 的中庭。

4.2.2.2 排烟口面积

(1) 防烟楼梯间每五层内可开启外窗总面积之和不小于 $2m^2$。

(2) 防烟楼梯间的前室、消防电梯间前室可开启外窗面积不应小于 $2m^2$，合用前室不小于 $3m^2$。

(3) 需排烟的房间可开启外窗面积不小于该房间面积的 2%。

(4) 净高小于 12m 的中庭可开启的天窗或高侧窗的面积不小于该中庭面积的 5%。

4.2.3 自然排烟口的设置

4.2.3.1 房间

在房间设有可开启外窗进行自然采光和通风的情况下，发生火灾时无论外窗面积多大，均可实现自然排烟。室内产生的烟气通过窗口的上半部分排出室外，而室外新鲜空气则通过窗口的下半部分流入室内。但当着火房间的外窗处在迎风面时，排烟效果将大大降低。尽管如此，因为外窗自然排烟简单可行，无需增加投资，在房间和厅堂排烟中是一种应优先采用的方式。根据烟气有向上蔓延的特性，在设计时自然排烟的窗口应设置在房间的外墙上方或屋顶上，并应有方便开启的装置，并且在设计时加高上、下层窗口的距离，使热烟气与冷空气分别通过洞口出入，则随着二者之间距离加大，流速的加快，使得排烟量增大。在灭火过程中，也可以利用这一原理来增加排烟效率。

4.2.3.2 走廊

对于房间单侧布置的敞开式走廊，其直接与大气相通，着火房间中的烟气一旦侵入走廊就马上扩散到大气中去，这是天然的排烟方式。

对于房间两侧布置的封闭式走廊，即内走廊，一般只能在走廊两端开设外窗。当单层建筑面积小于 $500m^2$ 时，可作为一个防烟分区，因而可以利用两端外窗实现自然排烟。当单层建筑面积较大，必须划分防烟分区时，则处在中间部分的防烟分区可以采用如图 4.11 所示的办法开设外窗，以实现对外自然排烟。

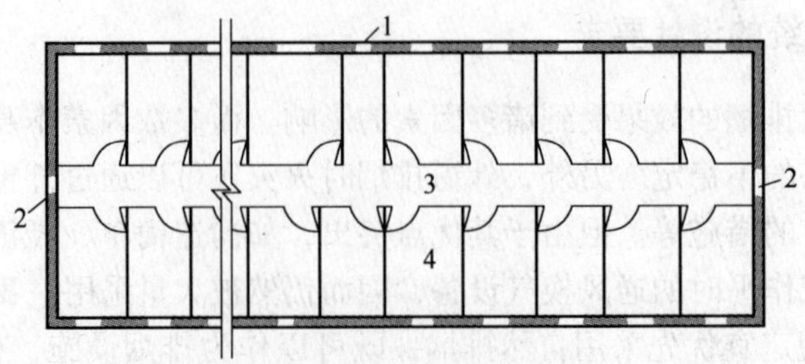

图 4.11 内走廊外窗自然排烟示意图

1—中部外窗；2—端部外窗；3—走廊；4—房间

4.3 机械排烟系统

4.3.1 基本原理与设置场所

机械排烟是按照通风气流组织的理论，将火灾产生的烟气通过排烟风机排到室外，其优点是能有效地保证疏散通路，使得烟气不向其他区域扩散。机械排烟可分为局部排烟和集中排烟两种方式。局部排烟方式是在每个需要排烟的部位设置独立的排烟风机直接进行排烟；局部排烟方式投资大，而且排烟风机分散，维修管理麻烦，所以很少采用。如采用时，一般与通风换气要求相结合，即平时可兼做通风排风使用。集中机械排烟就是把建筑物划分为若干系统，每个系统设置一台大型排烟风机，系统内各个房间的烟气通过排烟口进入排烟管道后通过排烟风机排至室外。

在民用建筑中的下列场所或部位应设置机械排烟设施：

（1）设置在一、二、三层且房间建筑面积大于100m^{2}和设置在四层及以上或地下、半地下的歌舞娱乐放映游艺场所。

（2）中庭建筑。

（3）公用建筑内建筑面积大于100m^{2}且经常有人停留的地上房间和建筑面积大于300m^{2}的可燃物较多的地上房间。

（4）建筑内长度大于20m的疏散通道。

（5）各房间总建筑面积大于200m^{2}或一个房间建筑面积大于50m^2，且经常有人停留或可燃物较多的地下、半地下建筑（包括地下、半地下室）。

4.3.2 机械排烟系统的设计

4.3.2.1 机械排烟系统的组成

机械排烟系统大小与布置应考虑排烟效果、可靠性与经济性。系统服务的房间过多，即系统规模较大，则排烟口多、管路长、漏风量大、最远点的排烟效果差，水平管路太多时，布置困难。优点是风机少、占用房间面积少。如果系统小，则情况相反。在高层建筑中，常见部位的机械排风系统有下列几种形式。

A 内走道机械排烟系统

内走道每层的位置相同，因此宜采用垂直布置的系统，如图4.12所示。当任何一层着火后，烟气将从排烟风口吸入，经管道、风机、百叶风口排到室外。系统中的排烟风口可以是常开型风口，如铝合金百叶风口，但在每层的支风管上都应安装有排烟防火阀。它是一种常闭型阀门，由控制中心通过直流电开启或手动开启，在280℃时自动关闭，复位必须手动。它的作用是：当烟气温度达到280℃时，人员已经基本疏散完毕，排烟已无实际意义；而烟气中此时已经带火，阀门自动关闭，以免火势蔓延。系统的排烟风口也可以用常闭型的防火排烟口，而取消支管上的排烟防火阀。火灾时，该风口由控制中心通直流电开启或手动开启；当烟气温度达到280℃时自动关闭，复位也必须手动。排烟风机房入口也应安装排烟防火阀，以防止火势蔓延到风机房所在层。排烟风口的作用距离不得超过30m，如果走道太长，需设置2个或2个以上排烟风口时，可以设2个或2个以上与图4.12相同的垂直系统；也可以只用一个系统，但每层设置水平支管，支管上设2个或2个以上的排烟风口。

B 多个房间（或防烟分区）的机械排烟系统

地下室或无自然排烟的地面房间设置机械排烟时，每层宜采用水平连接的管路系统，然后用竖风道将若干层的子系统合为一个系统，如图 4.13 所示。图中排烟防火阀的作用同图 4.12，但排烟风口是一常闭型风口，火灾时由控制中心通直流电开启或收到那个开启，但复位必须手动。排烟风口的布置原则是，其作用距离不得超过 30m。当每层房间很多，水平排烟风管布置困难时，可以分设几个系统，每层水平风管不得跨越防火分区。

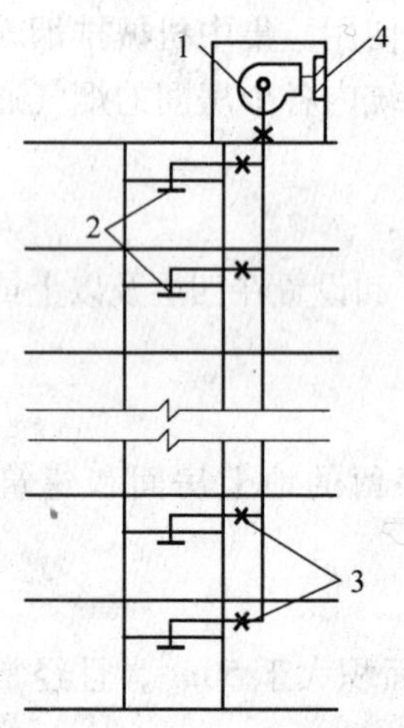

图 4.12 内走道机械排烟系统
1—风机；2—排烟风口；3—排烟防火阀；
4—百叶风口

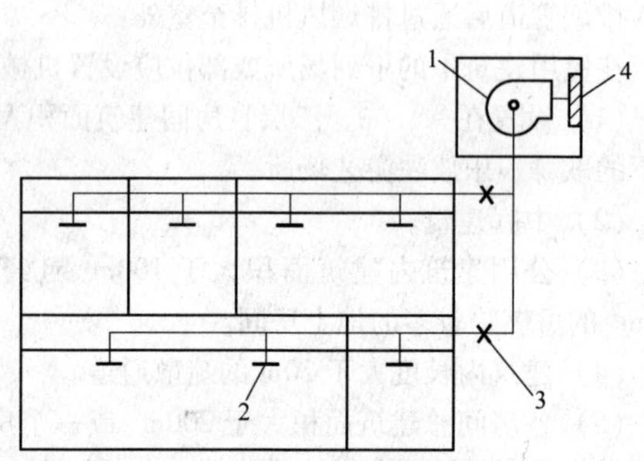

图 4.13 多个房间的机械排烟系统
1—风机；2—排烟风口；3—排烟防火阀；
4—金属百叶风口

4.3.2.2 机械排烟系统排烟量的确定

机械排烟系统的排烟量不应小于表 4.4 所示的规定。

表 4.4 机械排烟系统的最小排烟量

条件和部位		单位排烟量 /$m^3 \cdot (h \cdot m^2)^{-1}$	换气次数 /次·h^{-1}	备 注
担负 1 个防烟分区		60		风机排烟量不应小于 $7200m^3/h$
室内净高大于 6.0m 且不划分防烟分区的空间				
担负 2 个及以上防烟分区		120		应按最大的防烟分区面积确定
中庭	体积不大于 $17000m^3$		6	体积大于 $17000m^3$ 时，排烟量不应小于 $102000m^3/h$
	体积大于 $17000m^3$		4	

由于在设计排烟系统时，仅考虑着火区域和相邻区域同时排烟，故排烟系统中各管段的风量计算只按两个防烟分区中排烟量的最大值选取，即当排烟风机不论是横向还是竖向担负 2 个或 2 个以上防烟分区排烟时，只按 2 个防烟分区同时排烟确定排烟风机的风量。

4.3.3 机械排烟系统的布置

4.3.3.1 防烟分区面积与排烟系统

在使用同一排烟系统担负不同面积防烟分区的排烟时，因为管道和风机都是按照面积大的防烟分区选择的，若防烟分区面积相差悬殊，势必造成排烟风量增大，管道和排烟风机投资增加，同时对面积较小的防烟分区又会引起风量、负压过大、漏气量增加，排烟风机振动等问题。所以，在同一管道系统内，尽可能使防烟分区面积相差较小，如图 4.14 所示。

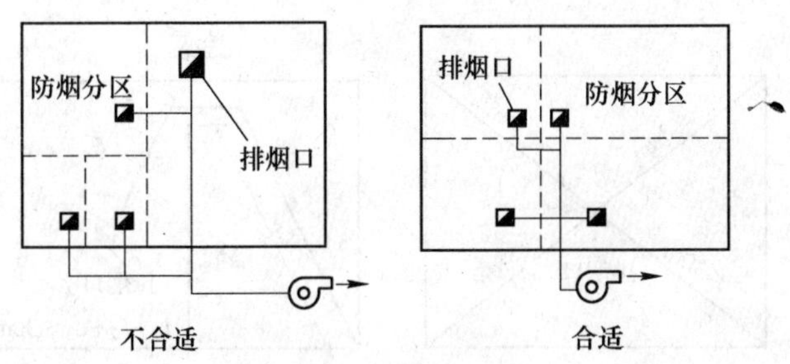

图 4.14 防烟分区的大小

4.3.3.2 排烟口

A 排烟口的形式

排烟口分为常闭型和常开型两种。常闭型排烟口平时处于关闭状态，发生火灾时将防烟分区内的排烟口由消防控制中心远动或手动装置瞬时开启，进行排烟，这种排烟口适用于两个或两个以上的防烟分区共用一台排烟风机的情况。常开型排烟口平时处于开启状态，适用于一个防烟分区专用一台排烟风机的情况。排烟口的形式与功能如表 4.5 所示。

表 4.5 排烟口的形式与功能

序号	代 号	名 称	基本功能						适用范围
			手动开启	远程开启	DC24V 信号开启	手动复位	280℃关闭	多档风量调节	
1	PYK—YSD	板式排烟口		√	√	√			排烟吸入口，防烟加压送风口
2	PYK—SD	多叶排烟口	√		√	√			排烟吸入口，无远动开启装置
3	PYFHK—FW	防火多叶排烟口			√	√	√	√	同 2，280℃熔断关闭
4	PYK—YSD	远动多叶排烟口		√	√	√			同 2，有远动开启装置
5	PYFHK—YSDW	远动防火多叶排烟口		√	√	√	√		同 3，280℃熔断关闭

B 设置位置

a 排烟口的设置高度

当顶棚高度小于3m时，排烟口可设置在顶棚上，或从顶棚起的800mm以内；当用挡烟垂壁做防烟分区时，设置在挡烟垂壁下沿以上的位置。当顶棚高度大于等于3m时，排烟口可设置在楼面起的2.1m以上，或楼层高度的1/2以上。

b 排烟口在平面上的布置

排烟口应尽量设置在防烟分区的中心位置，排烟口至该防烟分区最远点的水平距离不应超过30m，如图4.15所示。并且在排烟口1.0m范围内不得有可燃材料。

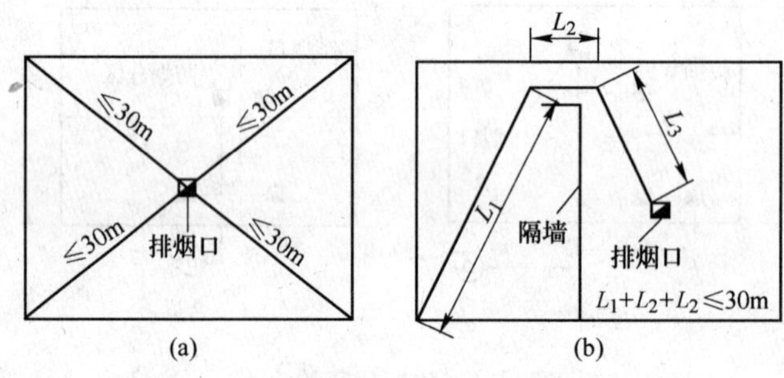

图4.15 排烟口在平面上的设置

排烟口的尺寸可根据烟气通过排烟口的有效断面时的速度不小于10m/s进行计算，排烟口的最小面积一般不应小于0.04m^2。

同一分区内设置数个排烟口时，要求做到所有排烟口能同时开启，排烟量应等于各排烟量之和。

c 疏散方向与排烟口的布置

排烟口的布置，应使得排烟的流动方向与疏散人流的方向相反。例如，在走廊里，尽量使烟气远离安全要求更高的前室和楼梯间，如图4.16所示。距安全出口的最小水平距离不小于1.5m。

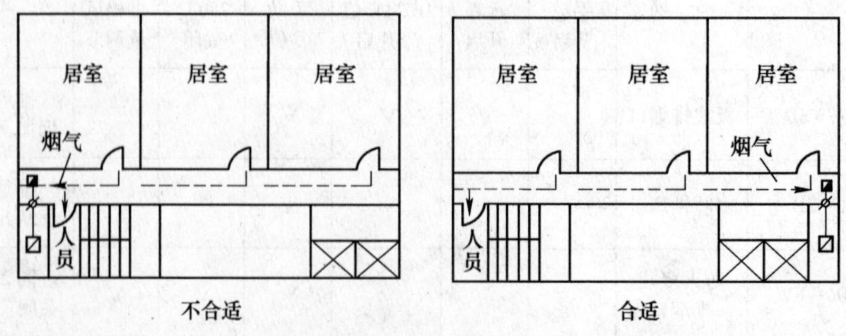

图4.16 疏散方向与排烟口的布置

d 排烟口的形状

为了防止烟流向下侧流动，在走廊或门洞上部设置排烟口时，采用长条缝型的排烟口效果最好。走廊排烟实验研究表明，尽管排烟口面积相同，但排烟口长度与走廊宽度相同的长条缝型排烟口比方型排烟口的排烟效果更好，排烟量更大。方型排烟口只对其宽度范围的烟流有效，对其周围烟气的抽吸效果较差，如图4.17所示。

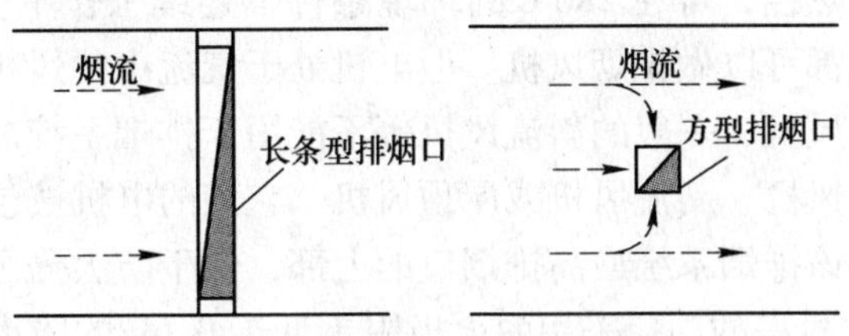

图4.17　走廊排烟口的形状与效果

e　排烟口的启动装置

排烟口应设置手动开启装置，或设置与感烟探测器联动的自动开启装置。设有消防中心的建筑物，应当设置由防灾中心控制的远距离控制装置。手动开启装置宜设置在墙面上，距离地面0.8～1.5m处。

4.3.3.3　排烟风机与风道

排烟风道应利用烟气的自然流动，使得排烟能够平稳、顺畅地进行。为此，风道与排烟风机的位置应布置适当，使水平管道越短越好，如图4.18所示，排烟风机不得设在排烟口位置的下方，如图4.19所示。

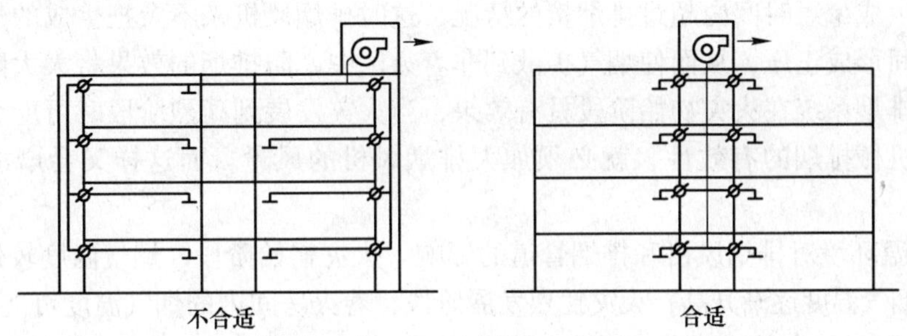

图4.18　排烟竖井与排烟风机的位置示意图

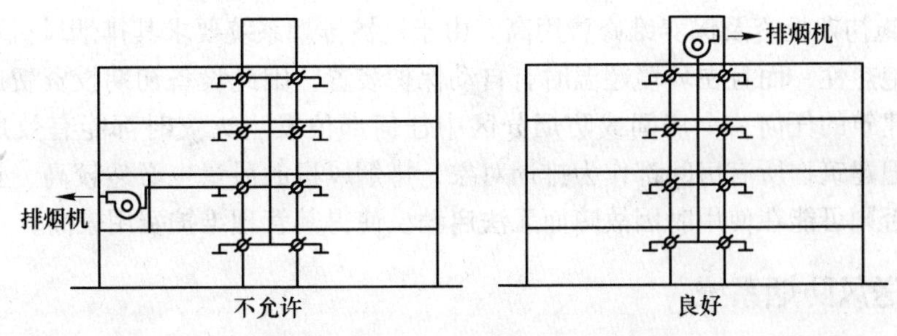

图4.19　排烟风机的设置位置示意图

排烟风道的材料应采用有一定耐火绝热性能的不燃烧材料。竖风道经常采用混凝土或者砖砌的土建风道，这类风道具有较高的耐火性和一定的绝热性能，但表面粗糙，漏风量大。在顶棚内的水平风道，宜采用耐火板制作。耐火板的主要成分是硅酸钙，耐火极限可达2～4h。也可以用钢板风道，但应该采用不燃烧材料保温。

排烟风机应具有耐热性，可在280℃的环境条件下连续工作不少于30min。电机外置的离心式或轴流式风机都可以做排烟风机。但电机处于气流中的风机，如外转子电机的离心式风机、一般的轴流风机、一般的斜流风机等不能用于排烟系统。目前也有专用于排烟系统的电机内置的轴流风机、斜流风机或屋顶风机，它们的电机被包裹，并有冷却措施。

排烟风机应设置在该排烟系统最高排烟口的上部，位于防火分区的机房内，机房隔墙耐火极限不小于2.5h，机房的门应采用耐火极限不低于0.6h的防火门。当设在机房有困难时，也应尽量使得排烟风机与其所负担的房间或走道之间由墙体、楼板等隔开，以确保风机的安全运行。风机的排出管段不宜太长，因为这是正压断，如果有烟气泄出，会造成危害。

4.3.4 机械排烟系统的优缺点

机械排烟的优点是不受外界条件（如内外温差、风力、风向、建筑特点、着火区位置等）的影响，而能保证稳定的排风量。特别是在火灾初期阶段，能够有效地保证非着火层或区域的人员疏散和物资转移的安全，但这种排烟方式也存在着一些问题。

（1）在火灾猛烈发展阶段排烟效果可能大大降低。尽管在确定排烟风量时会留有余量，但是火灾中的情况错综复杂，某些场合下，火灾发展可能非常猛烈，烟气大量产生，可能会出现生成量短时间内超过排烟量的情况，这时排烟风机来不及把生成的烟气完全排除，着火房间形成正压，从而使烟气扩散到非着火区中，防排烟的效果将大大降低。也就是说，机械排烟系统在火灾初始阶段具有效果，当火灾发展到猛烈阶段时可能会失效，如果为了保证机械排烟的有效性，就必须加大排烟风机的风量，而这样又会增加设备投资费用。

（2）高温环境对排烟风机和排烟管道的影响。火灾初始阶段，烟气温度较低，随着火灾的发展，烟气温度逐渐升高；火灾猛烈发展阶段，着火房间内的烟气温度可能达到500～800℃，而排烟风机和管道无法承受如此高的温度。所以当烟气温度超过280℃时，为了保证排烟风机和管道工作的安全可靠性，必须采用相应的技术措施，当烟气温度达到280℃时自动关闭排烟防火阀。

（3）设施初期投资及保养维修费用高。由于机械排烟系统要求其排烟风机和风道都具有耐高温及绝热性，而且在环境超温时有自动保护装置，因此设备初期投资费用较高。另外，为了使建筑的任何一个房间或防烟分区中任何部位发生火灾时都能有效地进行防排烟，就必须把建筑物所有房间都作为排烟对象，排烟风机的风量也必然较高，且需要经常保养维修，否则可能在使用时因故障而无法启动。使得其管理维护费用较高。

4.4 加压送风防烟系统

加压送风防烟的基本方法就是对建筑物的某些区域用机械送风的方式供给足够量的新鲜空气，使其维持高于建筑物其他区域一定的压力，从而把其他区域的火灾烟气阻止于被加压区域之外。由于被加压区域往往是疏散通道，如楼梯间、前室等，在疏散过程中这些区域的门总是要求不断被打开，因此，加压送风系统应当在门开启和关闭两种情况下都满足防烟的要求。门关时，由机械通风加压，使得门两侧的空气具有一定的压差，阻止烟气从非加压区域通过门缝渗漏到加压区域。门开时，要在门口形成一股与烟气流方向相反的具有一定速度的空气流，阻止烟气的进入。

4.4.1 加压送风系统的设置部位

加压送风防烟系统是一种有效的防烟措施。但它的造价高，一般只在一些重要建筑的重要部位才用这种加压防烟措施，目前主要用于高层建筑的垂直疏散通道和避难层（间）。在高层建筑中一旦发生火灾，电源会被切断，电梯除消防专用外也会停运。因此，垂直通道主要指防烟楼梯间和消防电梯，以及与之相连的前室和合用前室。所谓前室是指与楼梯间或者电梯入口相连的小室；合用前室是指既是楼梯间又是电梯间的前室。上述这些通道只要不具备自然排烟，或者即使具备自然排烟条件但它们的建筑高度过高或者位于重要建筑中，都必须采用加压送风防烟系统。按照我国的《高层民用建筑设计防火规范》规定应采用加压防烟系统的具体部位如表4.6所示。

表4.6 高层建筑中必须采用加压送风防烟的部位

<table>
<tr><th>序号</th><th>需要防烟的部位</th><th>有无自然排烟条件</th><th>建筑类别①</th><th>加压送风部位</th></tr>
<tr><td>1</td><td>防烟楼梯间及其前室</td><td>有或无</td><td rowspan="3">建筑高度超过50m一类建筑和高度超过100m的居住建筑</td><td>防烟楼梯间</td></tr>
<tr><td>2</td><td>消防电梯间前室</td><td>有或无</td><td>消防楼梯间前室</td></tr>
<tr><td>3</td><td>防烟楼梯间及其合用前室</td><td>有或无</td><td>防烟楼梯间和合用前室</td></tr>
<tr><td rowspan="2">4</td><td>防烟楼梯间</td><td>无</td><td rowspan="10">除了上述类别的高层建筑</td><td rowspan="2">防烟楼梯间</td></tr>
<tr><td>防烟楼梯间前室</td><td>有或无</td></tr>
<tr><td rowspan="2">5</td><td>防烟楼梯间</td><td>无</td><td rowspan="2">防烟楼梯间</td></tr>
<tr><td>合用前室</td><td>有</td></tr>
<tr><td>6</td><td>防烟楼梯间和合用前室</td><td>无</td><td>防烟楼梯间和合用前室</td></tr>
<tr><td rowspan="2">7</td><td>防烟楼梯间</td><td>有</td><td rowspan="2">前室或合用前室</td></tr>
<tr><td>前室或合用前室</td><td>无</td></tr>
<tr><td>8</td><td>消防电梯间前室</td><td>无</td><td>消防电梯间前室</td></tr>
<tr><td>9</td><td>避难层（间）</td><td>有或无</td><td>避难层（间）</td></tr>
</table>

① 建筑类别详见《高层民用建筑设计防火规范》。

从表中可以看出，对于序号1~3，不管是否有自然排烟条件，都必须采用加压防烟；而序号4~8，则是根据是否有自然排烟条件区别对待。另外，凡是对防烟楼梯间加压防烟时，可不对前室加压，如序号1、4，这是因为加压送风的楼梯间的空气将经过前室、走道，再排到室外，因此前室得到间接保护。但对于合用前室，考虑电梯井的烟囱效应，只靠楼梯间进入的空气可能难于保持足够的正压，因此必须同时对楼梯间和合用前室同时加压。

4.4.2 加压送风量的计算

根据加压送风防烟系统保证目标的不同，风量计算方法也有区别。从加压区域保证一定正压值的目的出发，应该采用压差法计算；对于保证开启门洞处有一定的气流流速的目的，应该采用门洞风速法计算。由于影响计算的因素较为复杂，这两种计算方法得出的结果可能是不一致的。在实际工程中，只需按其中一种方法计算即可，但计算结果还应与相应的国家标准规定的风量定值范围进行比较，实际风量应按计算值和国家标准规定值中的较大值选取。

4.4.2.1 压差法

压差法是按照各加压区保持一定的正压进行计算所需的风量，当门关闭时，保持一定压差所需的风量。

$$L_y = \mu A_c (2\Delta p/\rho)^n \tag{4.14}$$

式中 L_y——按压差法计算的加压送风量，m^3/s；

μ——流量系数，取0.6～0.7；

A_c——门、窗缝隙的计算漏风总面积，m^2；

Δp——加压区与非加压区的压差，一般取25～50Pa；

ρ——空气密度，取1.2kg/m^3；

n——指数，取0.5～1.0，一般取0.5。

对于加压区域有多个门或窗时，其缝隙漏风面积可以简单叠加。当加压区域的气流通路上有串联缝隙，例如图4.20所示，缝隙A_1、A_2、A_3为串联，这时加压区Δp分别消耗于三个缝隙处。根据式（4.14）可以导出有效流通面积为

$$A_e = \left(\frac{1}{A_1^2} + \frac{1}{A_2^2} + \frac{1}{A_3^2}\right)^{-1/2} \tag{4.15}$$

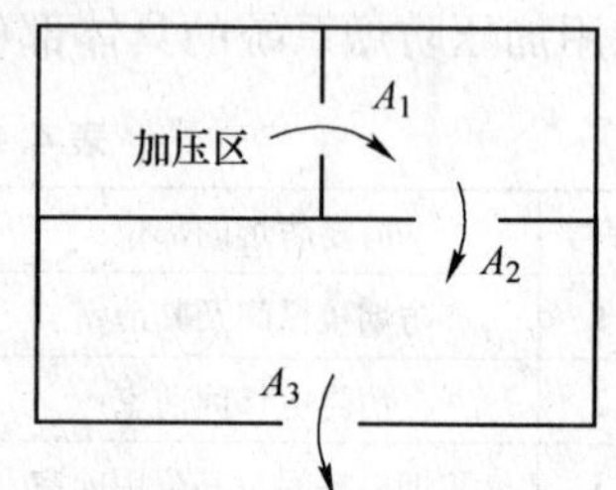

图4.20 串联缝隙

如果流通路上串联两个面积A_1和A_2，当$A_1 \gg A_2$时，$A_e \approx A_2$。一般来说，$A_2/A_1 \leqslant 0.2$时，即可认为$A_e \approx A_2$，其误差不到2%。

4.4.2.2 门洞风速法

根据气流通路空气流量分配的计算，当疏散门打开时，系统的总风量基本上都由打开的门洞流出。因此，按门洞的保证风速计算的门洞口的空气量就是系统的总风量，计算式为

$$L_v = \frac{nFV(1+\lambda)}{a} \tag{4.16}$$

式中 L_v——按门洞风速法计算的加压送风量，m^3/s；

n——疏散楼梯间同时开启的门数，当建筑层数（地面以上）在20层以内时，$n=2$，大于20层时，$n=3$；

F——每扇门的开启断面积，m^2；

V——门在开启时门洞处所应具有的风速，一般为0.7～1.2m/s；

a——排烟系统的背压系数，当走廊采用机械排烟时，$a=0.8$，采用自然排烟时，$a=0.6$；

λ——送风管道的漏风附加系数，送风管为金属管时，$\lambda=0.15$，混凝土风道时，$\lambda=0.25$。

4.4.3 避难层（间）的加压送风系统

在层数很多的高层建筑中，人员在短时间内全部疏散到室外是比较困难的，因此需设置临时的避难层（间）。封闭的避难层（间）通常是防烟楼梯间的前室或合用前室相连通的，这些地方有防烟措施，因此烟气从这里进入的可能性很少。避难层（间）净面积每平方米不小于 $30m^3/h$ 计算。避难走道的机械加压送风量应按通过前室入口门洞风速0.7～1.2m/s 计算。

4.4.4 加压送风系统设计要点

（1）加压送风机的全压，除计算风道的压力损失外，尚应有余压。其余压值应符合下列要求：

1）防烟楼梯间，余压为 40～50Pa；

2）前室、合用前室、消防电梯间前室、封闭避难层（间），余压为 25～30Pa；

3）风机可采用轴流风机或中、低压离心风机，其位置应根据供电条件、风量分配平衡、新风入口不受火、烟威胁等因素确定。

（2）防烟楼梯间的加压送风口每隔 2～3 层设 1 个。风口宜采用自垂式百叶风口或常开百叶式风口；当采用常开式百叶风口时，应在加压风机的压出管上设置止回阀。

（3）前室的风口应每层设 1 个，当建筑物 20 层以下时，每个风口的有效面积按 1/2 系统总风量确定；当建筑物 20 层到 32 层时，每个风口的有效面积按 1/3 系统总风量确定。风口可分为常闭型，也可为常开百叶式风口。当风口为常闭型时，当建筑物 20 层以下时，发生火灾时开启着火层及其上层共 2 个风口；当建筑物 20 层到 32 层时，发生火灾时开启着火层及其上、下层共 3 层的风口。风口应设手动和自动开启装置，并应与加压送风机的启动装置连锁。当每层风口设计为常开百叶风口时，应在加压风机的出口管上设置止回阀。

（4）剪刀楼梯间可合用 1 个风道，其风量应按 2 个楼梯间风量计算，送风口应分别设置。但当见到楼梯间合用 1 个前室时，2 座楼梯应分别设加压送风系统。

（5）层数超过 32 层的高层建筑，其送风系统及送风量应分段设计。

（6）机械加压送风系统的防烟楼梯间和合用前室，宜分别独立设置送风系统，当必须共用 1 个系统时，应在通向合用前室的支管上设置压差自动调节装置。

（7）机械加压送风系统采用金属风道时，风速不应大于 20m/s；采用内表面光滑的混凝土等非金属材料风道时，风速不应大于 15m/s。风道漏风量应小于 10%。

（8）正压送风口的风速不宜大于 7m/s。

4.5 通风空调系统的阻火隔烟

现代建筑中，各种设备的管道系统越来越多，也越来越复杂，这些管道连接与楼层和房间之间。通风空调系统的管道的流通面积较大，极易在火灾时传播烟气，烟气可能通过着火房间的通风空调管道进入到非着火区域，甚至会扩散到安全疏散通道中。因此，在工程应用中必须采取可靠的防火措施。

通风空调系统的阻火隔烟主要从两个方面着手，首先是实现材料的非燃化，其次是在系统一定的部位，在管路上设置切断装置，把管路隔断，阻止火势、烟气的流动。

4.5.1　管道系统及材料

从防火安全的角度，通风空调系统的管道材料都应该采用非燃材料，包括管道本身及与管相连的保温材料、消声材料、黏结剂、阀门等。如在选用保温材料时，首先考虑使用不燃的保温材料，如超细玻璃棉、岩棉等。但是由于我国目前保温材料的品种构成不全面，完全采用不燃材料还有一定困难，因此管道和设备的保温材料，消声材料允许采用难燃材料，但黏结剂和保温层的外包材料仍要采用不燃材料，如玻璃布、铝箔等。有些部位的保温材料必须要用不燃材料，例如风管穿越变形缝和防火墙时，在变形缝前后 2m 范围内和防火墙后 2m 范围内的保温材料均应采用不燃材料。

通风空调系统穿越楼板的垂直风道是火势竖向蔓延传播的主要途径之一，方式为火灾竖向蔓延，风管穿越楼层的层数应该有所限制。通风空调系统的管道布置，竖向不宜超过 5 层，横向应按防火分区设置，尽量使风道不穿越防火分区。当排风管道设有防止回流设施或防火阀（对于高层建筑各层还应设有自动喷水灭火系统）时，其进风和排风管道可不受此限制。另外通风空调系统垂直风道还应设置在管井内，如图 4.21 所示。

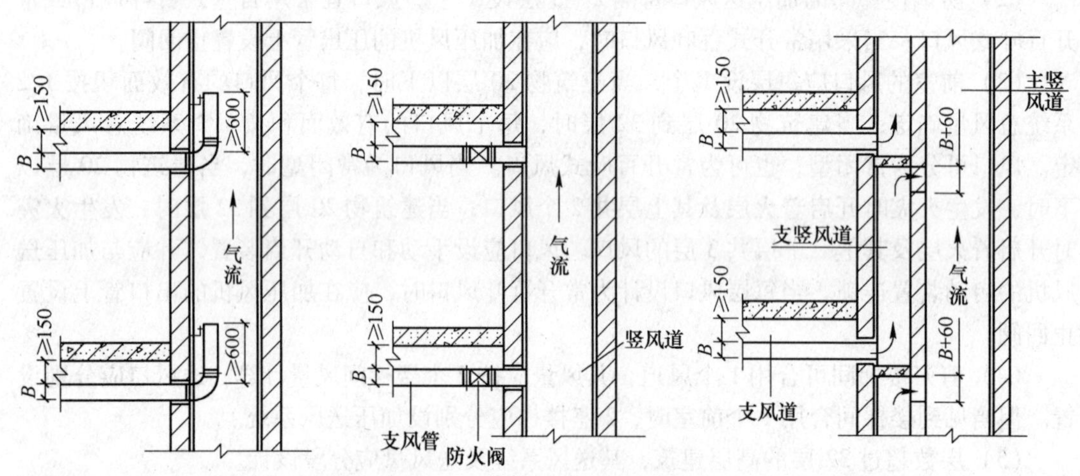

图 4.21　垂直排风管道防回流措施

在图中的垂直排风管道均采用了在支管上安装防火阀或防止回流措施，这样可以有效防止火灾蔓延到垂直风道所经过的其他楼层。

4.5.2　防火阀的设置

4.5.2.1　防火阀的原理与特点

防火阀是在一定时间内能满足耐火稳定性和耐火完整性要求，用于管道内阻火的活动式封闭装置。其最根本的作用是在火灾发生时，切断管道内的气流通路，使火势及烟气不能沿风道传播开来。

防火阀的构造如图 4.22 所示。正常工作时，防火阀的叶片常开，气流能顺利通过；当发生火灾时，风管内气体的温度上升达到 70℃时，熔断器熔化，阀体上的扭转弹簧使得

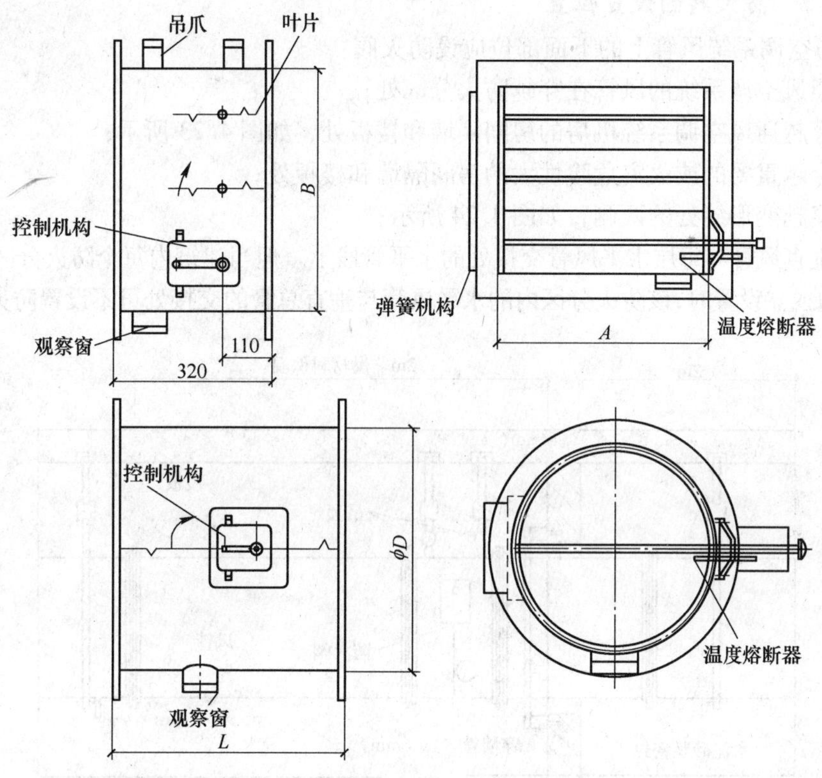

图 4.22　矩形、圆形防火阀结构图

叶片收到扭力作用而发生转动，从而关闭阀门。防火阀的必备功能是通过熔断器断开使防火阀关闭。除此之外，防火阀还可根据需要通过消防控制中心的信号关闭，也可手动关闭。防火阀关闭时，还可输出火灾信号，供消防控制中心监视。有的防火阀还具有风量调节的功能。常用防火阀的类型及基本功能如表 4.7 所示。

表 4.7　通风、空调系统常用防火阀列表

序号	代　号	名　称	基本功能					适用范围
			70℃关闭	DC24V信号关闭	手动关闭	输出电信号	多档风量调节	
1	FH—W	简易防火阀						排烟吸入口，防烟加压送风口
2	FH—W	普通防火阀	√			√		排烟吸入口，无远动开启装置
3	FH—SW	防火阀	√		√	√		排烟吸入口，无远动开启装置，280℃熔断关闭
4	FF—SFW	防火调节阀	√		√	√	√	排烟吸入口，有远动开启装置
5	FYH—SDW	防烟防火阀	√	√		√		排烟吸入口，有远动开启装置
6	FYH—SFDW	防烟防火调节阀	√	√		√	√	排烟吸入口，无远动开启装置，280℃熔断关闭
7	FHK—SFDW	防火风口	√	√		√	√	排烟吸入口，无远动开启装置，280℃熔断关闭

注：1. 阀门部分代号：F 为防；H 为火；Y 为烟；K 为风口。

2. 控制部分代号：S 为手动；D 为电信号动作；F 为风量调节；W 为温感操作；Y 为远距离操作。

4.5.2.2　防火阀的设置位置

通风与空调系统风管上的下面部位应设防火阀：

（1）通风空调系统的风管在穿越防火分区处；

（2）穿越通风空调系统机房的房间隔墙和楼板处，如图 4.23 所示；

（3）穿越重要的或火灾危险性大的房间隔墙和楼板处；

（4）穿越变形缝处的两侧，如图 4.24 所示；

（5）垂直风管与每层水平风管交接处的水平管段上。但当建筑内每个防火分区的通风和空调系统均独立设置时，该防火分区内的水平风管与垂直总管的交接处可不设置防火阀。

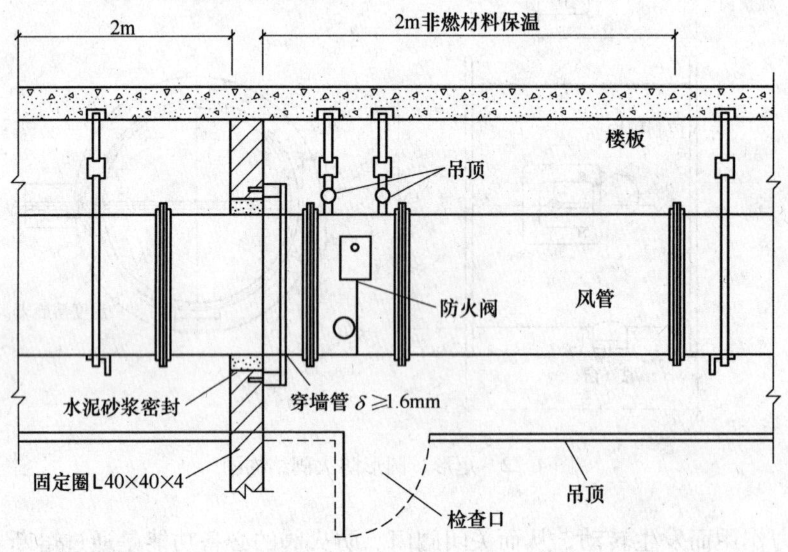

图 4.23　防火分区隔墙处的防火阀

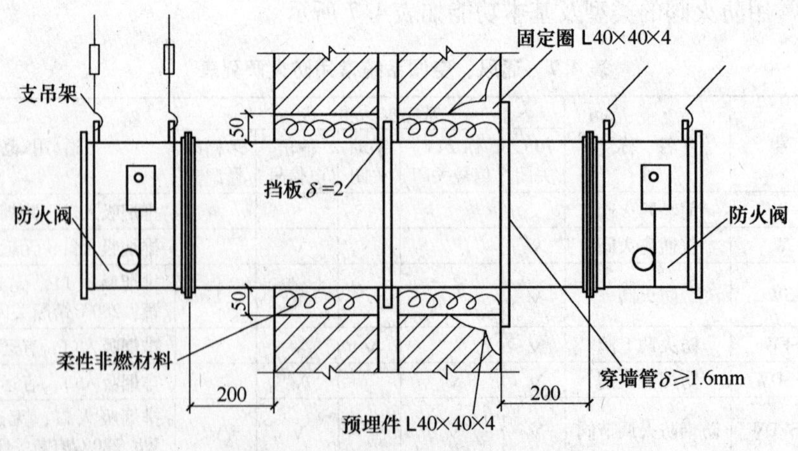

图 4.24　变形缝两侧的防火阀

所有的防火阀均应配单独的支吊架，以防止风管变形而影响防火阀关闭，提供防火阀的使用可靠性。

思考题

4-1　烟气的危害有哪些?

4-2　根据烟气蔓延的特点，试分析其扩散路径有哪些?

4-3　挡烟垂壁的防烟机理是什么，它适用什么样的场合?

4-4　根据建筑中火灾烟气的特点，试分析什么样的逃生策略更适用于火灾现场。

4-5　简述目前国内建筑防排烟的设计方法。

4-6　根据公式 $H_0=\dfrac{p_o-p_i}{(\rho_o-\rho_i)\ g}$，试分析中性面在高层建筑防排烟系统中的意义。

4-7　自然排烟口的设置要求有哪些?

4-8　简述几种建筑防排烟方式的工作原理及设计要求。

4-9　自然排烟与机械排烟各自的优缺点有哪些?

4-10　试分析加压防烟分区在高层建筑火灾疏散中的意义。

4-11　分别说明防火阀，排烟防火阀、排烟阀的作用及功能区别。

火灾自动报警系统与消防联动控制系统

5.1 火灾自动报警系统组成与类型

5.1.1 火灾自动报警系统的组成

火灾自动报警系统是由触发器件、火灾报警装置、火灾警报装置以及具有其他辅助功能的装置组成的火灾报警系统。它能够在火灾初期，将燃烧产生的烟雾、热量和光辐射等物理量，通过感温、感烟和感光等火灾探测器变成电信号，传输到火灾报警控制器，并同时显示出火灾发生的部位，记录火灾发生的时间。一般火灾自动报警系统和自动喷水灭火系统、室内消火栓系统、防排烟系统、通风系统、空调系统、防火门、防火卷帘、挡烟垂壁等相关设备联动，自动或手动发出指令、启动相应的装置。

（1）触发器件。在火灾自动报警系统中，自动或手动产生火灾报警信号的器件称为触发件，主要包括火灾探测器和手动火灾报警按钮。火灾探测器是能对火灾参数（如烟、温度、火焰辐射、气体浓度等）响应，并自动产生火灾报警信号的器件。按响应火灾参数的不同，火灾探测器分成感温火灾探测器、感烟火灾探测器、感光火灾探测器、可燃气体探测器和复合火灾探测器五种基本类型。不同类型的火灾探测器适用于不同类型的火灾和不同的场所。手动火灾报警按钮是手动方式产生火灾报警信号、启动火灾自动报警系统的器件，也是火灾自动报警系统中不可缺少的组成部分之一。

（2）火灾报警装置。在火灾自动报警系统中，用以接收、显示和传递火灾报警信号，并能发出控制信号和具有其他辅助功能的控制指示设备称为火灾报警装置。火灾报警控制器就是其中最基本的一种。火灾报警控制器担负着为火灾探测器提供稳定的工作电源，监视探测器及系统自身的工作状态，接收、转换、处理火灾探测器输出的报警信号，进行声光报警，指示报警的具体部位及时间，同时执行相应辅助控制等诸多任务，是火灾报警系统中的核心组成部分。

在火灾报警装置中，还有一些如中断器、区域显示器、火灾显示盘等功能不完整的报警装置，它们可视为火灾报警控制器的演变或补充。在特定条件下应用，与火灾报警控制器同属火灾报警装置。

火灾报警控制器的基本功能主要有：主电、备电自动转换，备用电源充电功能，电源故障监测功能，电源工作状态指标功能，为探测器回路供电功能，探测器或系统故障声光报警，火灾声、光报警，火灾报警记忆功能，时钟单元功能，火灾报警优先报故障功能，声报警音响消音及再次声响报警功能。

（3）火灾警报装置。在火灾自动报警系统中，用以发出区别于环境声、光的火灾警报信号的装置称为火灾警报装置。它以声、光音响方式向报警区域发出火灾警报信号，以警示人们采取安全疏散、灭火救灾措施。

（4）消防控制设备。在火灾自动报警系统中，当接收到火灾报警后，能自动或手动启动相关消防设备并显示其状态的设备，称为消防控制设备。主要包括火灾报警控制器，自动灭火系统的控制装置，室内消火栓系统的控制装置，防烟排烟系统及空调通风系统的控制装置，常开防火门，防火卷帘的控制装置，电梯回降控制装置，以及火灾应急广播、火灾警报装置、消防通信设备、火灾应急照明与疏散指示标志的控制装置等控制装置中的部分或全部。消防控制设备一般设置在消防控制中心，以便于实行集中统一控制。也有的消防控制设备设置在被控消防设备所在现场，但其动作信号必须返回消防控制室，实行集中与分散相结合的控制方式。

（5）电源。火灾自动报警系统属于消防用电设备,其主电源应当采用消防电源,备用电采用蓄电池。系统电源除为火灾报警控制器供电外,还为与系统相关的消防控制设备等供电。

火灾自动报警系统是人们为了早期发现和通报火灾，并及时采取有效措施，控制和扑灭火灾，而设置在建筑物中或其他场所的一种自动消防设施，是现代消防不可缺少的安全技术设施之一。

5.1.2 火灾自动报警系统类型

根据现行国家标准《火灾自动报警系统设计规范》(GB 501126—2013）规定，火灾自动报警系统的基本形式有三种，即区域报警系统、集中报警系统和控制中心报警系统。火灾自动报警系统的选择应依据保护对象来进行，根据其使用性质、火灾危险性、疏散和扑救难度等保护对象可分为特级、一级和二级，如表5.1所示。

表5.1 火灾自动报警系统保护对象分级表

等级	保护对象	
特级	建筑高度超过100m的高层民用建筑	
一级	建筑高度不超过100m的高层民用建筑	一类建筑
	建筑高度不超过24m的民用建筑及建筑高度超过24m的单层公共建筑	1. 200床及以上的病房楼，每层建筑面积1000m^{2}及以上的门诊楼； 2. 每层建筑面积超过3000m^{2}的百货楼、商场、展览楼、高级旅馆、财贸金融楼、电信楼、高级办公楼； 3. 藏书超过100万册的图书馆、书库； 4. 超过3000座位的体育馆； 5. 重要的科研楼、资料档案楼； 6. 省级（含计划单列市）的邮政楼、广播电视楼、电力调度楼、防灾指挥调度楼； 7. 重点文物保护场所； 8. 大型以上的影剧院、会堂、礼堂
	工业建筑	1. 甲、乙类生产厂房； 2. 甲、乙类物品库房； 3. 占地面积或总建筑面积超过1000m^{2}的丙类物品库房； 4. 总建筑面积超过1000m^{2}的地下丙、丁类生产车间及物品库房
	地下民用建筑	1. 地下铁道、车站； 2. 地下电影院、礼堂； 3. 使用面积超过1000m^{2}的地下商场、医院、旅馆、展览厅及其他商业或公共活动场所； 4. 重要的实验室、图书、资料、档案库

续表 5.1

<table>
<tr><th>等级</th><th colspan="2">保　护　对　象</th></tr>
<tr><td rowspan="4">二级</td><td>建筑高度不超过100m的高层民用建筑</td><td>二类建筑</td></tr>
<tr><td>建筑高度不超过24m的民用建筑</td><td>1. 设有空气调节系统的或每层建筑面积超过2000m²、但不超过3000m²的商业楼、财贸金融楼、电信楼、展览楼、旅馆、办公楼、车站、海河客运站、航空港等公共建筑及其他商业或公共活动场所；
2. 市、县级的邮政楼、广播电视楼、电力调度楼、防灾指挥调节楼；
3. 中型以下的影剧楼；
4. 高级住宅；
5. 图书馆、书库、档案楼</td></tr>
<tr><td>工业建筑</td><td>1. 丙类生产厂房；
2. 建筑面积大于50m²，但不超过1000m²的丙类物品库房；
3. 总建筑面积大于50m²，但不超过1000m²的地下丙、丁类生产车间及地下物品库房</td></tr>
<tr><td>地下民用建筑</td><td>1. 长度超过500m²的城市隧道；
2. 使用面积不超过1000m²的地下商场、医院、旅馆、展览厅及其他商业或公共活动场所</td></tr>
</table>

(1) 区域报警系统。区域报警系统由火灾探测器、手动火灾报警按钮、火灾声光警报器及火灾报警控制器等组成，系统中可包括消防控制室图形显示装置和指示楼层的区域显示器，如图5.1所示。区域报警系统是功能简单的火灾自动报警系统，适用于仅需要报警不需要联动自动消防设备的保护对象采用，这种系统一般用于二级保护对象。

(2) 集中报警系统。系统应由火灾探测器、手动火灾报警按钮、火灾声光警报器、消防应急广播、消防专用电话、消防控制室图形显示装置、火灾报警控制器、消防联动控制器等组成，如图5.2所示。

集中报警系统是由集中火灾报警控制器、区域火灾报警控制器和火灾探测器等组成，或由火灾报警控制器、区域显示器和火灾探测器等组成，是功能较复杂的火灾自动报警系统。这种系统一般用于一级和二级保护对象。

(3) 控制中心报警系统。控制中心报警系统是由消防控制室的消防控制设备、集中火灾报警控制器、区域火灾报警控制器和火灾探测器等组成，或由消防控制室的消防控制设备、火灾报警控制器、区域显示器和火灾探测器等组成，功能复杂的火灾自动报警系统，如图5.3所示。这种系统一般用于特级和一级保护对象。

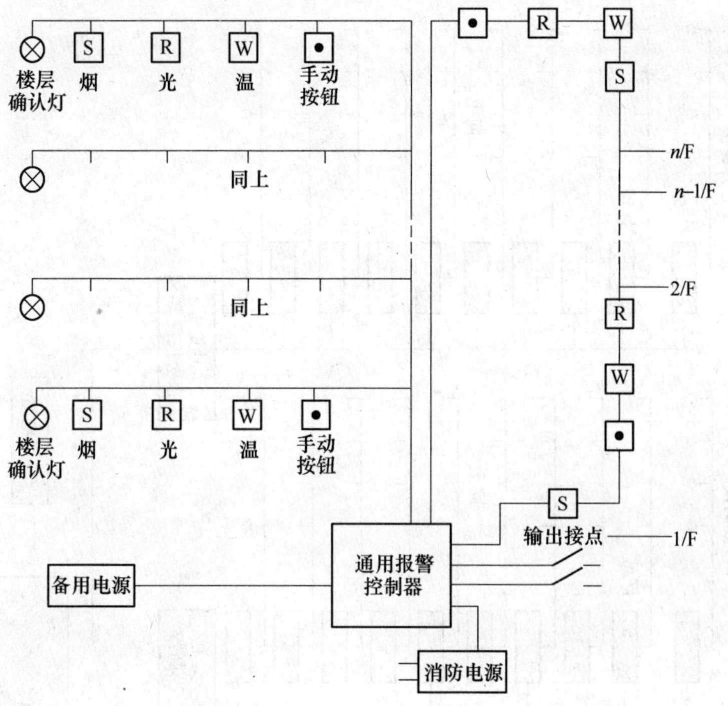

图 5.1 区域报警系统示例

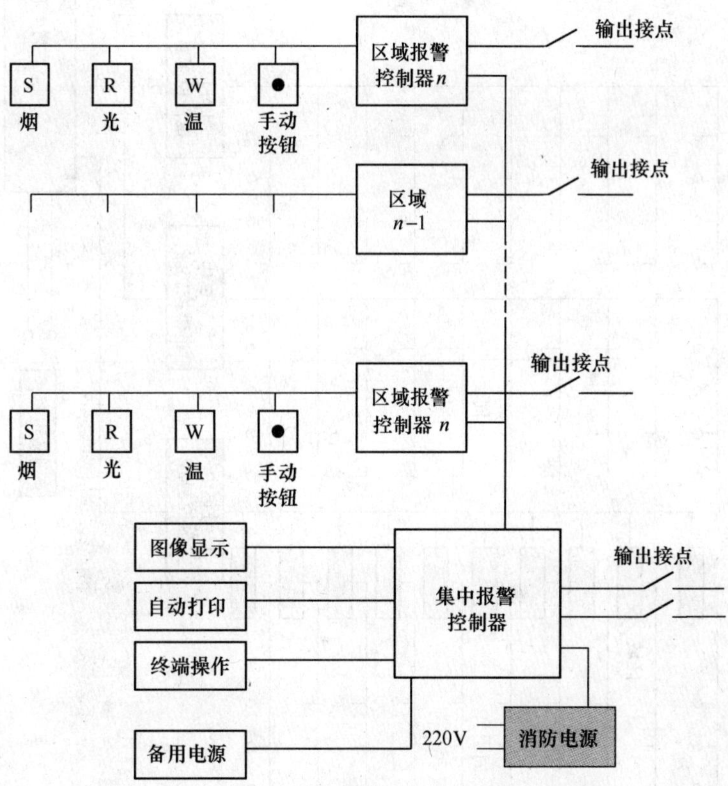

图 5.2 集中报警系统示例

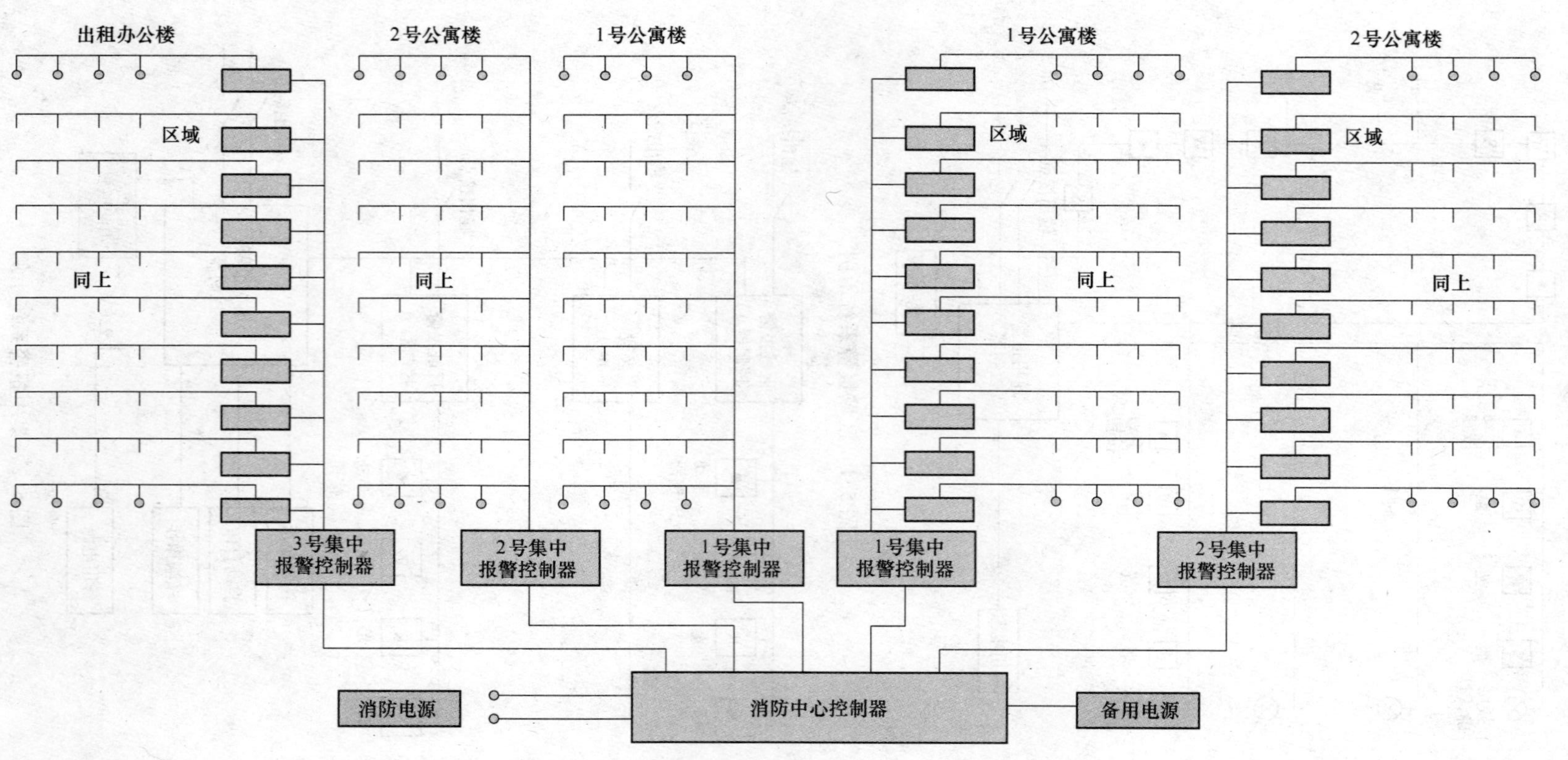

图 5.3 控制中心报警系统示例

5.2 消防联动控制系统的组成与功能

消防联动控制系统是火灾自动报警系统中的一个重要组成部分。通常包括消防联动控制器、消防控制室图形显示装置、传输设备、消防电气控制装置（防火卷帘控制器等）、消防设备应急电源、消防电动装置、消防联动模块、消火栓按钮、消防应急广播设备、消防电话等设备和组件，消防联动控制设备的构成如图 5.4 所示。

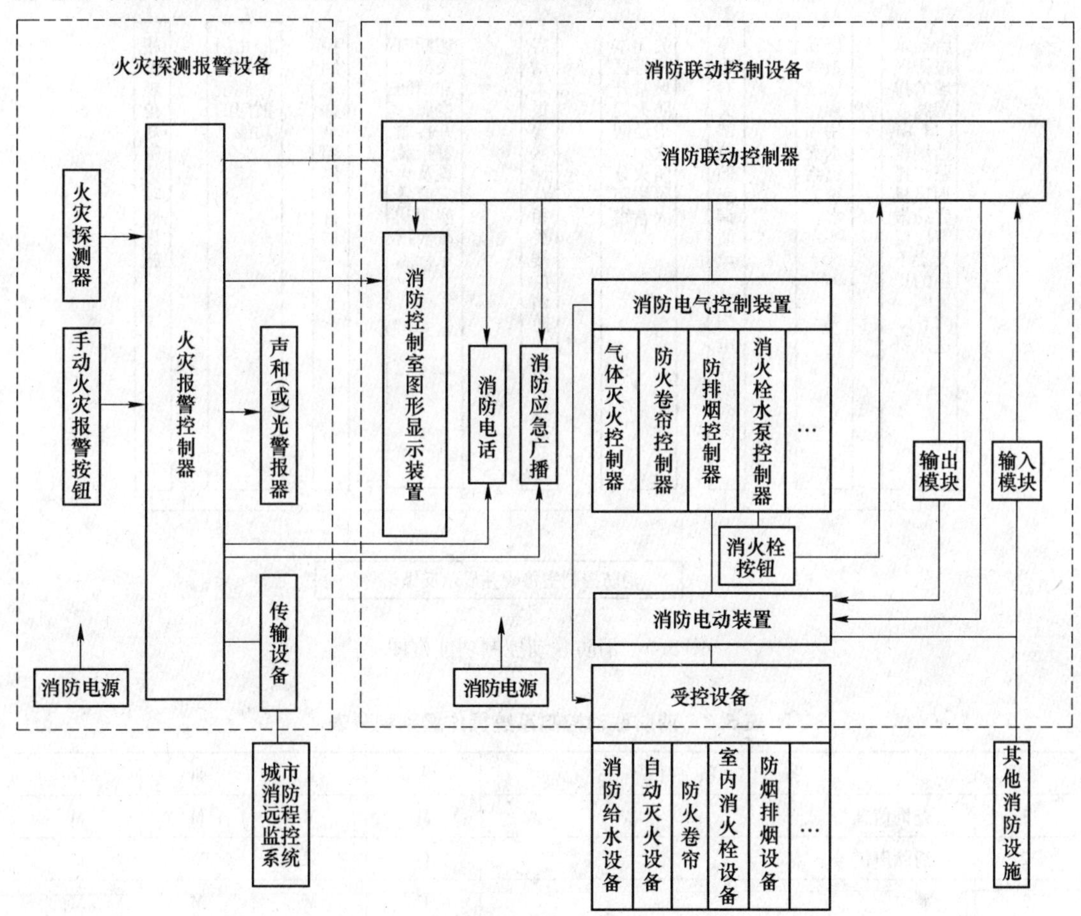

图 5.4 消防联动控制设备的构成框图

消防联动控制系统基本功能如图 5.5 所示，各类设备的操作功能操作级别要求如表 5.2 所示。操作级别划分表规定了 11 项操作项目，这些操作项目可以分成 4 个操作级别。其中Ⅳ级为最高操作级别，可以进行任何一项操作，因此表中的 M 代表可以操作；Ⅲ级操作可以进行除了“修改或改变软、硬件”操作以外的任何操作，因此表中有 P 代表禁止该项操作；Ⅱ级操作可以进行 1 ~ 7 项操作，8 ~ 11 项操作为禁止操作；Ⅰ级操作可以进行“查询信息”操作和“消除声信号”操作，其中“消除声信号”用 O 代表可以选择，即可以禁止操作或允许操作。

在进入Ⅱ级操作级别以上的操作项目时，操作人员需采用钥匙或密码进入，不得没有加密手段或采用其他手段进入。低级别的钥匙和密码不能进入高级别的操作项目，高级别的钥匙和密码可以进入低级别的操作项目。

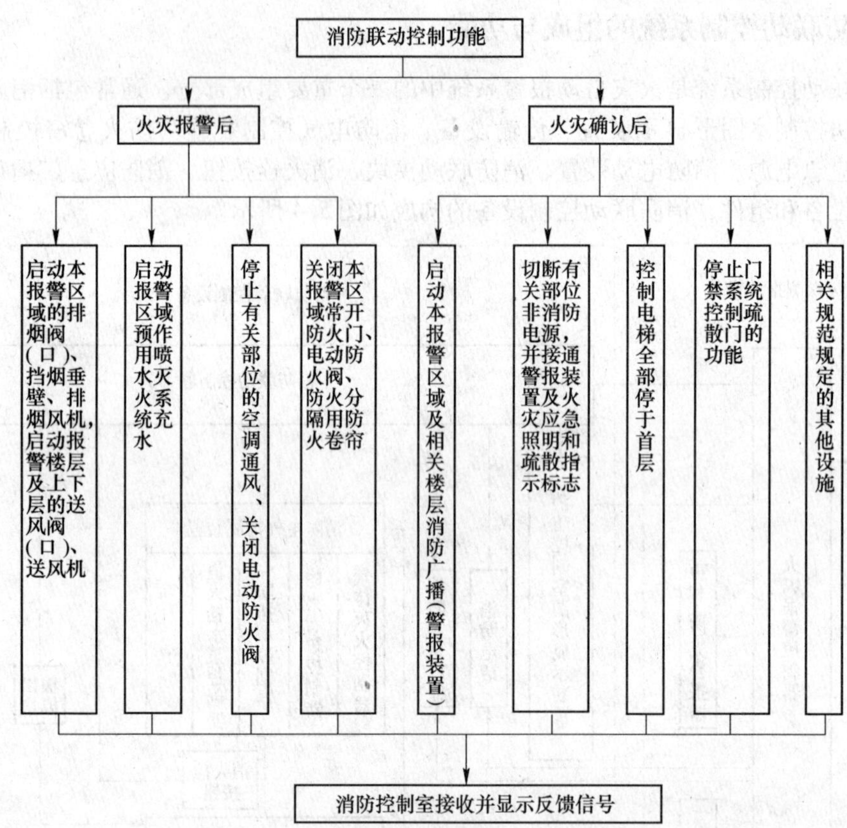

图5.5 消防联动控制功能框图

表5.2 消防联动控制系统操作级别划分表

序号	操作项目	Ⅰ	Ⅱ	Ⅲ	Ⅳ
1	查询信息	M	M	M	M
2	消除声信号	O	M	M	M
3	复位	P	M	M	M
4	手动操作	P	M	M	M
5	进入自检、屏蔽和解除屏蔽等工作状态	P	M	M	M
6	调整计时装置	P	M	M	M
7	开、关电源	P	M	M	M
8	输入或更改数据	P	P	M	M
9	延时功能设置	P	P	M	M
10	报警区域编程	P	P	M	M
11	修改或改变软、硬件	P	P	P	M

注：1. P—禁止，O—可选择，M—本级人员可操作；

2. 进入Ⅱ、Ⅲ级操作功能状态应采用钥匙、操作号码，用于进入Ⅲ级操作功能状态的钥匙或操作号码可用于进入Ⅱ级操作功能状态，但用于进入Ⅱ级操作功能状态的钥匙或操作号码不能用于进入Ⅲ级和Ⅳ级操作功能状态。

组成消防联动控制系统的设备有11种。有些设备的操作项目没有表内规定的这么多，可能仅有少数几项操作项目，只要设备操作项目与表内规定的操作项目相符则要满足本表的要求，若与表内规定的操作项目不符或相似则根据操作项目的功能参照表内规定执行。

5.2.1 消防联动控制器

消防联动控制器是消防联动控制设备的核心组件。它通过接收火灾报警控制器发出的火灾报警信息，按预设逻辑对自动消防设备实现联动控制和状态监视。消防联动控制器可直接发出控制信号，通过驱动装置控制现场的受控设备。对于控制逻辑复杂，在消防联动控制器上不便实现直接控制的情况，通过消防电气控制装置（如防火卷帘控制器、气体灭火控制器等）间接控制受控设备。

5.2.1.1 消防联动控制器的分类

消防联动控制器可按结构形式、使用环境和防爆性能进行分类。

按结构形式可分为柜式消防联动控制器、台式消防联动控制器和壁挂式消防联动控制器（见图5.6）。

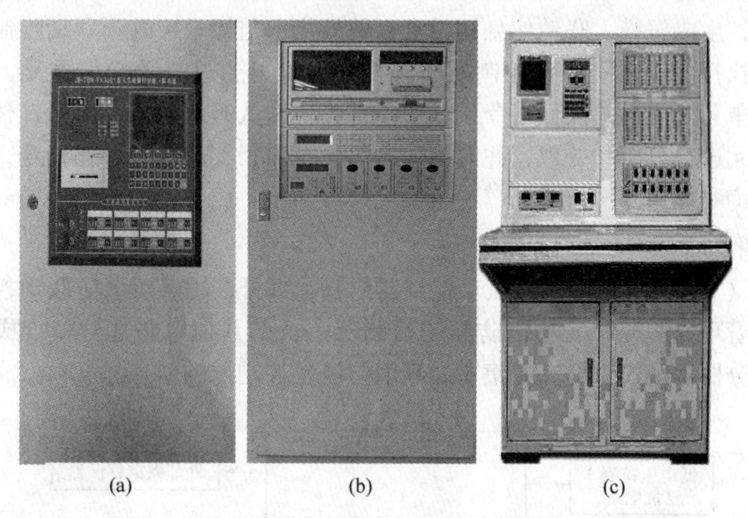

(a) (b) (c)

图5.6 消防联动控制器示例图
（a）壁挂式；（b）柜式；（c）台式

按使用环境可分为陆用型消防联动控制器和船用型消防联动控制器。

按防爆性能可分为防爆型消防联动控制器和非防爆型消防联动控制器。

5.2.1.2 消防联动控制器组成与工作原理

消防联动控制器主要由主控单元、回路控制单元、显示操作单元、直接手动控制单元、通信控制单元和电源单元组成，如图5.7所示。

消防联动控制器的主控单元在系统程序的控制下，向回路控制单元发出对回路连接的消防联动模块等现场设备的巡检和（或）动作执行指令，回路控制单元对来自主控单元的任务指令进行解释和调制，并通过现场回路发送出去；各种现场设备回馈的信息通过回路控制单元的解调转化和预处理，按照接口规约反馈到主控单元；主控单元应用其特定软件

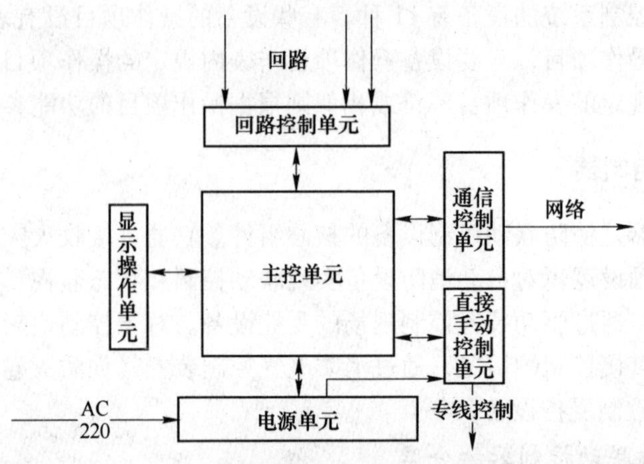

图 5.7　消防联动控制器的组成框图

对通信控制单元、回路控制单元和直接手动控制单元反馈信息进行分析和判别，识别消防联动模块、专线设备和回路网络的各种状态，接收连接火灾报警控制器发出的火灾报警信号，经确认后，生成报警、联动信息和异常事件的指示与记录，各项联动控制任务通过相应的功能单元执行。对消防联动控制器实施操作时，可通过显示操作单元，输入操作指令，显示操作单元对输入的操作指令进行编译，并将确认有效的指令信息，传送给主控单元，由主控单元进行分析和处理，并向各功能单元发出相关的任务操作指令，完成人员对系统的信息查询和操作的执行。

A　主控单元

主控单元（见图 5.8）是消防联动控制器的基本部分，用于对消防联动控制器的其他单元的控制和管理，主控单元将消防联动控制器主机的其他电路部分整合成一个有机整体，使各个部分协调统一工作，并集中处理消防联动控制器的信息。

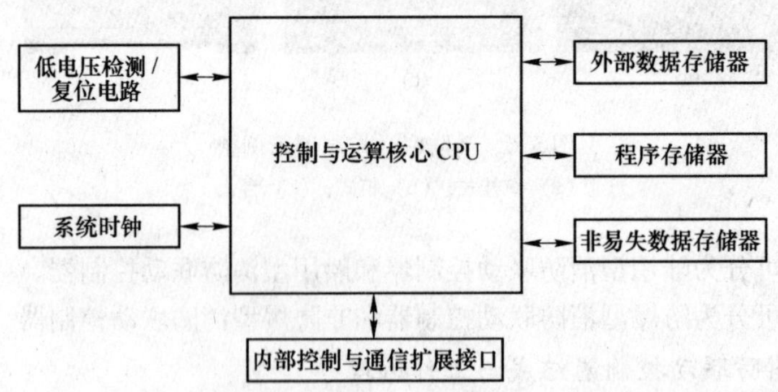

图 5.8　主控单元的组成框图

B　回路控制单元

回路控制单元是由内部通信接口、回路控制管理部分、驱动保护电路和故障检测电路等组成，用于与主控单元通信，将主控单元发来的控制信号发送至各单元。回路控制单元是消防联动控制器与消防联动模块的接口单元，完成消防联动控制器与现场装置信息交互任务及回路短路、断路和模块的故障状态监测与控制。

C 显示操作单元

显示操作单元是由内部通信接口、交互管理控制部分和显示操作扩展部分、显示屏、指示灯、键盘、打印机和音响等组成，用于键盘信号的采样，将键盘信号通过通信单元传递给主控单元，主控单元对采样信号分析判断后发出相应的控制、查询、设置、自检等指令。同时，主控单元将从回路控制单元、直接手动控制单元、电源部分采样来的系统信息通过显示操作单元进行显示，显示操作单元的音响部分将主控制单元发来的控制信号分析，产生所需的音响信号，放大后传递给扬声器。显示操作单元部件是消防联动控制器与操作人员进行人机交互的界面。

D 直接手动控制单元

直接手动控制单元是由内部通信接口、指示电路、控制保护电路、键盘或操作按键、直接手动控制管理等部分组成，接受手动操作指令，通过多线制连接线或模块直接控制受控设备，并接收设备的状态信息。该控制方式与主控电路部分相对独立，但主控部分可接收和显示受控设备及控制输出的状态。直接手动控制单元即使在主控单元功能失效情况下，仍然可实现消防联动控制器对消防水泵、防烟和排烟风机等少数重要消防设备的状态进行监视和控制。

E 通信控制单元

通信控制单元是由内部通信接口、通信管理控制和网络驱动保护及线路故障检测等部分组成，用于与主控单元通信，将主控单元发来的命令、内部信息或所带设备外部信息通过通信控制单元发送给联网的火灾报警控制器或监控设备；同时，通过通信控制单元接收网络上传输的网络信息，将其通过通信管理控制部件发送给主控单元，并且通过通信管理控制部件管理整个网络通信。在构建本地化局域网时，通常采用的通信接口技术规约有RS-232/485，CANBUS、LONWORKS、PROFIBUS等现场总线或工业以太网等；在构建远程报警监控网络时，通常需要连接专用通信设备作为接入中继，将通信控制单元的输出信息发送到公共电话网或万维网上。

F 电源单元

消防联动控制器的电源单元是控制器的供电保证环节，包括主电源和备用电源，用于为消防联动控制器主机部分、外部模块及部分受控设备供电。电源部分具有主电源和备用电源自动转换装置，能指示主、备电源的工作状态。主电源容量能保证控制器在有关技术标准规定的最大负载条件下，连续工作8h以上。备用电源容量能保证控制器在监视状态下工作8h后，在有关技术标准规定的最大负载条件下工作30min。

5.2.2 消防电气控制装置

消防电气控制装置用于对建筑消防给水设备、自动灭火设备、室内消火栓设备、防排烟设备、防火卷帘等各类自动消防设施的控制，具有控制受控设备执行预定动作、接收受控设备的反馈信号、监视受控设备状态、与上级监控设备进行信息通信、向使用人员发出声光提示信息等功能。

5.2.2.1 消防电气控制装置的功能

消防电气控制装置的主要功能包括控制功能、指示功能和信号传递功能。控制功能是指控制受控设备执行预定动作；信号传递功能是指消防联动控制器之间进行信号传递；指示功能是指指示电源、控制装置、受控设备的工作状态，以及指示消防电气控制装置和受控设备的故障状态。

5.2.2.2 组成与工作原理

消防电气控制装置一般由主电路、控制电路、操作和指示部分等基本单元组成。消防电气控制装置的主电路为控制装置供电。控制电路对受控设备进行控制，接收受控设备的反馈信号。操作和指示部分指示消防电气控制的状态、接收操作人员的操作、设置指令。

消防电气控制装置的工作原理如下：消防电气控制装置接收到现场手动控制信号或消防联动控制器的联动控制信号后，将此信号进行处理、转换，形成下一级控制信号并将该信号向受控设备发送；同时控制主电路接通或断开受控设备的电源，从而完成控制受控设备启动（停止）的功能。此外，消防电气控制装置还能将受控设备的工作状态信息向上一级消防联动控制设备传送，发出显示控制装置和受控设备状态的指示信号，如：电源信号、控制装置的手动（自动）工作状态信号、延时信号、受控设备的状态信号等，从而完成信息传送和指示功能。

5.2.2.3 消防电气控制装置的分类

消防电气控制装置按受控设备的不同，可分为以下几类：

（1）风机控制装置。风机控制装置用于控制排烟风机或防烟风机。发生火灾时，根据接收到的控制信号，排烟风机启动，将火灾产生的烟排放到室外；防烟风机启动，将室外的空气送入室内，从而降低室内烟浓度，达到排烟、防烟的目的。

（2）电动阀控制装置。电动阀控制装置用于控制各类电动阀。常见的电动阀有防烟阀、排烟阀等。根据接收到的控制信号，这种控制装置能够控制电动阀的开启与关闭。电动阀开启时可使火灾产生的烟气排放到室外或使室外空气进入室内；电动阀关闭时起到阻止室内外空气流通的作用。

（3）自动灭火设备控制装置。用于控制自动喷水灭火设备、水喷淋灭火设备、室内消火栓设备。根据接收到的控制信号，这种控制装置能够通过消防电动装置或直接控制该类受控设备的启动或停止，并接收其状态反馈信号。

（4）电动消防给水设备控制装置。电动消防给水设备控制装置用于控制各类电动消防给水设备。根据接收到的控制信号，这种控制装置能够控制电动消防给水设备的启动或停止，并接收其状态反馈信号（水泵的启停）。

（5）防火卷帘控制器。防火卷帘控制器用于控制建筑内安装的各类防火卷帘。根据接收到的控制信号,这种控制装置能够控制防火卷帘的启动或停止,接收其状态反馈信号。

（6）消防应急照明指示控制装置。消防应急照明指示控制装置用于控制建筑内安装的消防应急照明灯和消防应急标志灯。根据接收到的控制信号，这种控制装置能够控制消防应急照明灯和消防应急标志灯的启动或停止。

5.2.3 消防联动模块

消防联动模块是用于消防联动控制器与其所连接的受控设备之间信号传输、转换的一种器件,包括消防联动中继模块、消防联动输入模块、消防联动输出模块和消防联动输入(输出)

模块,它是消防联动控制设备完成对受控消防设备联动控制功能所需的一种辅助器件。

(1) 中继模块。消防联动中继模块是由信号整形、滤波稳压和信号放大过流保护电路等部分组成，用于对消防联动控制系统内部各种电信号进行远距离传输和放大驱动。该模块分为总线型和非总线型两种。总线型中继模块主要作用是增加联动总线的负载能力，提高消防联动控制系统的可靠性。

消防联动中继模块的工作原理是：当联动总线负载过重或线路过长时，一般在总线的适当位置设置总线中继模块，将弱信号放大到标准状态，增加总线的负载能力。

(2) 输入模块。消防联动输入模块是由无极性转换电路、滤波整形、编码信号变换电路、主控电路、指示灯电路、信号隔离变换电路等部分组成,用于把消防联动控制器所连接的消防设备、器件的工作状态信号输入相应的消防联动控制器。该模块一般与消防联动控制器相连。

消防联动输入模块的工作原理是：自动灭火设备、防排烟设备、防火门窗、防火卷帘、水流指示器、消火栓、压力开关等消防设备、器件在监视状态时，其内部继电器处于常开状态；当处于启动工作状态时，继电器由常开转变为常闭状态。消防联动输入模块内部的信号隔离变换电路将上述消防设备、器件的工作状态转换为电信号，传给消防联动输入模块的主控电路。主控电路一般通过分析与判断，确认消防设备的工作状态，同时通过信号总线上传给相应的消防联动控制器。

(3) 输出模块。消防联动输出模块用于将消防联动控制器的控制信号传输给其连接的消防设备、器件。该模块分为总线型和非总线型两种，一般与消防联动控制器相连。

消防联动输出模块的工作原理是：当消防联动控制设备发出启动信号后，根据预置逻辑，通过总线将联动控制信号输送到消防联动输出模块，启动需要联动的消防设备、器件，如消防水泵、防排烟阀、送风阀、防火卷帘门、风机、警铃等。总线型消防联动输出模块的组成和工作原理框图如图 5.9 所示。

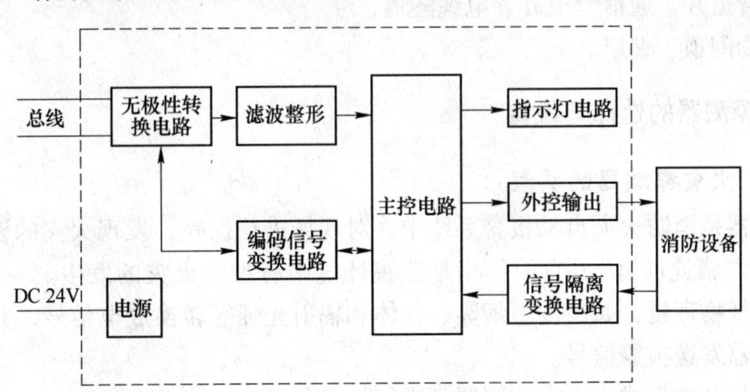

图 5.9 总线型消防联动输出模块的组成和工作原理框图

5.3 火灾自动报警系统的设计

5.3.1 火灾报警区域和探测区域的划分

5.3.1.1 火灾报警区域的划分

火灾报警区域是指将火灾自动报警系统的警戒范围按防火分区或楼层等划分的单元，

是设置区域火灾报警控制器的基本单元。报警区域的划分应符合下列规定：

（1）报警区域应根据防火分区或楼层划分，可将一个防火分区或一个楼层划分为一个报警区域，也可将发生火灾时需要同时联动消防设备的相邻几个防火分区或楼层划分为一个报警区域。

（2）电缆隧道的一个报警区域宜由一个封闭长度区间组成，一个报警区域不应超过相连的3个封闭长度区间；道路隧道的报警区域应根据排烟系统或灭火系统的联动需要确定，且不宜超过150m。

（3）甲、乙、丙类液体储罐区的报警区域应由一个储罐区组成，每个50000m^3 及以上的外浮顶储罐应单独划分为一个报警区域。

（4）列车的报警区域应按车厢划分，每节车厢应划分为一个报警区域。

5.3.1.2　火灾探测区域的划分

火灾探测区域指将报警区域按探测火灾的部位划分的单元。探测区域的划分应符合下列规定：

（1）探测区域应按独立房（套）间划分。一个探测区域的面积不宜超过500m^2；从主要入口能看清其内部，但面积不超过1000m^2 的房间，也可划为一个探测区域。

（2）红外光束感烟火灾探测器和缆式线型感温火灾探测器的探测区域的长度，不宜超过100m；空气管差温火灾探测器的探测区域长度宜为20～100m。

（3）下列场所应单独划分探测区域：

1）敞开或封闭楼梯间、防烟楼梯间；

2）防烟楼梯间前室、消防电梯前室、消防电梯与防烟楼梯间合用的前室、走道、坡道；

3）电气管道井、通信管道井、电缆隧道；

4）建筑物闷顶、夹层。

5.3.2　火灾探测器的选择与设置

5.3.2.1　火灾探测器的类型

火灾探测器是消防火灾自动报警系统中，对现场进行探查，发现火灾的设备。火灾探测器是系统的“感觉器官”，它的作用是监视环境中有没有火灾的发生。一旦有了火情，就将火灾的特征物理量，如温度、烟雾、气体和辐射光强等转换成电信号，并立即动作向火灾报警控制器发送报警信号。

依据不同的分类形式，火灾探测器可进行如下分类：

（1）按对现场的信息采集类型分为：感温探测器、感烟探测器、火焰探测器、特殊气体探测器和复合型探测器。

（2）按设备对现场信息采集原理分为：离子型探测器、光电型探测器。

（3）按设备在现场的安装方式分为：点式探测器、缆式探测器。

（4）按探测器与控制器的接线方式分为：总线制、多线制。其中总线制又分编码的和非编码的，而编码的又分电子编码和拨码开关编码，拨码开关编码的又叫拨码编码，它又分为二进制编码和三进制编码。

各类探测器性能如表 5.3 所示。

表 5.3 探测器的种类与性能

<table>
<tr><th colspan="3">火灾探测器种类名称</th><th colspan="2">探测器性能</th></tr>
<tr><td rowspan="2">感烟式探测器</td><td rowspan="2">定点式</td><td>离子感烟式</td><td colspan="2">及时探测火灾初期烟雾，报警功能较好。可探测微小颗粒（油漆味，烤焦味及相对分子质量较大的气体分子，均能反应并引起探测器动作；当风速大于 10m 时不稳定，甚至引起误动作）</td></tr>
<tr><td>光电感烟式</td><td colspan="2">对光电敏感。宜用于特定场合。附近有过强红外光源时可导致探测器不稳定；其寿命较前者短</td></tr>
<tr><td rowspan="11">感温式探测器</td><td colspan="2">缆式线型感温电缆</td><td rowspan="11">火灾早、中期产生一定温度时报警，且较稳定。凡不可采用感烟探测器、非爆炸性场所、允许一定损失的场所选用</td><td>不以明火或温升速率报警，而是以被测物体温度升高到某定值时报警</td></tr>
<tr><td rowspan="4">定温式</td><td>双金属定温</td><td rowspan="4">它只以固定限度的温度值发出火警信号，允许环境温度有较大变化而工作比较稳定，但火灾引起的损失较大</td></tr>
<tr><td>热敏电阻</td></tr>
<tr><td>半导体定温</td></tr>
<tr><td>易熔合金定温</td></tr>
<tr><td rowspan="3">差温式</td><td>双金属差温式</td><td rowspan="3">适用于早期报警，它以环境温度升高率为动作报警参数，当环境温度达到一定要求时发出报警信号</td></tr>
<tr><td>热敏电阻差温式</td></tr>
<tr><td>半导体差温式</td></tr>
<tr><td rowspan="3">差定温式</td><td>膜盒差定温式</td><td rowspan="3">具感温探测器的一切优点而又比较稳定</td></tr>
<tr><td>热敏电阻差定温式</td></tr>
<tr><td>半导体差定温式</td></tr>
<tr><td rowspan="2">感光式探测器</td><td colspan="2">紫外线火焰式</td><td colspan="2">监测微小火焰发生，灵敏度，对火焰反应快，抗干扰能力强</td></tr>
<tr><td colspan="2">红外线火焰式</td><td colspan="2">能在常温下工作。对任何一种含碳物质燃烧时产生的火焰都能反应。对恒定的红外辐射和一般光源（如灯泡、太阳光和一般的热辐射，X、γ 射线）都不起反应</td></tr>
<tr><td colspan="3">可燃气体探测器</td><td colspan="2">探测空气中可燃气体含量、浓度，超过一定数值时报警</td></tr>
<tr><td colspan="3">复合型探测器</td><td colspan="2">是全方位火灾探测器，综合各种长处，适用各种场合，能实现早期火情的全范围报警</td></tr>
</table>

A 感烟式探测器

感烟式探测器是对警戒范围内由于燃烧或者热分解形成的烟雾浓度参量作出响应的探测器，主要用于火灾过程的早期和阴燃阶段，是火灾早期报警的主要手段。据初步估计，目前各种感烟探测器在市场上的销售和使用量约占各种火灾探测器使用量的 70% ~80%。其中，主要是单一火灾探测原理的点式离子感烟和光电感烟探测器，而光电火灾探测原理的点式光电感烟探测器的用量越来越大于离子感烟探测器。而线型的主要有红外光束型和激光型。

a 离子感烟探测器

离子感烟式探测器是点式感烟探测器，它是在电离室内含有少量放射性物质（镅—241)，可使电离室内空气成为导体，允许一定电流在两个电极之间的空气中通过，射线使局部空气成电离状态，经电压作用形成离子流，这就给电离室一个有效的导电性。当烟粒子进入电离化区域时，它们由于与离子相结合而降低了空气的导电性，形成离子移动的减弱。当导电性低于预定值时，探测器发出警报。离子感烟探测器又可分为拥有单极电离室和双极电离室的，其基本原理图如图5.10所示。

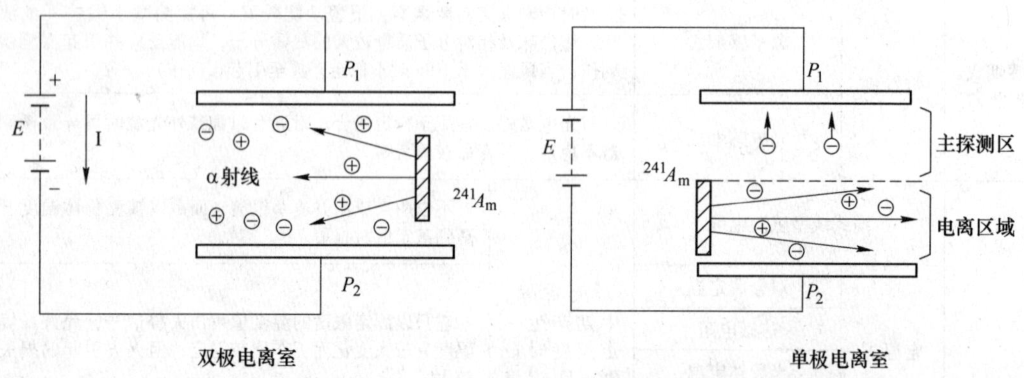

图5.10　离子感烟探测器原理图

单极电离室相比双极电离室，空间初始离子少，阻抗大，烟雾进入后，引起电流变化大，探测更加灵敏，实际探测器由两个单极电离室串联而成，补偿室阻止烟雾进入，检测室容许烟雾进入，从而补偿因环境因素引起的变化。

b　光电感烟探测器

光电感烟探测器也是点式探测器，它是利用起火时产生的烟雾能够改变光的传播特性这一基本性质而研制的。根据烟粒子对光线的吸收和散射作用。光电感烟探测器根据其结构和原理又分为遮光型和散射型两种，其基本原理图如图5.11所示。

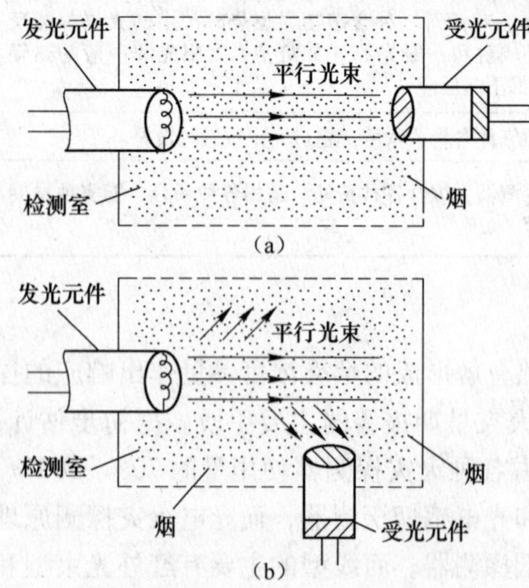

图5.11　光电感烟探测器原理图
(a) 遮光型；(b) 散射型

遮光型（或减光型）光电式感烟探测器由一个光源（灯泡或发光二极管）和一个光敏元件（硅光电池）对应装置在小暗室（即型腔密室或称采样室）里构成。在正常（无烟）情况下，光源发出的光通过透镜聚成光束，照射到光敏元件上，并将其转换成电信号，使整个电路维持正常状态，不发生报警。当发生火灾有烟雾存在时，光源发出的光线受烟粒子的散射和吸收作用，使光的传播特性改变，光敏元件接收的光强明显减弱，电路正常状态被破损，则报警。

散射型光电式感烟探测器的发光二极管和光敏元件设置的位置不是相对的。光敏元件设置在多孔的小暗室里。无烟雾时，光不能射到光敏元件上，电路维持在正常状态。而发生火灾有烟雾存在时，光通过烟雾粒子的反射或散射到达光敏元件上，则光信号转换成电信号。经放大电路放大后，驱动报警装置，发出火灾报警信号。

c 红外光束线型感烟探测器

光束感烟探测器采用红外线组成探测源,利用烟雾的扩散性可以探测红外线周围固定范围之内的火灾,光束感烟探测器通常是由分开安装的、经调准的红外发光器和收光器配对组成的;其工作原理是利用烟减少红外发光器发射到红外收光器的光束光量来判定火灾,这种火灾探测方法通常被称为烟减光法,红外光束感烟探测器又分为对射型和反射型两种。

B 感温式探测器

发生火灾时物质的燃烧产生大量的热量，使周围温度发生变化。感温探测器是对警戒范围中某一点或某一线路周围温度变化时响应的火灾探测器。它是将温度的变化转换为电信号以达到报警目的。根据监测温度参数的不同，一般用于工业和民用建筑中的感温式火灾探测器有定温式、差温式、差定温式等几种。

a 定温式探测器

定温式探测器是在规定时间内，火灾引起的温度上升超过某个定值时启动报警的火灾探测器。它有线型和点型两种结构。其中线型是当局部环境温度上升达到规定值时，可熔绝缘物熔化使两导线短路，从而产生火灾报警信号。点型定温式探测器利用双金属片、易熔金属、热电偶热敏半导体电阻等元件，在规定的温度值上产生火灾报警信号。双金属片定温探测器结构如图 5.12 所示。

b 差温式探测器

差温式探测器是在规定时间内，火灾引起的温度上升速率超过某个规定值时启动报警的火灾探测器。它也有线型和点型两种结构。线型差温式探测器是根据广泛的热效应而动作的，点型差温式探测器是根据局部的热效应而动作的，主要感温器件是空气膜盒、热敏半导体电阻元件等。

差温式探测器是在规定时间内，环境温度上升速率超过预定值时报警响应。它也有线型和点型两种结构。线型是根据广泛的热效应而动作的，主要感温器件有按探测面积蛇形连续布置的空气管、分布式连接的热电偶、热敏电阻等。点型则是根据局部的热效应而动作的，主要感温器件是空气膜盒、热敏电阻等。如图 5.13 所示的是膜盒式探测器结构示意图。

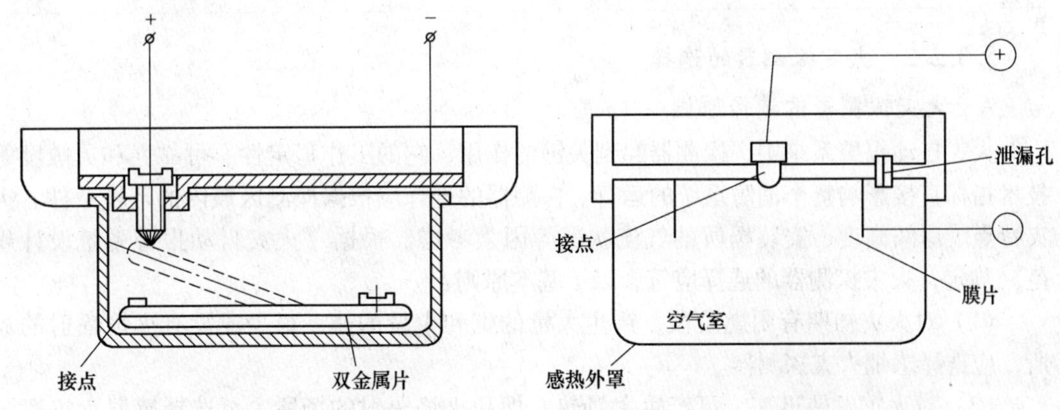

图 5.12 双金属片定温探测器原理图

图 5.13 膜盒式差温探测器结构示意图

空气膜盒是温度敏感元件，其感热外罩与底座形成密闭气室，有一小孔与大气连通。当环境温度缓慢变化时，气室内外的空气可由小孔进出，使内外压力保持平衡。如温度迅速升高，气室内空气受热膨胀来不及外泄，致使室内气压增高，波纹片鼓起与中心线柱相碰，电路接通报警。

c 差定温式探测器

差定温式探测器结合了定温和差温两种作用原理并将两种探测器结构组合在一起。差定温式探测器一般多是膜盒式或热敏半导体电阻式等点型组合式探测器。

C 火焰探测器

火焰探测器又称感光式火灾探测器，它是用于响应火灾的光特性，即探测火焰燃烧的光照强度和火焰的闪烁频率的一种火灾探测器。

根据火焰的光特性，使用的火焰探测器有三种：第一种是对火焰中波长较短的紫外光辐射敏感的紫外探测器；第二种是对火焰中波长较长的红外光辐射敏感的红外探测器；第三种是同时探测火焰中波长较短的紫外线和波长较长的红外线的紫外（红外）混合探测器。具体根据探测波段可分为：单紫外、单红外、双红外、三重红外、红外（紫外）、附加视频等火焰探测器。

D 气体探测器

传统感烟、感温火灾探测器在火灾探测中起到了重要的作用，而且也在不断发展完善，但是还并不能让人满意。它们本质上以火灾的烟雾浓度和温度等物理特性作为测量的对象，而燃烧的材料种类、燃烧状况、灰尘、水汽和热源等很多因素都会显著地影响到这些参数，从而影响了常规探测器的可靠性，使之容易产生误报，甚至对特定的火灾不响应。例如，针对温升的探测器对阴燃火没有响应，某些感烟探测器对酒精火等也没有响应等。

气体火灾探测器是一种响应燃烧或者热分解产生气体的火灾探测器。火灾初期物质燃烧产生的烟气中因燃烧物的不同包括的成分主要有一氧化碳、二氧化碳、氢气、碳氢化合物和水蒸气等。这些气体比烟雾粒子产生得早，在感烟火灾探测器尚未发出报警信号前已达到一定的浓度。可燃性气体探测器主要有催化型、气敏半导型、固体电解质型和光电型等。

5.3.2.2 火灾探测器的选择

A 火灾探测器的选择原则

火灾自动报警系统中，探测器起到关键的作用，它的工作稳定性、可靠性和灵敏度等技术指标直接影响整个消防系统的运行。探测器的选择应根据探测区域内的环境条件、火灾特点、房间高度、安装场所的气流状况等因素考虑。根据《火灾自动报警系统设计规范》规定，火灾探测器的选择应符合以下基本原则：

（1）对火灾初期有阴燃阶段，产生大量的烟和少量的热，很少或没有火焰辐射的场所，应选择感烟火灾探测器。

（2）对火灾发展迅速，可产生大量热、烟和火焰辐射的场所，可选择感温火灾探测器、感烟火灾探测器、火焰探测器或其组合。

（3）对火灾发展迅速，有强烈的火焰辐射和少量烟、热的场所，应选择火焰探测器。

（4）对火灾初期有阴燃阶段，且需要早期探测的场所，宜增设一氧化碳火灾探测器。

（5）对使用、生产可燃气体或可燃蒸气的场所，应选择可燃气体探测器。

（6）应根据保护场所可能发生火灾的部位和燃烧材料的分析，以及火灾探测器的类型、灵敏度和响应时间等选择相应的火灾探测器，对火灾形成特征不可预料的场所，可根据模拟试验的结果选择火灾探测器。

（7）间一探测区域内设置多个火灾探测器时，可选择具有复合判断火灾功能的火灾探测器和火灾报警控制器。

B　点型火灾探测器的选择

a　根据房间高度选择点型火灾探测器

由于探测器接收火灾的烟、温和火焰的情况不同，应针对不同房间的高度选用不同的点型火灾探测器，如表 5.4 所示。

表 5.4　根据房间高度选择点型火灾探测器

房间高度 /m	感烟探测器	感温探测器			火焰探测器
		一级	二级	三级	
$12<h\leqslant20$	不适合	不适合	不适合	不适合	适合
$8<h\leqslant12$	适合	不适合	不适合	不适合	适合
$6<h\leqslant8$	适合	适合	不适合	不适合	适合
$4<h\leqslant6$	适合	适合	适合	不适合	适合
<4	适合	适合	适合	适合	适合

b　根据使用场所选择点型火灾探测器

（1）下列场所宜选择点型感烟火灾探测器：

1）饭店、旅馆、教学楼、办公楼的厅堂、卧室、办公室、商场、列车载客车厢等；

2）计算机房、通信机房、电影或电视放映室等；

3）楼梯、走道、电梯机房、车库等；

4）书库、档案室等。

（2）符合下列条件之一的场所，不宜选择点型离子感烟火灾探测器：

1）相对湿度经常大于 95%；

2）气流速度大于 5m/s；

3）有大量粉尘、水雾滞留；

4）可能产生腐蚀性气体；

5）在正常情况下有烟滞留；

6）产生醇类、醚类、酮类等有机物质。

（3）符合下列条件之一的场所，不宜选择点型光电感烟火灾探测器：

1）有大量粉尘、水雾滞留；

2）可能产生蒸汽和油雾；

3）高海拔地区；

4）在正常情况下有烟滞留。

(4) 符合下列条件之一的场所，宜选择点型感烟火灾探测器，且应根据使用场所的典型应用温度和最高应用温度选择适当类别的感温火灾探测器：

1) 相对湿度经常大于95%；

2) 无烟火灾；

3) 有大量粉尘；

4) 吸烟室等在正常情况下有烟或蒸汽滞留的场所；

5) 厨房、锅炉房、发电机房、烘干车间等不宜安装感烟火灾探测器的场所；

6) 需要联动熄灭“安全出口”标志灯的安全出口内侧；

7) 其他无人滞留、且不适合安装感烟火灾探测器，但发生火灾时需要及时报警的场所。

(5) 可能产生阴燃火或发生火灾不及时报警将造成重大损失的场所，不宜选择点型感温火灾探测器；温度在0℃以下的场所，不宜选择定温探测器；温度变化较大的场所，不宜选择R型感温探测器。

(6) 符合下列条件之一的场所，宜选择点型火焰探测器：

1) 火灾时有强烈的火焰辐射；

2) 液体燃烧火灾等无阴燃阶段的火灾；

3) 需要对火焰做出快速反应。

(7) 符合下列条件之一的场所，不宜选择点型火焰探测器：

1) 在火焰出现前有浓烟扩散；

2) 探测器的镜头易被污染；

3) 探测器的“视线”易被油雾、烟雾、水雾和冰雪遮挡；

4) 探测区域内的可燃物是金属和无机物时，不宜选择红外火焰探测器；

5) 探测器易受阳光、白炽灯等光源直接或间接照射；

6) 探测区域内正常情况下有高温物体的场所，不宜选择单波段红外火焰探测器；

7) 正常情况下有阳光、明火作业，探测器易受X射线、弧光和闪电等影响的场所，不宜选择紫外火焰探测器。

(8) 下列场所宜选择可燃气体探测器：

1) 试用可燃气体的场所；

2) 燃气站和燃气表房以及存储液化石油气罐的场所；

3) 其他散发可燃气体和可燃蒸汽房场所。

(9) 在火灾初期产生一氧化碳的下列场所可选择点型一氧化碳火灾探测器：

1) 烟不容易对流或顶棚下方有热屏障的场所；

2) 在棚顶上无法安装其他点型火灾探测器的场所；

3) 需要多信号复合报警的场所。

(10) 污物较多且必须安装感烟火灾探测器的场所，应选择间断吸气的点型采样式吸气式感烟火灾探测器或具有过滤网和管路自清洗功能的管路采样式吸气感烟火灾探测器。

C 线型火灾探测器的选择

线性火灾探测器的种类主要有：红外光束感烟探测器、缆式线型定温探测器和空气管线线型差温探测器，功能各异，应根据具体使用场所及具体建筑物的特点来选择火灾探测器。

（1）无遮挡的大空间或有特殊要求的房间，宜选择线型光束感烟火灾探测器。

（2）符合下列条件之一的场所，不宜选择线型光束感烟火灾探测器：

1）有大量粉尘、水雾滞留；

2）可能产生蒸汽和油雾；

3）在正常情况下有烟滞留；

4）固定探测器的建筑结构由于震动等原因会产生较大位移的场所。

（3）下列场所或部位，宜选择线型感温火灾探测器：

1）电缆隧道、电缆竖井、电缆夹层、电缆桥架；

2）不易安装点型探测器的夹层、闷顶；

3）各种皮带输送装置；

4）其他环境恶劣不适合点型探测器安装的场所。

（4）下列场所或部位，宜选择线型光纤感温火灾探测器：

1）存在强电磁干扰的场所；

2）除液化石油气外的石油储罐；

3）需要设置线型感温火灾探测器的易燃易爆场所；

4）需要监测环境温度的地下空间、电缆隧道等场所宜设置具有实时温度监测功能的线型光纤感温火灾探测器；

5）公路隧道、敷设动力电缆的铁路隧道和城市地铁隧道等。

（5）线型定温火灾探测器的选择，应保证其不动作温度高于设置场所的最高环境温度。

D 吸气式感烟火灾探测器的选择

下列场所宜选择吸气式感烟火灾探测器：

（1）具有高速气流的场所；

（2）点型感烟、感温火灾探测器不适宜的大空间、舞台上方、建筑高度超过 12m 的房间或有特殊要求的场所；

（3）低温场所；

（4）需要进行隐蔽探测的场所；

（5）需要进行火灾早期探测的重要场所；

（6）人员不宜进入的场所。

灰尘比较大的场所，不应采用没有过滤网和管路自清洗功能的管路采样式吸气感烟火灾探测器。

5.3.2.3 火灾探测器的设置

A 点型火灾探测器的设置

点型火灾探测器的设置应符合下列规定：

（1）探测区域的每个房间应至少设置一只火灾探测器。

（2）感烟火灾探测器和 A_1、A_2、B 型感温火灾探测器的保护面积和保护半径，应按

表5.5确定；C、D、E、F、G型感温火灾探测器的保护面积和保护半径根据生产企业设计说明书确定，但不应超过表5.5的规定。

表5.5　感烟火灾探测器和A_1、A_2和B型感温火灾探测器的保护面积和保护半径

火灾探测器种类	地面面积 S /m^2	房间高度 h /m	一只探测器的保护面积 A 和保护半径 R					
			屋顶坡度 θ					
			$\theta \leqslant 15°$		$15° < \theta \leqslant 30°$		$\theta > 30°$	
			A/m^2	R/m	A/m^2	R/m	A/m^2	R/m
感烟探测器	$S \leqslant 80$	$h \leqslant 12$	80	6.7	80	7.2	80	8
	$S > 80$	$6 < h \leqslant 12$	80	6.7	100	8	120	9.9
		$h \leqslant 6$	60	5.8	80	7.2	100	9
感温探测器	$S \leqslant 30$	$h \leqslant 8$	30	4.4	30	4.9	30	5.5
	$S > 30$	$h \leqslant 8$	20	3.6	30	4.9	40	6.3

（3）感烟火灾探测器、感温火灾探测器的安装间距，应根据探测器的保护面积A和保护半径R确定，并不应超过《火灾自动报警系统设计规范》所给出的探测器安装间距的极限曲线（见图5.14）中$D_1 \sim D_{11}$（含D_9'）规定的范围。

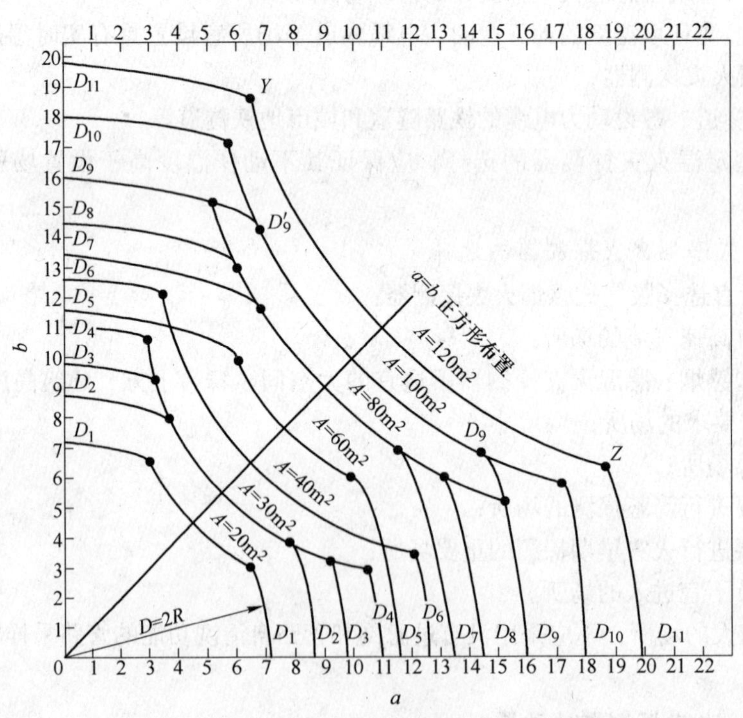

图5.14　探测器安装间距的极限曲线

A—探测器的保护面积（m^2）；a，b—探测器的安装间距（m）；

$D_1 \sim D_{11}$（含D_9'）—在不同保护面积A和保护半径下确定探测器安装间距a、b的极限曲线；

Y，Z—极限曲线的端点（在Y和Z两点间的曲线范围内，保护面积可得到充分利用）

（4）一个探测区域内所需设置的探测器数量不应小于式（5.1）的计算值。

$$N \geqslant \frac{S}{K \cdot A} \tag{5.1}$$

式中 N——一个探测区域内所设置的探测器的数量，单位用“只”表示，N应取整数；

S——一个探测区域的地面面积，m^2；

A——探测器的保护面积，m^2，指一只探测器能有效探测的地面面积。由于建筑物房间的地面通常为矩形，因此，所谓“有效”探测器的地面面积实际上是指探测器能探测到的矩形地面面积。探测器的保护半径R(m)是指一只探测器能有效探测的单向最大水平距离；

K——安全修正系数。容纳人数超过10000人的公共场所宜取0.7～0.8，容纳人数为2000～10000人的公共场所宜取0.8～0.9，容纳人数为500～2000人的公共场所宜取0.9～1.0，其他场所可取1.0。

（5）一个探测器的保护面积和保护半径的大小与其类型、探测区域的面积、房间高度及屋顶坡度都有一定的联系。表5.6是常用的探测器保护面积、保护半径与其他参量的相互关系见表5.5。

表5.6　点型感烟探测器下表面至棚顶或屋顶的距离

探测器的安装高度 h/m	点型感烟探测器下表面至棚顶或屋顶的距离 d/mm					
	棚顶或屋顶坡度 θ					
	$\theta \leqslant 15°$		$15° < \theta \leqslant 30°$		$\theta > 30°$	
	最小	最大	最小	最大	最小	最大
$h \leqslant 6$	30	200	200	300	300	500
$6 < h \leqslant 8$	70	250	250	400	400	600
$8 < h \leqslant 10$	100	300	300	500	500	700
$10 < h \leqslant 12$	150	350	350	600	600	800

B　线型火灾探测器的设置

a　线型光束感烟探测器的设置

（1）探测器的光束轴线至顶棚的垂直距离宜为0.3～1.0m，距地高度不宜超过20m。

（2）相邻两组探测器的水平距离不应大于14m，探测器至侧墙水平距离不应大于7m，且不应小于0.5m，探测器的发射器和接收器之间的距离不宜超过100m。

（3）探测器应设置在固定结构上。

（4）探测器的设置应保证其接收端避开日光和人工光源直接照射。

（5）选择反射式探测器时，应保证在反射板与探测器间任何部位进行模拟试验时，探测器均能正确响应。

b　线型感温探测器的设置

（1）探测器在保护电缆、堆垛等类似保护对象时，应采用接触式布置，在各种皮带输送装置上设置时，宜设置在装置的过热点附近。

（2）设置在顶棚下方的线型感温火灾探测器，至顶棚的距离宜为0.1m，探测器的保护半径应符合点型感温火灾探测器的保护半径要求，探测器至墙壁的距离宜为1～1.5m。

（3）光栅光纤感温火灾探测器每个光栅的保护面积和保护半径，应符合点型感温火灾探测器的保护面积和保护半径要求。

（4）设置线型感温火灾探测器的场所有联动要求时，宜采用两只不同火灾探测器的报警信号组合。

（5）线型感温火灾探测器连接的模块不宜设置在长期潮湿或湿度变化较大的场所。

5.3.3　探测器与区域报警器的连接方式

随着消防业的发展，探测器的接线形式变化很快，即从多线向少线至总线发展，给施工、调试和维护带来了极大的方便。我国采用的线制有四线、三线、两线及四总线、二总线制等几种。对于不同厂家生产的不同型号的探测器，其接线形式也不一样，从探测器到区域报警器的线数也有很大差别。

从火灾自动报警系统技术特点看出，线制对系统是相当重要的。这里说的线制是指探测器和控制器间的布线数量。更确切地说，线制是火灾自动报警系统运行机制的体现。按线制分，火灾自动报警系统有多线制和总线制之分。多线制目前基本不用，但已运行的工程大部分为多线制系统。

5.3.3.1　多线制系统

这是早期的火灾报警技术。它的特点是一个探测器（或若干探测器为一组）构成一个回路，与火灾报警控制器相连，如图5.15所示。当回路中某一个探测器探测到火灾（或出现故障）时，在控制器上只能反映出探测器所在回路的位置。而我国火灾报警系统设计规范规定，要求火灾报警要报到探测器所在位置，即报到着火点。于是只能一个探测器为一个回路，即探测器与控制器单线连接。多线制系统又分为四多线制和二多线制系统。

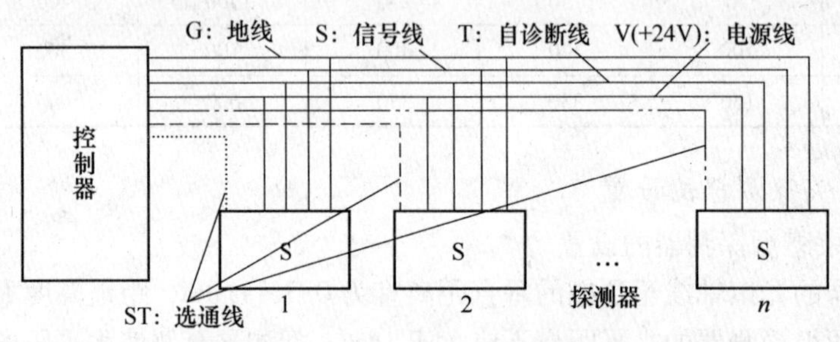

图5.15　多线制（$n+4$）连接方式

早期的多线制为四多线制即 $n+4$ 线制，n 为探测器数，4 指公用线，分别为电源线（+24V）、地线（G）、信号线（S）和自诊断线（T），另外每个探测器设一根选通线（ST）。仅当某选通线处于有效电平时，在信号线上传送的信息才是该探测部位的状态信号。这种方式的优点是探测器的电路比较简单，供电和取信息相当直观，但缺点是线多，配管直径大，穿线复杂，线路故障也多，已逐渐被淘汰。

二多线制即 $n+1$ 线制，即一条是公用地线，另一条承担供电、选通信息与自检的功能，这种线制比四线制简化了许多，但仍为多线制。二多线制虽然相比四多线制有所改进，但其特点基本相同。

5.3.3.2 总线制系统

采用地址编码技术，整个系统只用几根总线，建筑物内布线极其简单，给设计、施工及维护带来了极大的方便，因此被广泛采用。值得注意的是：一旦总线回路中出现短路问题，则整个回路失效，甚至损坏部分控制器和探测器，因此为了保证系统正常运行和免受损失，必须采取短路隔离措施，如分段加装短路隔离器。

A 四总线制

四条总线为：P 线给出探测器的电源、编码、选址信号；T 线给出自检信号以判断探测部位或传输线是否有故障；控制器从 S 线上获得探测部门的信息；G 为公共地线。P、T、S、G 均为并联方式连接，S 线上的信号对探测部位而言是分时的，从逻辑实现方式上看是“线或”逻辑。四总线制连接方式如图 5.16 所示。

B 二总线制

这是一种最简单的接线方法，用线量更少，但技术的复杂性和难度也提高了。二总线中的 G 线为公共地线，P 线则完成供电、选址、自检、获取信息等功能。目前，二总线制应用最多，新型智能火灾报警系统也建立在二总线的运行机制上，二总线系统有树枝形、环形和链式三种。

（1）树枝形接线（图 5.17）。这种方式应用广泛，这种接线如果发生断线，可以报出断线故障点，但断点之后的探测器不能工作。

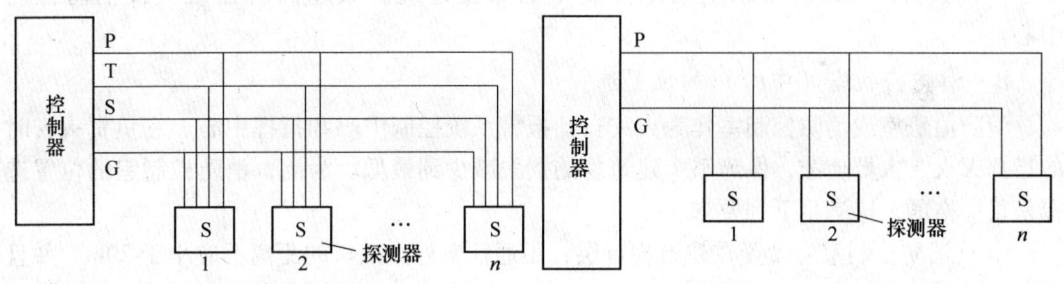

图 5.16 四总线制连接方式　　图 5.17 树枝形接线（二总线制）连接方式

（2）环形接线（图 5.18）。这种系统要求输出的两根总线再返回控制器另两个输出端子，构成环形。这种接线方式如中间发生断线不影响系统正常工作。

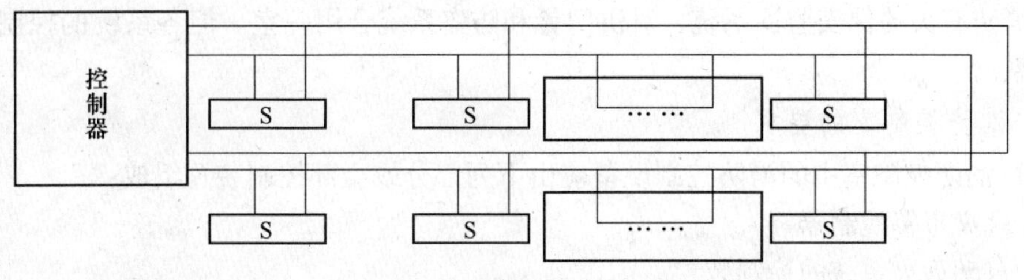

图 5.18 环形接线（二总线制）连接方式

（3）链式接线（图 5.19）。这种系统的 P 线对各探测器是串联的，对探测器而言，变成了三根线，而对控制器而言还是两根线。

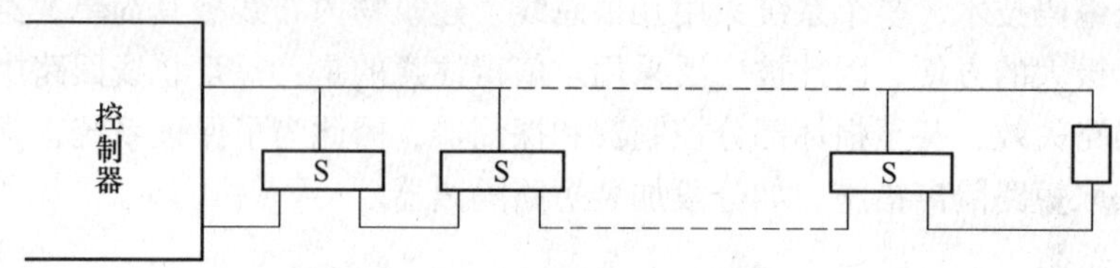

图5.19　链式（二总线制）连接方式

5.3.4　火灾自动报警系统的配套设备

近年来，新技术、新工艺的应用，使消防电子产品更新周期不断缩短。在火灾自动报警系统中，无论是火灾探测器，还是报警控制器，都趋于小型化、微机化。

5.3.4.1　消防控制室

A　消防控制室的设置

（1）仅有火灾自动报警系统但无消防联动控制功能时，可设消防值班室，也可与经常有人值班的部门合设（如门卫）。

（2）设有火灾自动报警并有消防联动控制的建筑物应设消防控制室。

（3）具有两个或两个以上消防控制室的大型建筑群或超高层建筑应设消防控制中心。

B　消防控制室（中心）的位置选择

消防值班室或消防控制室作为火灾自动报警系统控制中心和指挥中心。它负责火灾时的指挥灭火、人员疏散，保障整个建筑物的损失减少到最低。为此，消防控制室的位置选择是很严格的，应满足下列要求：

（1）消防控制室应设置在建筑物首层，距通往室外出入口的距离不应小于20m。并且通入出人口的道路弯道不宜过多，不应有障碍物，使消防人员能容易找到，并可迅速接近消防控制室，同时消防控制室应设在交通方便和发生火灾时不易延燃的部位。

（2）不应将消防控制室设于厕所、浴室、锅炉房、汽车库、变压器室或易燃、易爆、震动较大和噪声较大的房间隔壁及上下对应的房间。

（3）消防值班室与应急广播（消防专用）可同在一室。如管理体制允许，消防值班室可与消防有关的保安监视系统、对讲门铃和防盗系统合用一室。但各系统的控制装置应自成体系。

C　消防控制室的要求

（1）消防控制室中的消防控制设备应由下列部分或全部控制装置组成：

1）火灾报警控制器。

2）自动灭火系统的控制装置。

3）室内消火栓系统的控制装置。

4）防烟、排烟系统及空调通风系统的控制装置。

5）常开防火门、防火卷帘的控制装置。

6）电梯回降控制装置。

7）消防应急广播。

8）火灾警报装置。

9）消防通信设备。

10）消防应急照明与疏散指示标志。

（2）按照规范要求，消防控制设备的控制电源及信号回路电源应采用直流24V。消防控制设备应根据建筑的形式、工程规模、管理体制及功能要求综合确定其控制方式，并应符合下列规定：

1）单体建筑宜集中控制。即在消防控制室集中接收、显示报警信号，控制有关消防设备、设施，并接收、显示其反馈信号。

2）大型建筑群宜采用分散与集中相结合的方式控制。即可以集中控制的应尽量由消防控制室控制，不宜集中控制的，则采取分散控制方式，但其操作信号应反馈到消防控制室。

3）消防控制室的面积应根据系统规模的大小而定，如果消防值班室为专用时，一类防火建筑的消防控制室（中心），设备较多、齐全，建筑面积一般不宜小于25m^2，合用时，不宜小于35m^2；二类防火建筑的消防值班室的建筑面积专用时不宜小于15m^2，使用时不宜小于25m^2。另外，还应增加值班人员休息及维修辅助面积，在初步设计过程中设计人员可以作初步估算，向建筑师提出位置和面积要求。

4）消防值班室为24h值班制，考虑到值班人员的身心健康，应尽量选择有自然采光的房间。消防值班室的装修应力求简朴，顶棚和墙面以涂料为主，地面宜采用防静电架空地面（净高300~400mm）或采用缆沟布线方式。为了保证设备的安全运行，使值班人员始终在良好状态下工作，室内应有适宜的温、湿度和清洁条件。根据建筑物的设计标准，可对应地采取独立的通风和空调系统。如果与邻近系统混用，则消防值班室的送回风管在进入室内时设防火阀。同时，应充分考虑工作制的不同，当空调系统人员下班停机时，尚需考虑值班人员24小时值班，设后备空调器，满足工作持续的要求。消防控制室室内照明不低于200lx，事故照明应能保证正常工作。

5.3.4.2 火灾报警控制器

火灾报警控制器，可对在线的所有探测部位进行巡回检测接收离子感烟探测器、感温探测器、线型空气管探测器、热电偶火灾探测器、线型感温电缆线及手动报警按钮等各类探测部件输入的火灾或故障信号。一旦某个探测器有火灾或故障信号，探测器立即响应，发出声光报警，显示时间、地点、报警性质，并打印记录。可将火灾信号输出至楼层报警显示器，也可通过输出接口将火警信号送到消防联动控制系统及CRT显示系统。如作为区域报警器，则通过串行通信接口将收集到的火灾或故障信息传输到集中报警控制器。

火灾报警控制器的设置：

（1）火灾报警控制器和消防联动控制器，应设置在消防控制室内或有人值班的房间和场所。

（2）火灾报警控制器和消防联动控制器安装在墙上时，其主显示屏高度宜为1.5~1.8m，其靠近门轴的侧面距墙不应小于0.5m，正面操作距离不应小于1.2m。

(3) 集中报警系统和控制中心报警系统中的区域火灾报警控制器在满足下列条件时，可设置在无人值班的场所：

1) 本区域内无需要手动控制的消防联动设备；

2) 本火灾报警控制器的所有信息在集中火灾报警控制器上均有显示，且能接收集中火灾报警控制器的联动控制信号，并自动启动相应的消防设备；

3) 设置的场所只有值班人员可以进入。

5.3.4.3 手动火灾报警按钮

手动报警按钮可以起到确认火情或者人工发出火警信号的特殊作用。报警区域内每个防火分区，应至少设置一只手动报警按钮。它主要安装在建筑物的安全出口、安全楼梯口等便于接近和操作的部位。有消火栓的应尽量靠近消火栓。手动报警按钮分为打破玻璃式按钮和直接按压式按钮，有的电话插孔也设置在手动报警按钮上。

手动火灾报警按钮的设置：

(1) 报警区域内每个防火分区，应至少设置一只手动火灾报警按钮。从一个防火分区内的任何位置到最近的一个手动火灾报警按钮的步行距离，不应大于30m。

(2) 疏散通道或出入口是发生火灾时人员疏散和消防扑救的必经之地，应作为设置手动火灾报警按钮的首选部位。

(3) 手动火灾报警按钮应设置在明显和便于操作的部位，当采用壁挂方式安装时，一般安装在墙上距地（楼）面高度1.3~1.5m处，且应有明显的标志。

5.3.4.4 消防应急广播

控制中心报警系统和集中报警系统宜设置火灾应急广播。凡设置集中报警系统和控制中心报警系统的建筑，一般都属高层建筑或大型民用建筑，这些建筑物内人员集中又较多，火灾时影响面大，为了便于火灾疏散，统一指挥，设置火灾应急广播。

(1) 火灾应急广播扬声器的设置

① 走道、大厅等公共场所人员都很集中，并且是主要疏散通道。故应在这些公共场所按“从一个防火分区内的任何部位到最近的一个扬声器的距离不大于25m”及“走道内最后一个扬声器至走道末端的距离不应大于12.5m”设置火灾应急广播扬声器。

② 在公共卫生间的场所或附近也应设置火灾应急广播扬声器。

③ 前室是发生火灾时人员疏散和消防扑救的必经之地，且有防火门分隔及人声嘈杂，故应设置火灾应急广播扬声器。疏散楼梯间也是发生火灾时人员疏散和消防扑救的必经之地，且人声嘈杂，故应设置火灾应急广播扬声器，以利于火灾应急播放疏散指令。

(2) 广播功放的选择

广播功放的额定输出功率应是广播扬声器总功率的1.3倍左右；系统须设置紧急广播功放，紧急广播功放的额定输出功率应是广播扬声器容量最大的三个分区中扬声器容量总和的1.5倍。

5.3.4.5 消防电话

消防控制室设置对内联系、对外报警的电话是我国目前阶段的主要的消防通信手段。消防专用电话线路的可靠性关系到火灾时消防通信指挥系统是否灵活畅通，故消防专用网络设为独立的消防通信系统，也就是说不能利用一般电话线路代替消防专用电话线路，应独立布线。消防专用电话总机与电话分机或塞孔之间呼叫方式是直通的,中间没有交换或转接程序。

(1) 装设消防专用电话分机，应位于与消防联动控制有关且经常有人值班的机房(包括消防水泵房、备用发电机房、配变电室、主要通风和空调机房、排烟机房、消防电梯机房及其他)、灭火控制系统操作装置处或控制室、消防值班室、保卫办公用房等部位。

(2) 消防电梯和普通电梯之轿厢内都应设专用电话，要求电梯机房与电梯轿厢、电梯机房与消防控制室、电梯轿厢与消防控制室等三者组成可靠的对讲通信电话系统。

(3) 设有手动火灾报警按钮，消火栓按钮等位置也应装设消防专用电话插孔。

5.4 消防联动控制系统的设计

5.4.1 消防联动设备的联动要求

消防联动控制系统是火灾自动报警系统中的执行机构。火灾发生时，火灾报警控制器向消防控制室发出报警信息，消防控制室手动或自动，即根据预先设定的联动关系启动有关消防设备实施灭火。消防联动控制主要包括自动喷水灭火系统、消火栓系统、气体灭火系统、泡沫灭火系统、防烟排烟系统、防火门及防火卷帘系统、电梯、火灾警报和消防应急广播系统以及消防应急照明和疏散指示系统等相关联动系统。

火灾发生时，火灾报警控制器发出警报信息，消防联动控制器根据火灾信息管理部联动关系，输出联动信号，启动有关消防设备实施防火灭火。

消防联动必须在“自动”和“手动”状态下均能实现。在自动情况下，智能建筑中的火灾自动报警系统按照预先编制的联动逻辑关系，在火灾报警后，输出自动控制指令，启动相关设备动作。手动情况下，应能根据手工操作，实现对应控制。消防设备联动逻辑关系如表 5.7 所示。

表 5.7 消防控制逻辑关系

项 目	报警设备种类	受控设备	位置及说明
水消防系统	消火栓泵按钮	报警信号及启动消火栓泵的联动触发信号	
	消火栓系统出水管上的低压压力开关、高位水箱出水管上设置的流量开关或报警阀压力开关作为触发信号，直接启动消火栓泵		
	报警阀压力开关	启动喷淋泵	
	水流指示灯	（报警，确定起火层）	
	检修信号阀	（报警，提醒注意）	
	消防水池、水箱水位	（报警，提醒注意）	
	水管压力	（报警，提醒注意）	
	供电电源状态显示	（报警，提醒注意）	
空调系统	感烟火灾探测器或手动按钮	关闭有关系统空调机、新风机、普通送风机	
		关闭本层电控防火阀	
	防火阀 70℃温控关闭	关闭该系统空调机或新风机、送风机	

续表 5.7

<table>
<tr><th>项 目</th><th>报警设备种类</th><th>受 控 设 备</th><th>位置及说明</th></tr>
<tr><td rowspan="5">机械排烟系统</td><td colspan="3">应由同一防烟分区内的两个独立的火灾探测器的报警信号，作为排烟口、排烟窗或排烟阀开启的联动触发信号，并应由消防联动控制器联动控制排烟口、排烟窗或排烟阀开启，同时停止防烟分区的空调系统</td></tr>
<tr><td colspan="3">应由排烟口、排烟窗或排烟阀开启的动作信号，作为排烟风机启动的联动触发信号，并由消防联动控制联动控制排烟风机的启动</td></tr>
<tr><td rowspan="2"></td><td>两用双速风机转如高速排烟状态</td><td rowspan="2"></td></tr>
<tr><td>两用风管中，关闭正常排风口、开排烟口</td></tr>
<tr><td>排烟风机旁防火阀280℃温控关闭</td><td>关闭有关排烟风机</td><td></td></tr>
<tr><td rowspan="2">正压送风系统</td><td colspan="2">由加压送风口所在防火区内的两只独立的火灾探测器或一只探测器与一只手动火灾报警按钮的报警信号，作为送风口开启和加压送风机启动的联动触发信号，并由消防联动控制器联动控制相关层前室等需要加压送风场所的加压送风口开启和加压送风机启动</td><td>$N\pm1$ 层</td></tr>
<tr><td>正压送风机旁防火阀 70℃温控关闭</td><td>关闭有关正压送风风机</td><td></td></tr>
<tr><td></td><td>可燃气体报警</td><td>打开有关房间的排风机、进风机</td><td>厨房、煤气表房、防爆厂房等</td></tr>
<tr><td>防火门</td><td colspan="3">应由常开防火门所在防火区内的两只独立的火灾探测器或一只火灾探测器与一只手动火灾报警按钮的报警信号，作为常开防火门关闭的触发联动信号，联动触发信号应由火灾报警控制器或消防联动控制器发出，并应由消防联动控制器或防火门监控器联动控制防火门关闭</td></tr>
<tr><td rowspan="3">防火卷帘（用于疏散通道上的）</td><td>防火分区内任两只独立的感烟火灾探测器或一只专门用于联动防火卷帘的感烟火灾探测器的报警信号</td><td colspan="2">应联动该卷帘或该组卷帘下降至距板面 1.8m 处</td></tr>
<tr><td rowspan="2">任一只专门用于联动防火卷帘的感温火灾探测器的报警信号</td><td colspan="2">应联动该卷帘或该组卷帘下降到楼板面</td></tr>
<tr><td colspan="2">卷帘有水幕保护时，启动水幕电磁阀和雨淋泵</td></tr>
<tr><td>防火卷帘（用于非疏散通道上的）</td><td colspan="3">应由防火卷帘所在防火分区内任两只独立的火灾探测器的报警信号，作为防火卷帘下降的联动触发信号并应联动控制防火卷帘直接下降至楼板面</td></tr>
<tr><td>挡烟垂壁</td><td colspan="2">应由同一防烟分区内且位于电动挡烟垂壁附近的两只独立的感烟探测器火灾探测器的报警信号，作为电动挡烟垂壁降落的联动触发信号，并由消防联动控制器联动控制电动挡烟垂壁的降落</td><td>声光报警，关闭有关空调机、防火阀、电控门窗</td></tr>
<tr><td rowspan="4">气体灭火系统</td><td>气体灭火区内两只独立的火灾探测器、一个火灾探测器与一个手动报警按钮的报警信号或防火区外的紧急启动信号</td><td>声光报警，关闭有关空调机、防火阀、电控门窗</td><td>一个信号联动声光报警</td></tr>
<tr><td>气体灭火区内感烟、感温火灾探测器同时报警</td><td>延时后启动气体灭火</td><td></td></tr>
<tr><td>钢瓶压力开关</td><td>点亮放气灯</td><td></td></tr>
<tr><td>紧急启动按钮</td><td>人工紧急启动或终止气体灭火</td><td></td></tr>
</table>

续表 5.7

项　目	报警设备种类	受 控 设 备	位置及说明
火灾应急广播		（手动）	N 层、N ±1 层（全启动）
警铃或声光报警装置		（手动/自动，手动为主）	N 层、N ±1 层（全启动）
火灾应急照明和疏散标志灯		（手动/自动，手动为主）	
切断非消防电源		（手动/自动，手动为主）	N 层、N ±1 层
电梯归首，消防梯投入		（手动/自动，手动为主）	
消防电话		（随时报警、联络、指挥灭火）	

消防联动控制系统设计的一般要求包括：

（1）消防联动控制器应能按设定的控制逻辑发出联动控制信号，控制各相关的受控设备，并接受相关设备的联动反馈信号。

（2）消防联动控制器的电压控制输出应采用直流 24V，其电源容量应满足受控消防设备同时启动且维持工作的控制容量要求。

（3）各受控设备接口的特性参数应与消防联动控制器发出的联动控制信号相匹配。

（4）消防水泵、防烟和排烟风机的控制设备除采用自动控制方式外，还应在消防控制室设置手动直接控制装置。

（5）启动电流较大的消防设备宜分时启动。

（6）需要火灾自动报警系统联动控制的消防设备，其联动触发信号应采用两个报警触发装置报警信号的“与”逻辑组合。

5.4.2　自动灭火系统的联动控制设计

5.4.2.1　自动喷水灭火系统的联动控制设计

自动喷水灭火系统就是在火灾情况下，能自动启动喷头洒水，以保障人身和生命财产安全的一种控火、灭火系统。自动喷水灭火系统是目前世界上使用最广泛的固定式灭火系统，特别适用于高层建筑等火灾危险性较大的建筑物中，具备其他系统无法比拟的优点：安全可靠、经济实用、灭火控火率高。主要包括湿式、干式、干湿交替式、预作用式和雨淋式自动喷水灭火系统，自动喷水灭火系统的联动控制原理如图 5.20 所示。

A　湿式自动喷水灭火系统联动设计

湿式自动喷水灭火系统的组成及基本工作原理主要有闭式喷头、管道系统、湿式报警阀、报警装置和供水设施等组成。高温使喷头热敏元件动作；水流指示器动作，信号传入报警控制器；湿式报警阀动作，压力水通过延迟器，使水力警铃及压力开关动作；根据压力开关及水流指示器动作信号或消防水箱的水位信号，控制器自动启动消防水泵向管网加压供水，保证持续自动喷水灭火。湿式自动喷水灭火系统工作流程如图 5.21 所示。

湿式系统的联动控制设计，应符合下列规定：

（1）联动控制方式，应由湿式报警阀压力开关的动作信号作为系统的联动触发信号，由消防联动控制器联动控制喷淋消防泵的启动。

（2）手动控制方式，应将喷淋消防泵控制箱的启动、停止触点直接引至设置在消防控制室内的消防联动控制器的手动控制盘，实现喷淋消防泵的直接手动启动、停止。

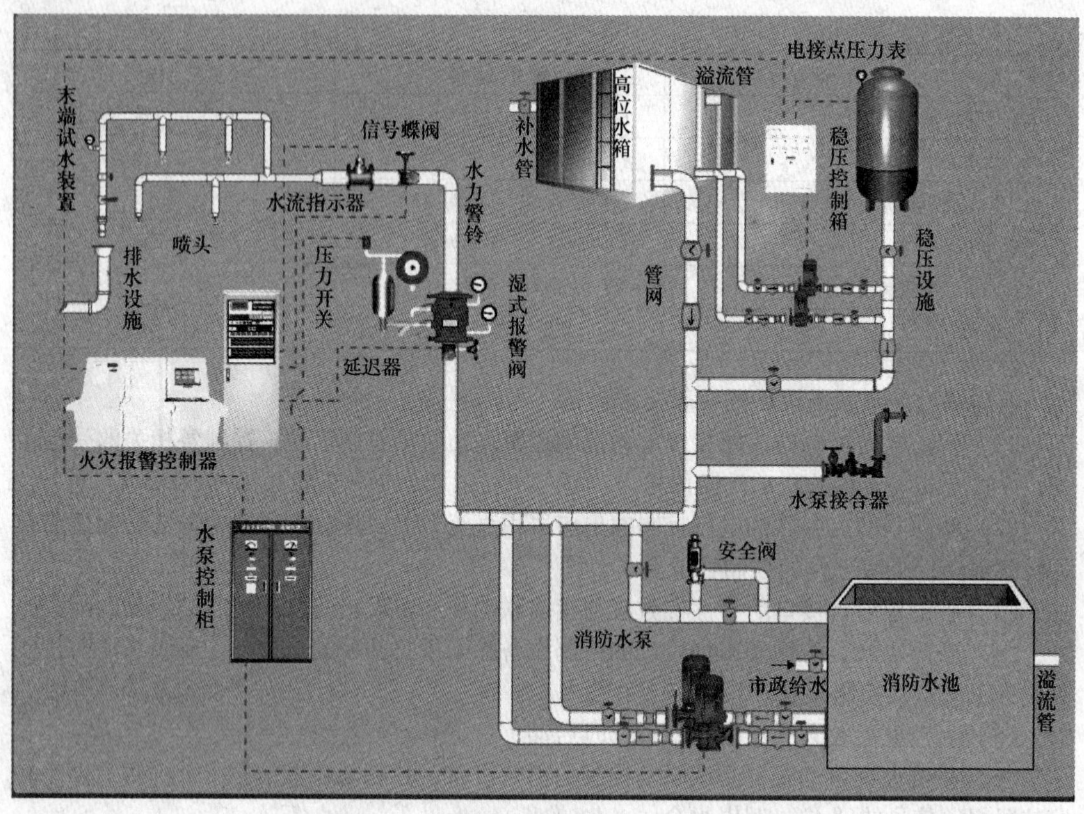

图 5.20 自动喷水灭火系统的联动控制示意图

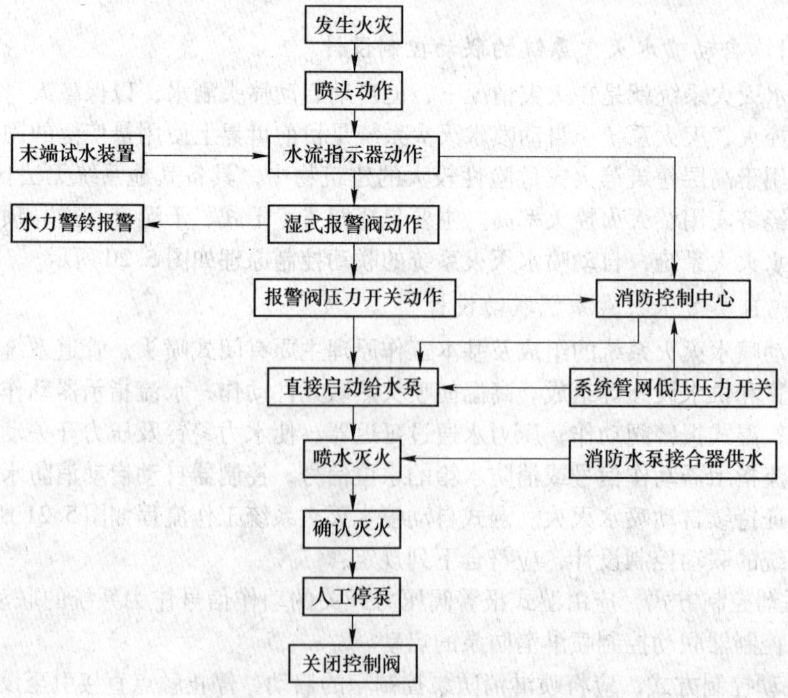

图 5.21 湿式自动喷水灭火系统工作流程图

(3) 喷淋消防泵控制箱接触器辅助接点的动作信号或干管水流开关动作信号作为系统的联动反馈信号，应传至消防控制室，并在消防联动控制器上显示。

B 干式自动喷水灭火系统的联动控制设计

干式系统则是在报警阀后的管道内充以压缩空气代替压力水，报警阀前仍充以压力水，以适应环境温度的要求。由闭式喷头、管道系统、干式报警阀、报警装置、充气设备、排气设备和供水设备等组成。适用于环境温度高于70℃或低于4℃的场所。干式自动喷水灭火系统工作流程如图5.22所示。

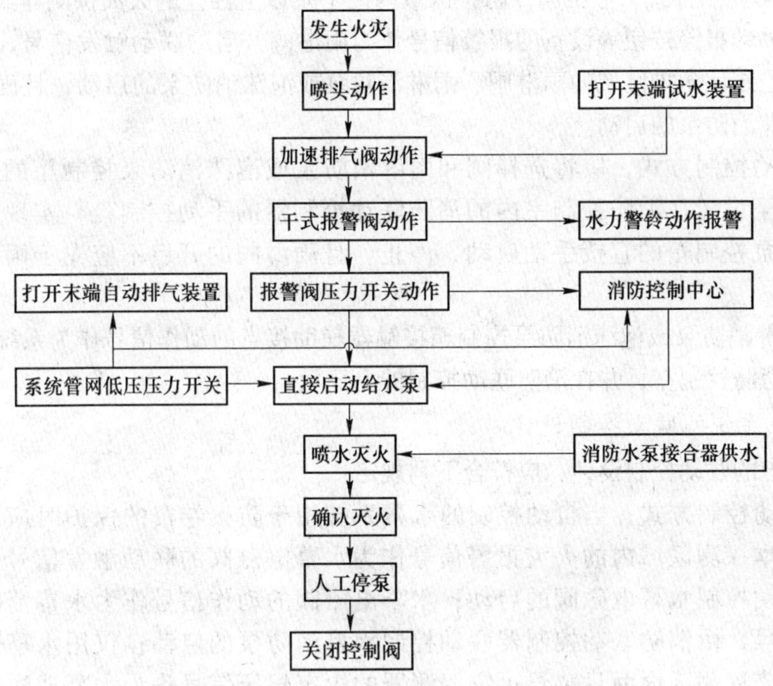

图5.22 干式自动喷水灭火系统工作流程图

干式自动喷水灭火系统的联动控制方式，应由干式报警阀压力开关的动作信号作为系统的联动触发信号，由消防联动控制器联动控制喷淋消防泵的启动。

C 预作用自动喷水灭火系统的联动控制设计

预作用自动喷水灭火系统是在干式的基础上增加一套火灾自动报警装置，具有双重控制作用，兼有湿式和干式的优点。平时呈干式，火灾自动报警系统报警后联动电磁阀动作，管道充水将压缩空气排出，成为湿式系统，准备灭火，温度升高喷头动作洒水灭火。

预作用系统的联动控制设计，应符合下列规定：

(1) 联动控制方式，应由同一报警区域内两个及以上独立的火灾探测器或一个火灾探测器及一个手动报警按钮的报警信号，作为雨淋阀开启的联动触发信号，由消防联动控制器联动控制雨淋阀的开启，雨淋阀的动作信号应反馈给消防控制室，并在消防联动控制器上显示；雨淋阀（或其后面的湿式报警阀的压力开关）的动作信号作为喷淋消防泵启动的联动触发信号，由消防联动控制器联动控制喷淋消防泵的启动。

(2) 手动控制方式，应将喷淋消防泵控制箱和雨淋阀的启动、停止触点直接引至设置在消防控制室内的消防联动控制器的手动控制盘，实现喷淋消防泵和雨淋阀的直接手动启动、停止。

(3) 喷淋消防泵控制箱接触器辅助接点的动作信号或干管水流开关动作信号作为喷淋消防泵的联动反馈信号应传至消防控制室，并在消防联动控制器上显示。

D 雨淋系统的联动控制设计

雨淋系统的联动控制设计，应符合下列规定：

(1) 联动控制方式，应由同一防护区域内两个及以上独立的火灾探测器或一个火灾探测器和一个手动报警按钮等设备的报警信号作为雨淋阀开启的联动触发信号，由消防联动控制器联动控制该防护区域的雨淋阀、雨淋消防泵或泡沫消防泵的启动，且雨淋阀的开启不应先于雨淋消防泵的启动。

(2) 手动控制方式，应将选择阀和雨淋消防泵或泡沫消防泵控制箱的启动、停止触点直接引至设置在消防控制室内的消防联动控制器的手动控制盘，实现选择阀和雨淋泵或泡沫泵控制箱的直接手动启动、停止，且雨淋阀的开启不应先于雨淋消防泵的启动。

(3) 雨淋消防泵或泡沫消防泵控制箱接触器辅助接点的动作信号作为系统的联动反馈信号应传至消防控制室，并在消防联动控制器上显示。

E 水幕系统的联动控制设计

水幕系统的联动控制设计，应符合下列规定：

(1) 联动控制方式，当自动控制的水幕系统用于防火卷帘的保护时应由防火卷帘到底信号和本探测区域内的火灾报警信号作为水幕电磁阀的联动触发信号，由消防联动控制器联动控制水幕电磁阀的启动；水幕电磁阀的动作信号作为水幕消防泵启动的联动触发信号，由消防联动控制器联动控制水幕消防泵的启动；仅用水幕作为防火分隔时，应用该探测区内两只感温火灾探测器的火灾报警信号作为水幕消防泵启动的触发信号。

(2) 手动控制方式，应将水幕电磁阀和水幕泵控制箱的启动、停止触点直接引至设置在消防控制室内的消防联动控制器的手动控制盘，实现水幕电磁阀和水幕消防泵的直接手动启动、停止。

(3) 水幕消防泵控制箱接触器辅助接点的动作信号作为系统的联动反馈信号，应传至消防控制室，并在消防联动控制器上显示。

5.4.2.2 消火栓系统的联动控制设计

室内消防栓系统水泵启动方式的选择与建筑的规模和给水系统有关，以确保安全、电路设计简单合理为原则。消防栓联动控制原理如图 5.23 所示。

接收到火灾报警信号后，集中报警控制器联动控制消防泵启动，也可手动控制其起动。同时，水位信号反馈回控制器，作为下一步控制操作的依据之一。

消火栓系统的联动控制设计，应符合下列规定：

(1) 联动控制方式，应将消火栓系统出水干管上设置的低压压力开关、高位消防水箱出水管上设置的流量开关或报警阀压力开关等信号作为触发信号，直接控制启动消火栓

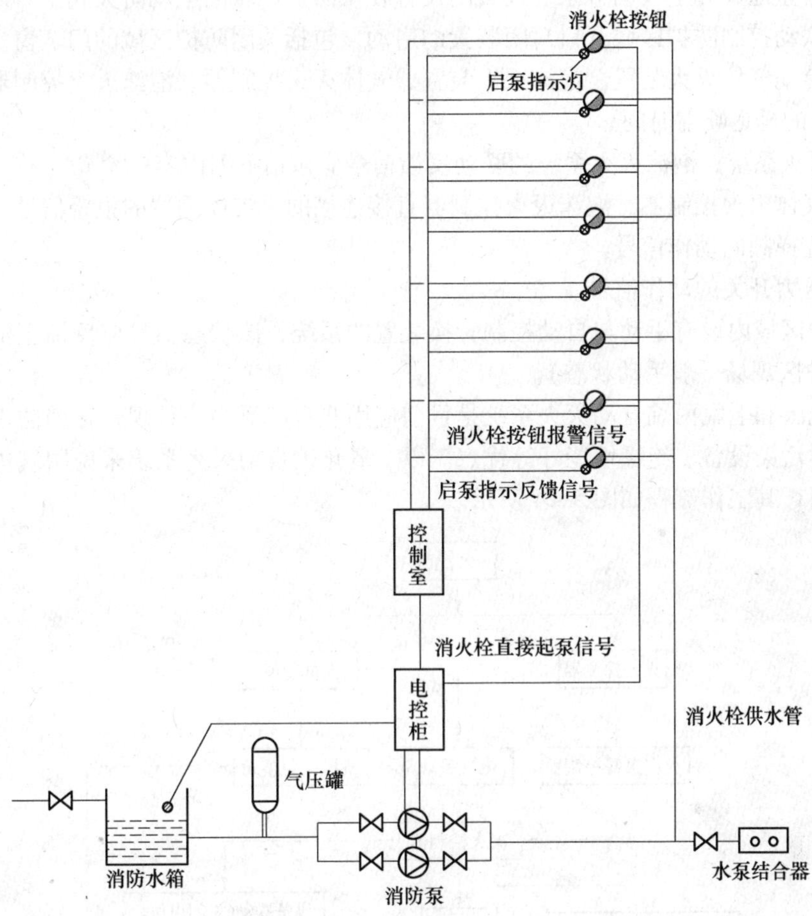

图 5.23　消防栓联动控制原理框图

泵，联动控制不应受消防联动控制器处于自动或手动状态影响。当设置消火栓按钮时，消火栓按钮的动作信号应作为报警信号及启动消火栓泵的联动触发信号，由消防联动控制器联动控制消火栓泵的启动。

（2）手动控制方式，应将消火栓泵控制箱（柜）的启动、停止按钮用专用线路直接连接至设置在消防控制室内的消防联动控制器的手动控制盘，直接手动控制消火栓泵的启动、停止。

（3）消火栓泵的动作信号应反馈至消防联动控制器。

5.4.2.3　气体灭火系统、泡沫灭火系统的联动控制设计

气体灭火系统、泡沫灭火系统联动控制是由同一防护区域内两只独立的火灾探测器的报警信号、一只火灾探测器与一只手动火灾报警按钮的报警信号或防护区外的紧急启动信号，作为系统的联动触发信号，探测器的组合一般采用感烟火灾探测器和感温火灾探测器。

联动控制信号应包括下列内容：

（1）关闭防护区域的送、排风机及送排风阀门。

（2）停止通风和空气调节系统及关闭设置在该防护区域的电动防火阀。

（3）联动控制防护区域开口封闭装置的启动，包括关闭防护区域的门、窗。

（4）启动气体灭火装置、泡沫灭火装置，气体灭火控制器、泡沫灭火控制器，可设定不大于30s的延迟喷射时间。

气体灭火系统、泡沫灭火系统的联动反馈信号应包括下列内容：

（1）气体灭火控制器、泡沫灭火控制器直接连接的火灾探测器的报警信号。

（2）选择阀的动作信号。

（3）压力开关的动作信号。

在防护区域内设有手动与自动控制转换装置的系统，该状态信号应反馈至消防联动控制器（防护区现场一般手动状态）。

二氧化碳和七氟丙烷自动灭火系统是目前应用非常广泛的一种现代化消防设备，具有毒性低、不污染设备、绝缘性能好等优点。以二氧化碳自动灭火系统来说明气体灭火系统的联动控制，其工作流程如图5.24所示。

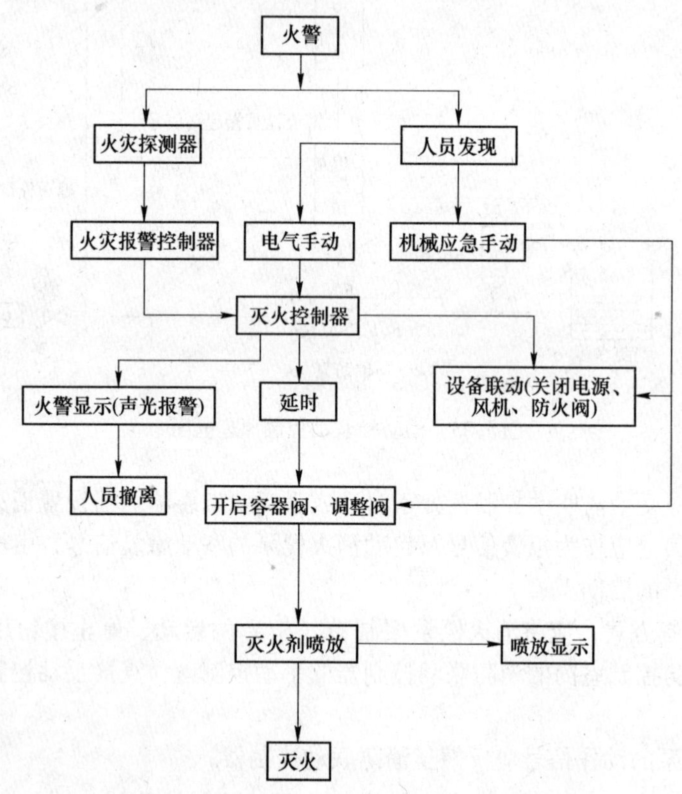

图5.24　二氧化碳自动灭火系统工作流程图

当被保护区发生火灾时，燃烧所产生的烟雾、热量使设于该区的感烟感温探测器动作，将报警信号传回消防控制中心的消防报警主机上，发出声光报警，消防联动控制器发出指令，联动相关装置动作，如关闭常开防火门、停止机械通风等。延时0～30s（可调）后，发出指令启动灭火系统，首先打开启动瓶阀门，使启动气体（一般为氮气）放出，驱动相应选择阀门打开，使钢瓶组与发生火灾的区域连通。接着此启动气体又作用于容器瓶头阀上，使阀门打开，则储存的二氧化碳灭火剂通过管道输送到着火区域，经喷嘴释放灭火。

泡沫灭火系统是采用泡沫液作为灭火剂，主要用于扑救非水溶性可燃液体和一般固体火灾，如石油化工行业、地下工程、商品油库、煤矿、飞机库等。泡沫灭火系统在消防控制室的消防控制设备上有控制泡沫泵及消防水泵的启、停，显示系统的工作状态等控制、显示功能。

以 SP 泡沫灭火装置为例来说明泡沫灭火的联动过程。如图 5.25 所示，平时氮气动力源处于警戒待用状态，高压钢瓶中的压缩气体被瓶头容器阀可靠地封闭在瓶内，容器阀以外的部件和管路都处于常压状态。当出现火险，火灾报警系统联动相应装置，自动打开瓶头的电磁阀，电磁阀动作，气体被释放出来，通过出口进入减压阀，减压至一定压力后，再输送到储液罐中。罐内压力逐渐增高（压力超过规定值时，安全阀自动打开），氮气推动泡沫灭火剂，喷射到现场进行灭火。

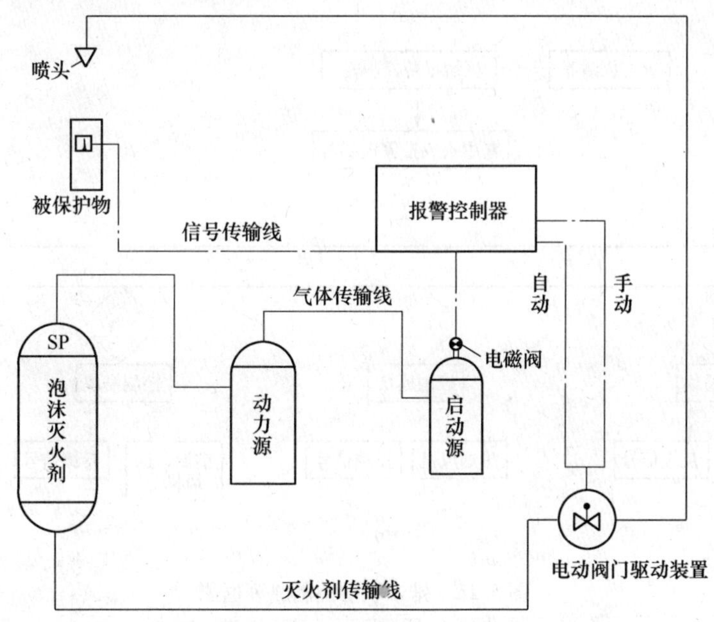

图 5.25　SP 泡沫灭火系统图

如遇系统失电或控制装置失灵等情况，操作人员可在现场拔掉启动钢瓶电磁阀上的保险卡环，手动打开氮气动力源，同时使用扳手打开电动阀，达到紧急启动装置的目的。

5.4.3　其他消防联动的联动控制设计

5.4.3.1　防排烟系统联动控制

防排烟系统联动控制的设计，是在选定自然排烟、机械排烟、自然与机械排烟并用或机械加压送风方式以后进行，排烟控制有直接控制方式和模块控制方式，如图 5.26 所示给出了两种控制方式的原理框图。图 5.26（a）为直接控制方式，集中报警控制器收到火警信号后，直接产生控制信号控制排烟阀门开启，排烟风机起动，空调、送风机、防火门等关闭。同时接收各设备的反馈信号，监测各设备是否工作正常。

图 5.26（b）为模块控制方式，集中报警控制器收到火警信号后，发出控制排烟阀、排烟风机、空调、送风机、防火门等设备动作的一系列指令。在此，输出的控制指令是经总线传输到各控制模块，然后再由各控制模块驱动对应的设备动作。同时，各设备的状态反馈信号也是通过总线传送到集中报警控制器的。

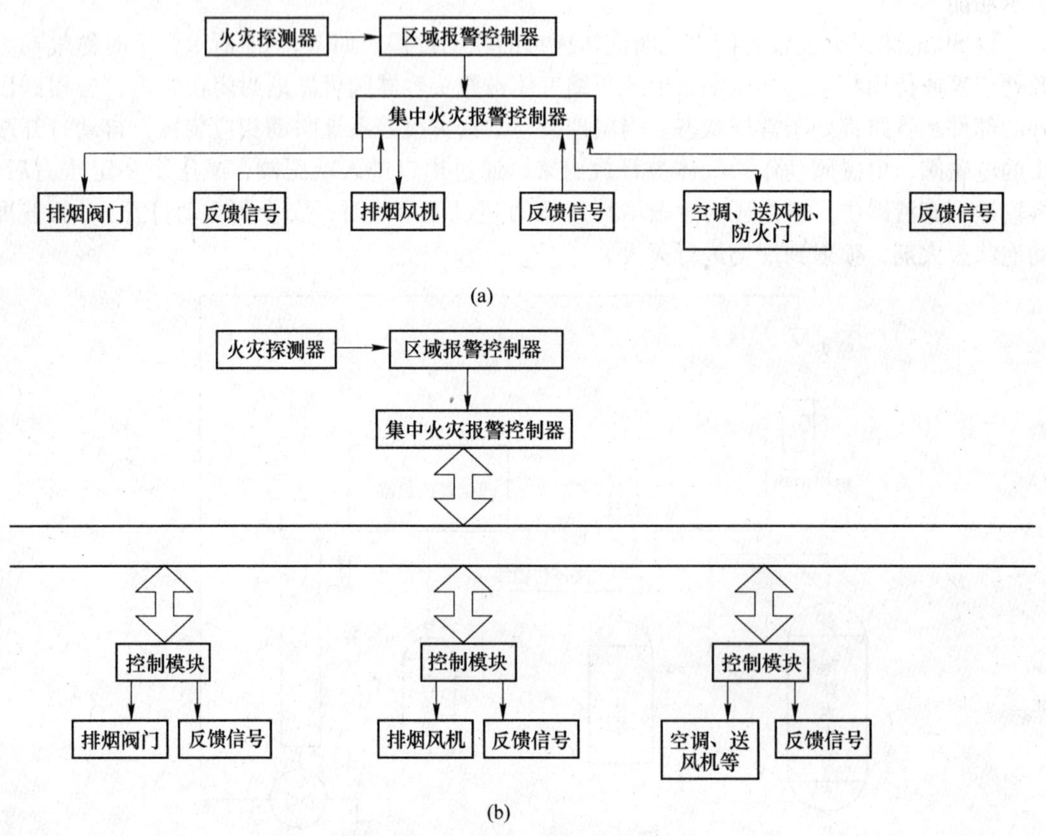

图 5.26　排烟联动控制原理框图

（a）直接控制方式；（b）模块控制方式

图 5.26 中机械加压送风控制的原理及过程与机械排烟控制相似，只是受控对象变成了正压送风机和正压送风阀门。

（1）防烟系统的联动控制应符合下列规定：

1）应由加压送风口所在防火分区内设置的感烟探测器的报警信号作为送风口开启的联动触发信号，并根据加压送风系统的设计要求，由消防联动控制器联动控制火灾层和相关层前室送风口的开启。

2）同一防火分区内两个独立的火灾探测器或一个火灾探测器和一个手动报警按钮的报警信号作为加压送风机启动的联动触发信号，由消防联动控制器联动控制加压送风机启动。

3）由电动挡烟垂壁附近的感烟探测器的报警信号作为电动挡烟垂壁降落的联动触发信号，由消防联动控制器联动控制电动挡烟垂壁的降落。

（2）排烟系统的自动控制方式应符合下列规定：

1）由同一防烟分区内两个及以上独立的火灾探测器或一个火灾探测器及一个手动报警按钮等设备的报警信号，作为排烟口或排烟阀的开启的联动触发信号，由消防联动控制器联动控制排烟口或排烟阀的开启同时停止该防烟分区的空气调节系统。

2）排烟口或排烟阀开启的动作信号作为排烟风机启动的联动触发信号，由消防联动控制器联动控制排烟风机的启动。

（3）防排烟系统的手动控制方式，应将防烟、排烟风机的启动、停止触点直接引至设置在消防控制室内的消防联动控制器的手动控制盘，实现防烟、排烟风机的直接手动启动、停止。

（4）排烟口或排烟阀开启和关闭的反馈信号以及防烟、排烟风机启动和停止的反馈信号、电动防火阀关闭的反馈信号作为系统的联动反馈信号，应传至消防控制室，并在消防联动控制器上显示。

（5）排烟风机房入口处的排烟防火阀在280℃自熔关闭后直接联动控制风机停止，排烟防火阀及风机的动作信号应传至消防控制室，并在消防联动控制器上显示。

5.4.3.2　防火门及防火卷帘系统的联动控制设计

防火卷帘通常设置于建筑物中防火分区通道口外，可形成门帘式防火隔离。火灾发生时，防火卷帘根据火灾报警控制器发出的指令或手动控制，使其先下降一部分，经一定延时后，卷帘降至地面，从而达到人员紧急疏散、火灾区隔火、隔烟，控制烟雾及燃烧过程可能产生的有毒气体扩散并控制火势的蔓延。图5.27为防火卷帘联动控制原理框图。

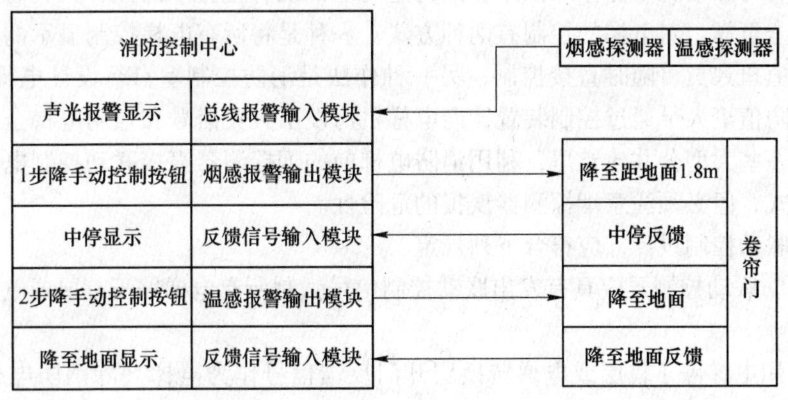

图5.27　防火卷帘联动控制原理框图

电动防火门的作用与防火卷帘相同，联动控制的原理也类同。防火门的工作方式有平时不通电、火灾时通电关闭方式，以及平时通电、火灾时断电关闭两种方式。

（1）防火门系统的联动控制设计，应符合下列规定：

1）常开防火门所在防火分区内的两只独立的火灾探测器或一只火灾探测器与一只手动火灾报警按钮的报警信号，作为常开防火门关闭的联动触发信号，联动触发信号应由火灾报警控制器或消防联动控制器发出，由消防联动控制器或防火门监控器联动控制防火门关闭；

2）疏散通道上各防火门的开启、关闭及故障状态信号应反馈至防火门监控器。

（2）疏散通道上设置的防火卷帘的联动控制设计，应符合下列规定：

1）自动控制方式，防火分区内任两只独立的感烟火灾探测器或任一只专门用于联动防火卷帘的感烟火灾探测器的报警信号联动控制防火卷帘下降至距楼板面1.8m处；任一只专门用于联动防火卷帘的感温火灾探测器的报警信号联动控制防火卷帘下降到楼板面；在卷帘的任一侧距卷帘纵深0.5～5m内应设置不少于2只专门用于联动防火卷帘的感温火灾探测器；

2）手动控制方式，由防火卷帘两侧设置的手动控制按钮控制防火卷帘的升降。

（3）非疏散通道上设置的防火卷帘的联动控制设计，应符合下列规定：

1）自动控制方式，由防火卷帘所在防火分区内任两只独立的火灾探测器的报警信号，作为防火卷帘下降的联动触发信号，由防火卷帘控制器联动控制防火卷帘直接下降到楼板面；

2）手动控制方式，由防火卷帘两侧设置的手动控制按钮控制防火卷帘的升降，并应能在消防控制室内的消防联动控制器上手动控制防火卷帘的降落。

（4）防火卷帘下降至距楼板面1.8m处、下降到楼板面的联动反馈信号和防火卷帘控制器直接连接的感烟、感温火灾探测器的报警信号应反馈至消防联动控制器。

5.4.3.3 电梯的联动控制设计

消防控制室在火灾确认后，应能控制电梯全部首层，并接受其反馈信号。电梯是高层建筑纵向交通的工具，消防电梯是火灾时供消防人员扑救火灾和营救人员用的。火灾时，一般电源没有特殊情况不能作疏散用，因为这时电源没有把握。因此，火灾时对电梯的控制一定要安全可靠。对电梯的控制有两种方式：一种是将所有电梯控制显示的副盘设在控制室，消防值班人员可随时直接控制；另一种作法是消防控制室自行设计电梯控制装置，火灾时，消防值班人员通过控制装置，向电梯机房发出火灾信号和强制电梯全部停于首层的指令。在一些大型公共建筑里，利用消防电梯前的烟探测器直接联动控制电梯，这也是一种控制方式，但必须注意烟探测器误报的危险性。

电梯的联动控制设计，应符合下列规定：

（1）消防联动控制器应具有发出联动控制信号强制所有电梯停于首层或电梯转换层的功能。

（2）可用电梯停于首层或电梯转换层开门反馈信号作为电梯（除消防电梯外）电源切断的触发信号。

（3）电梯运行状态信息和停于首层或转换层的反馈信号应传送给消防控制室显示，轿箱内应设置能直接与消防控制室通话的专用电话。

5.4.3.4 火灾应急广播与消防专用电话的联动控制设计

A 火灾应急广播

火灾应急广播是发生火灾或意外事故时指挥现场人员进行疏散的设备，即为了及时向人们通报火灾，指导人们安全、迅速地疏散的系统。

在智能建筑和高层建筑内或已装有广播扬声器的建筑内设置火灾应急广播时，要求原有广播音响系统具备火灾应急广播功能。即当发生火灾时，无论扬声器当时处于何种工作状态，都应能紧急切换到火灾事故广播线路上。火灾应急广播的扩音机在消防控制室应能对它进行遥控自动开启，并能在消防控制室直接用话筒播音。

发生火灾时，为了便于疏散和减少不必要的混乱，火灾应急广播发出警报时不能采用整个建筑物火灾应急广播系统全部启动的方式，而应该仅向着火楼层及与其相关楼层进行广播。火灾应急广播输出分路，按疏散顺序控制，其播放疏散指令的楼层控制程序如下：2层及2层以上楼层发生火灾，宜先接通火灾层及其相邻的上、下层；首层发生火灾，宜先接通本层、2层及地下各层；地下层发生火灾，宜先接通地下各层及首层；若首层与2层有大共享空间时应包括2层。

火灾应急广播扬声器的设计要求：

(1) 走道、大厅、餐厅等公共场所，扬声器的设置数量，应能保证从一个防火分区内的任何部位到最近一个扬声器的距离不超过25m。在走道交叉处、拐弯处均应设扬声器。走道末端最后一个扬声器至走道末端的距离不大于12.5m。

(2) 走道、大厅、餐厅等公共场所装设的扬声器，额定功率不应小于3W。

(3) 客房内扬声器额定功率不宜小于1W。

(4) 设置在空调、通风机房、洗衣机房、文娱场所和车库等处，有背景噪声干扰场所内的扬声器，在其播放范围内最远点的播放声压级，应高于背景噪声15dB。

火灾应急广播系统宜设置专用的播放设备，扩音机容量宜按扬声器计算总容量的1.3倍确定，若与建筑物内设置的广播音响系统合用时，应符合下列规定：

(1) 火灾时应能在消防控制室将火灾疏散层的扬声器和广播音响扩音机，强制转入火灾应急广播状态。

(2) 床头控制柜内设置的扬声器，应有火灾广播功能。

(3) 采用射频传输集中式音响播放系统时，床头控制柜内扬声器宜有紧急播放火警信号功能。

如床头控制柜无紧急播放火警信号功能时，设在客房外走道的每个扬声器的实配输入功率不应小于3W，且扬声器在走道内的设置间距不宜大于10m。

(4) 消防控制室应能监控火灾应急广播扩音机的工作状态，并能遥控开启扩音机和用传声器直接播音。

一般火灾应急广播的线路需单独敷设，并应有耐热保护措施，当某一路的扬声器或配线短路、开路时，应仅使该路广播中断而不影响其他各路广播。火灾广播系统可与建筑物内的背景音乐或其他功能的大型广播音响系统合用扬声器，但应符合规范提出的技术要求。火灾应急广播分路配线设计主要有以下几点要求：

(1) 应按疏散楼层或报警区域划分分路配线。各输出分路，应设有输出显示信号和保护控制装置等。

(2) 当任一分路有故障时，不应影响其他分路的正常广播。

(3) 火灾应急广播线路，不应和其他线路（包括火警信号、联动控制等线路）同管或同线槽敷设。

(4) 火灾应急广播用扬声器不得加开关，如加开关或设有音量调节器时，则应采用三线式配线强制火灾应急广播开放。

(5) 火灾应急广播馈线电压不宜大于100V。各楼层宜设置馈线隔离变压器。

消防广播系统作为建筑物的消防指挥系统，在整个消防控制管理系统中起着极其重要的作用。消防广播系统通常由以下设备构成：音源如录放卡座、CD 机等、播音话筒、广播录放单元、广播功放单元、广播分区控制盘、现场放音设备等。

消防广播制式有总线制和多线制两种，二者的区别在于总线制系统是通过控制现场的输出控制模块来实现广播的切换，而多线制系统是用设在消防控制中心的广播分配单元来完成广播切换的。总线制消防广播系统示意图如图 5.28 所示。

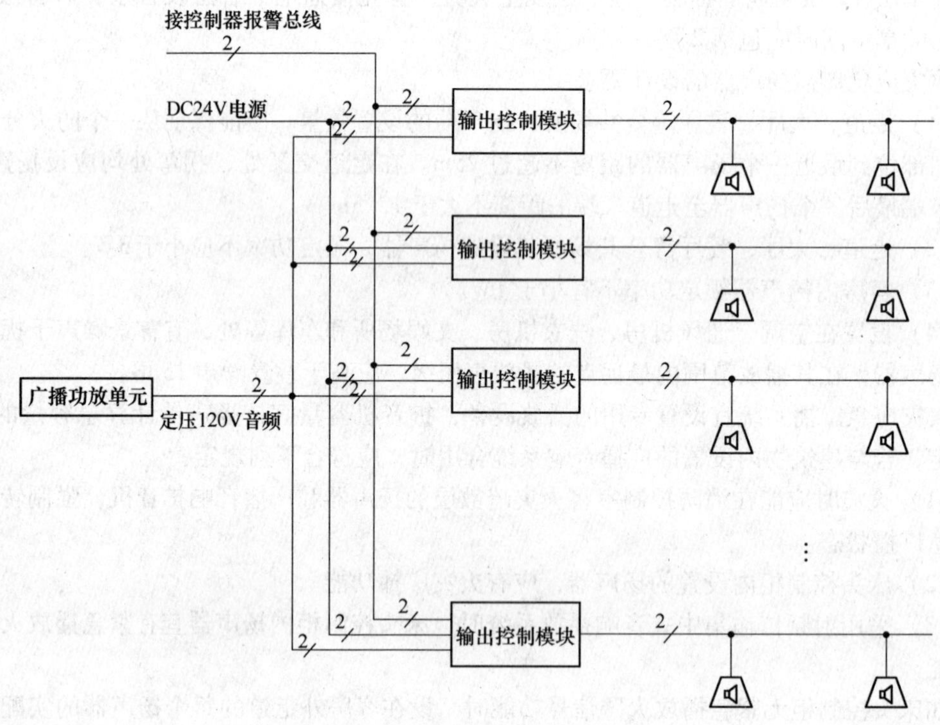

图 5.28 总线制消防广播系统示意图

B 消防专用电话

消防电话系统是一种专用通信系统，通过这个系统可迅速实现对火灾的人工确认，并可及时掌握火灾现场情况及进行其他必要的通信联络，便于指挥灭火和恢复工作。消防电话是与普通电话分开的独立系统，可分为多线制集中式对讲电话和总线制消防电话两种形式。

消防控制室还应装设向公安消防部门直接报警的外线电话。一般消防电话插孔和手动报警按钮或消防栓按钮做成一体设备，消防电话分机设置在规范规定的部位，消防专用电话主机设在消防控制中心。消防电话分机和主机之间通话为直联式结构，即分机提机后不需拨号，报警主机就能振铃响应，并显示报警分机部位，主机提机即可与报警分机通话；主机呼叫分级也不必拨号，仅需按下报警分机编号按钮，报警分机就振铃响应，分机提机即可与主机通话。

以总线制消防电话主机为例，总线制消防电话系统是消防电话主机在其总线上并接具有地址编码的消防电话分机，构成完善的火灾紧急通讯系统。其特点主要有二总线制，实现最简布线方式，双音频控制；分级可进行地址编码，实现分机地址编码登录；通话自动录音，并可记录有关地址和时间信息等。其接线示意图如图 5.29 所示。

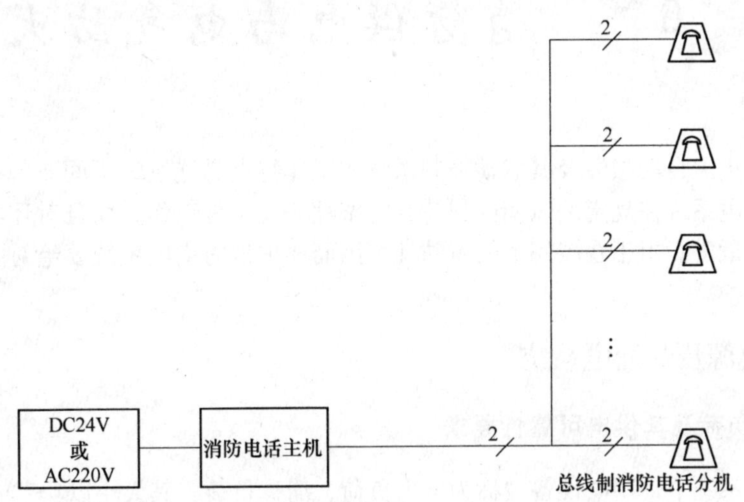

图 5.29 总线制消防电话系统接线示意图

思考题

5-1 火灾自动报警系统的类型有哪些，选用原则是什么？

5-2 火灾自动报警系统的基本组成是什么，各组件承担什么功能？

5-3 火灾探测器有哪些类型，其优缺点如何？

5-4 某高层教学楼的其中一个被划为一个探测区域的阶梯教室，其地面面积为 30m×40m，房顶坡度为 13°，房间高度为 8m，属于二级保护对象，试求：（1）应选用何种类型的探测器？（2）探测器的数量为多少只？

5-5 对上例中的探测器进行合理布置，并画出布置图。

5-6 消防联动系统的基本原理是什么，包括哪些联动控制功能模块？

6 消防供电与电气防火

建筑物中火灾自动报警及其联动控制系统的工作特点是连续、不间断。在火灾条件下仍要求消防供电系统在规定的时间内保持其完整性并能正常工作，而且对环境内人员的疏散安全不产生危害。由于在应用上的特殊性，因而要求消防供电系统要绝对安全可靠，并便于操作和维护。

6.1 消防电源及其配电系统

6.1.1 消防负荷及其供电可靠性要求

在供配电系统中，用电设备被称为电力负荷，简称负荷，其大小以功率或电流（因电压一定时，电流与功率成正比）表示。消防负荷，即指消防用电设备，一般包括消防水泵、消防电梯、防烟排烟设备、火灾自动报警装置、自动灭火装置、火灾事故照明、疏散指示标志、火灾应急广播和电动的防火门、卷帘、阀门及消防控制室的各种控制装置等用电设备。

6.1.1.1 电力负荷分级

电力负荷根据对供电可靠性的要求及中断供电在政治、经济上所造成损失或影响的程度分为以下三级：

（1）一级负荷：中断供电将造成人身伤亡，或中断供电将在政治、经济上造成重大损失，或中断供电将影响有重大政治、经济意义的用电单位的正常工作。

在一级负荷中，当中断供电将发生中毒、爆炸和火灾等情况的负荷，以及特别重要场所的不允许中断供电的负荷，应视为特别重要负荷。

（2）二级负荷：中断供电将在政治、经济上造成较大损失，或中断供电将影响重要用电单位的正常工作。

（3）三级负荷：不属于一级和二级负荷者。

6.1.1.2 消防负荷分级

（1）对于适用于《高层民用建筑设计防火规范》的高层建筑，其消防负荷的负荷等级为：一类建筑为一级负荷，二类建筑为二级负荷。

（2）对于适用于《建筑设计防火规范》的建筑，消防负荷的分级为：

1）一级负荷：除粮食仓库及粮食筒仓工作塔外，建筑高度大于50.0m的乙、丙类厂房和丙类仓库的消防用电应按一级负荷供电；

2）二级负荷：室外消防用水量大于30L/s的工厂、仓库；室外消防用水量大于35L/s的可燃材料堆场、可燃气体储罐（区）和甲、乙类液体储罐（区）；座位数超过1500个的电影院、剧院，座位数超过3000个的体育馆、任一层建筑面积大于3000m^{2}的商店、展览建筑、省（市）级及以上的广播电视楼、电信楼和财贸金融楼；室外消防用水量大于

25L/s 的其他公共建筑。

3）三级负荷：除上述一、二级负荷外的民用建筑、贮罐（区）和露天堆场等。

6.1.1.3 消防负荷供电要求

根据供配电系统的有关规范，各级负荷的供电电源要求如下：

（1）一级负荷应由两个电源供电，且当一个电源发生故障时，另一个电源不应同时受到损坏。根据我国现阶段的经济、技术条件和供电情况，下列几种情况均视为满足一级负荷供电的两个电源：

1）两个电源分别来自两个不同的发电厂，如图 6.1（a）所示。

2）两个电源分别来自两个变电站（指电压在 35kV 及 35kV 以上的变电站），如图 6.1（b）所示。

3）一个电源来自变电站，另一个电源来自自备发电设备，如图 6.1（c）所示。

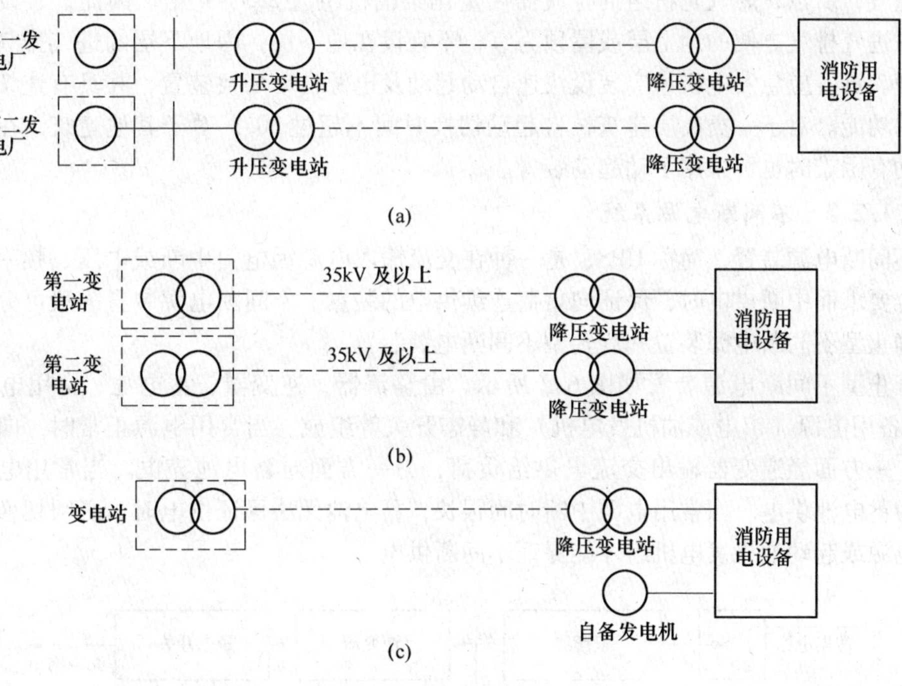

图 6.1 一级负荷供电示意图

（2）二级负荷宜由两回线路供电，且变压器亦应有两台。这是基于二级负荷所包括的范围比一级负荷广，其停电造成的损失较大。但是，如果二级负荷容量较小，或者地区供电条件困难无法提供两回线路时，允许由一回 6kV 及以上的专用架空线或电缆供电。考虑到电缆发生故障后有时检查故障点和修复时间较长，故当用电缆线路供电时，应采用两根电缆组成的线路供电，并且每根电缆均应能承受 100% 的二级负荷。

（3）三级负荷的供电没有特别要求。

6.1.2 消防备用电源

当地区供电条件不能满足消防一级负荷和二级负荷的供电可靠性要求，或从地区变电站取得第二电源不经济时，应设置消防备用电源。常见的消防备用电源形式有：应急发电机组、蓄电池组、不间断电源装置（UPS）等。

6.1.2.1 应急发电机组

自备的消防应急发电机组有柴油发电机组和燃气轮机发电机组两种。选择柴油发电机组时，宜选用高速柴油发电机组和无刷型自动励磁装置。因为，高速柴油发电机组具有体积小、重量轻、起动运行可靠等优点。无刷型自动励磁装置具有适应各种起动方式、易于实现机组自动化或对发电机组遥控的特点，并且，当与自动电压调整装置配套使用时，可使静态电压调整率保证在 ±2.5% 以内。

燃气轮机发电装置包括燃气轮机、发电机、控制屏、起动蓄电池、油箱、进气和排气，消音器及其他设备等。机组可分为固定型、可动型和轨道型。发电机为三相交流同期发电机，无刷交流励磁方式。燃气轮机的冷却不需水冷而用空气自行冷却，加之燃烧需要大量空气，所以，燃气轮机组的空气需要量比柴油机组大 2.5 ~4 倍。因此，装设位置必须考虑进气排气方便的地上层或屋顶为宜，不宜设在地下层，因地下层的进气排气都有一定难度。自备应急发电机组应装设快速自动起动及电源自动切换装置，并具有连续三次自起动的功能。对于一类高层建筑，自起动切换时间不超过 30s；对于其他建筑，在采用自动起动有困难时也可采用手动起动装置。

6.1.2.2 不间断电源系统

不间断电源装置，简称 UPS，是一种在交流输入电源因电力中断或电压、频率波形等不符合要求而中断供电时，保证向负荷连续供电的装置。不间断电源装置一般可分为两大类：静止型不间断电源装置和旋转型不间断电源装置。

静止型不间断电源装置如图 6.2 所示，由整流器、逆变器、蓄电池、常用电源（市电)、备用电源（市电或油机发电机）和静态开关等组成。当常用电源正常时，向整流器供电，一方面经逆变器输出交流电供给负荷，另一方面对蓄电池充电。当常用电源中断时，由蓄电池供电。当常用电源中断时间很长，蓄电池无法保证供电时，必须切换到备用市电电源或起动油机发电机组才能保证不间断供电。

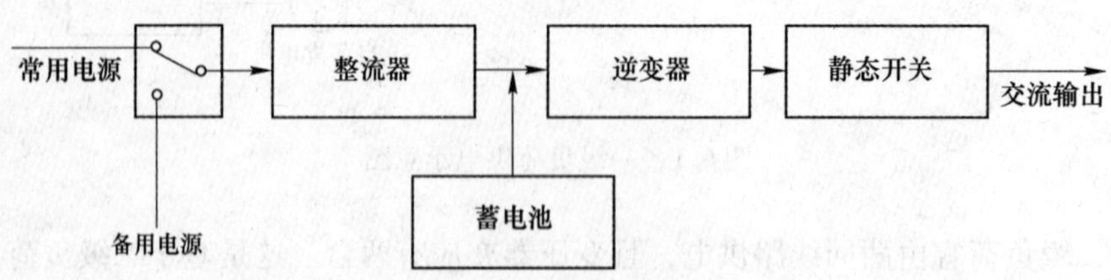

图 6.2 静止型不间断电源装置组成示意图

旋转型不间断电源装置如图 6.3 所示，由市电、整流器、蓄电池、直流电动机、飞轮和交流发电机等部分组成。飞轮的作用是利用其转动惯量大的性质，在发电机的负荷变动时维持机组的转速稳定，从而使发电机的输出电压的幅值和频率稳定，此外，在市电中断转换到蓄电池供电时，保证负载电源不会中断。

6.1.2.3 蓄电池组

蓄电池是将所获得的电能以化学能的形式贮存并将化学能转变成电能的一种电化学装

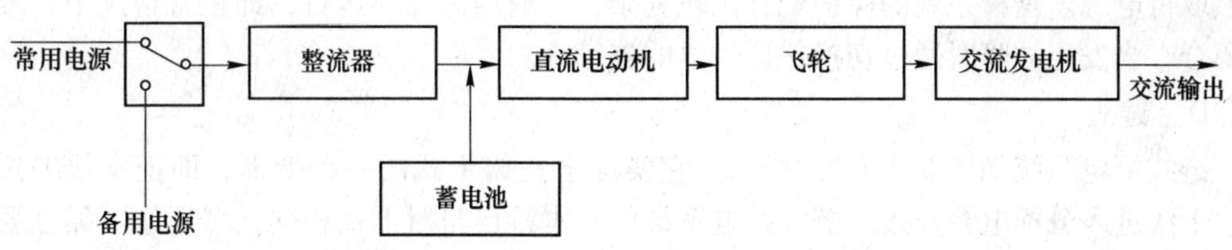

图 6.3 旋转型不间断电源装置组成示意图

置。在建筑供配电系统中，蓄电池（组）常用作小容量设备的备用电源，如火灾自动报警系统的直流备用电源、应急照明的备用电源、变电所的直流操作电源、不间断电源装置的直流电源等。

不间断电源系统用的蓄电池需在常温下能瞬时起动，一般选碱性或酸性蓄电池，有条件时应选用碱性型燃料电池。当要求继续维持供电时间较短时宜采用镉镍蓄电池，否则宜用固定型铅蓄电池。

蓄电池的额定放电时间是指在交流输入发生故障时，起动蓄电池，在规定的工作条件下，不间断电源设备保持向负荷连续供电的最小时间。在为保证用电设备按照操作顺序进行停机时，以停机所需最长时间来确定，一般取 8 ~ 15min；当有备用电源时，为保证用电设备的供电连续性，并等待备用电源的投入，蓄电池的额定放电时间取 10 ~ 30min。

6.1.3 消防配电系统设计

6.1.3.1 低压配电系统的基本形式

低压配电系统有放射式、树干式、环式（形）和链式等基本形式。实际的低压配电系统并不仅仅是上述的任一种单一形式，往往是几种的组合，下面分别对几种低压配电系统形式加以介绍。

A 放射式

放射式配电系统如图 6.4（a）所示，总配电箱（或变电所低压配电柜）向每一分配电箱（或用电设备）提供一条出线回路。其基本特点是：可靠性高，经济性差。当总配电箱的任一出线回路出现故障时，该回路保护装置动作（熔断器熔断或低压断路器跳闸），切断故障线路电源，而其他回路不受影响。但是，这种配电形式所用开关设备和管线较多。放射式配电系统多用于可靠性要求较高以及每一出线回路负荷容量较大的场合。

B 树干式

树干式配电系统如图 6.4（b）所示，从总配电箱（或变电所低压配电柜）引出一条干线向分配电箱（或用电设备）供电。其基本特点是：可靠性低，经济性好。当干线出现故障时，所有分配电箱（或用电设备）都中断供电。这种配电形式总的出线回路少，开关设备和管线较节省。树干式配电系统多用于可靠性要求不高的场合。

C 环式

环式配电系统如图 6.4（c）所示，从总配电箱（或变电所低压配电柜）引出两条出线接分配电箱形成环路。其基本特点是：可靠性高，保护配合比较复杂。每一分配电箱都有两条供电电源回路，当环路上有一段线路出现故障，则分配电箱都可以从其中的一条线路上取得电源。这种系统的保护配合比较复杂，一般均为开环运行，即正常情况下，环路不闭合，当发生故障时通过切换保证供电的连续性。

D 链式

链式配电系统如图6.4（d）所示，它实际上是树干式的一种变形，即把支线缩短为零，干线进入分配电箱连接。链式配电系统的基本特点与树干式相同，多用于可靠性要求不高的场合。另外，考虑到施工连接导线的方便，以及接头的增加会进一步降低可靠性，要求链级数不超过3~4级，总容量不超过10kW。

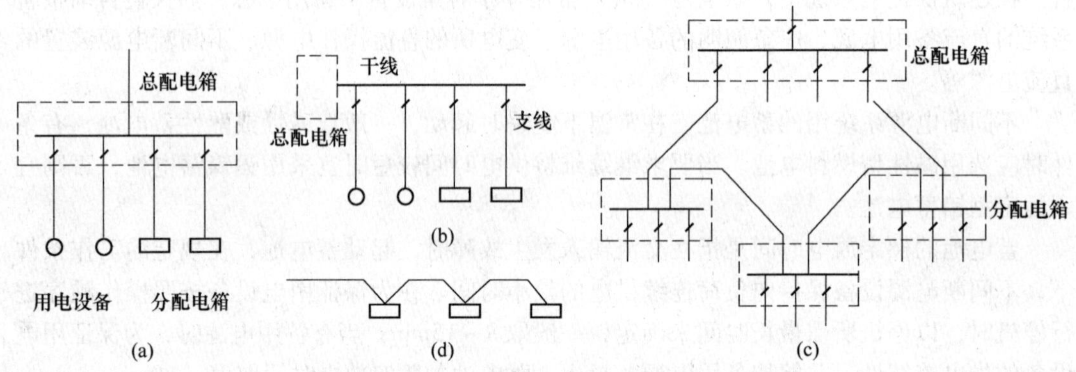

图6.4 低压配电系统的形式

（a）放射式；（b）树干式；（c）环式；（d）链式

6.1.3.2 消防配电系统形式

由于消防用电设备的负荷等级较高，因此，消防配电系统的供电可靠性要求也就较高，所以，消防配电系统最常用的形式是放射式，如消防泵、喷淋泵、消防电梯等均直接由变电所或总配电室的配电柜以放射式的形式引来电源。对于集中供电的应急照明系统可以采用树干式或链式。正如前面所述，消防设备电源供电应是双回路并在末端切换，因此，消防配电系统中的树干式或链式均为双干线。

消防用电设备必须采用专用的（即单独的）供电回路，从低压配电室（包括分配电室）起到最末一级配电箱，与一般配电线路严格分开；消防用电设备的配电回路和控制回路宜按防火分区划分。这是基于如下考虑：发生火灾后，可能会造成电气线路短路和其他设备事故，使火灾蔓延扩大，形成电气火灾，增大火灾扑救难度（因可能触电造成人员伤亡）。因此，为了安全起见，在发生火灾后，消防人员必须先切断起火部位的一般电源，然后再扑救，但在发生火灾时，消防用电设备的电源必须确保。所以说，消防用电设备的配电线路不能和其他动力、照明共用回路。

6.1.3.3 消防设备用电动机启动方式及其选择

消防用电设备种类很多，可概括为四大类：电力拖动设备（或动力设备，由电动机拖动，消耗电能转变为机械能），如消防水泵、消防电梯、防排烟风机、电动的卷帘门窗等；电气照明设备（消耗电能转变为光能），如火灾应急照明和疏散指示标志等；报警及通报设备，如火灾报警控制器、声光报警器、火灾事故广播等；其他用电设备，如应急插座等。

在上述用电设备中，电力拖动类设备的用电量最多。前面曾述及，电动机在启动时的启动电流达到运行时额定电流的4~7倍，这样大的启动电流会造成供配电系统的电压波动（注：一系列的电压变动或电压包络线的周期性变动，电压的最大值与最小值之差和系统额定电压的比值以百分比表示，其变化速度等于或大于每秒0.2%时称为电压波动），将影响其他设备的正常运行。因为，用电设备只有工作在额定电压下，才能得到最佳的技术经济性能，电压过高会因电流过大烧坏设备，电压过低则设备不能正常运行（如电动机不能启动、接触器不能可靠吸合、荧光灯无法点亮等）。因此，供配电系统设计时应考虑电动机启动的影响。

电动机的启动方式有全压启动和降压启动两大类。

（1）全压启动，也叫直接启动，指电动机直接加额定电压通电启动。

（2）降压启动，指电动机启动时所加电压低于额定电压，当达到一定速度后再加额定电压，使电动机达到额定转速运行。降压启动的方式有多种。笼型电动机的降压启动方式主要有定子绕组串电阻启动、-Y-△降压启动、延边三角形降压启动和自耦变压器降压启动，绕线转子电动机的降压启动方式主要有转子回路接入频敏变阻器或电阻器启动。一般，笼型电动机在下列情况下可全压启动：当由公用低压网络供电时，容量不超过10kW；当由居住小区变电所供电时，容量不超过14kW。如果对系统电压的质量要求较严格，则容量为10~40kW的电动机可采用-Y-△启动方式，容量在40kW以上时宜采用自耦减压启动或-Y-△启动方式。

6.1.3.4 电源自动切换装置

为保证消防用电设备供电的连续性，要求在最末一级配电箱处设置自动切换装置。电源自动切换装置按备用形式分为一用一备和互为备用两种工作方式，按电源切换形式分为自投不自复和自投自复两种。作为消防设备供电的末端切换装置多采用一用一备的工作方式，下面仅对此作介绍。

A 一用一备自投不自复的工作方式

如图6.5所示，工作原理分析如下：当常用电源和备用电源供电正常时，黄色指示灯1HY和2HY燃亮。合上断路器1QF，接触器1KM线圈通电而吸合，1KM主动合触点闭合，常用电源向母线供电，同时，1KM辅助动合触点闭合，使红色指示灯1HR燃亮。合上断路器2QF，因接触器1KM已吸合，其动断触点已断开，使接触器2KM不能吸合。当常用电源停电，接触器1KM线圈断电而释放，其动断触点闭合，使接触器2KM通电吸合，2KM主动合触点闭合，备用电源自动投入运行，向母线供电，指示灯1HR熄灭，2HR燃亮。当常用电源供电恢复正常时，因接触器2KM已吸合，其动断触点已断开，而使接触器1KM不能吸合，即常用电源不能自动恢复向负荷供电。按下按钮SB，接触器2KM断电释放，其主动合触点断开，备用电源退出运行，2KM动断触点闭合，使1KM通电吸合，常用电源恢复向负荷供电。

B 一用一备自投自复的工作方式

如图6.6所示，工作原理分析如下：当常用电源和备用电源供电正常时，黄色指示灯1HY和2HY燃亮，中间继电器KA通电吸合。合上断路器1QF，因中间继电器KA已通电吸合，其动合触点闭合，使接触器1KM通电吸合，常用电源向母线供电，

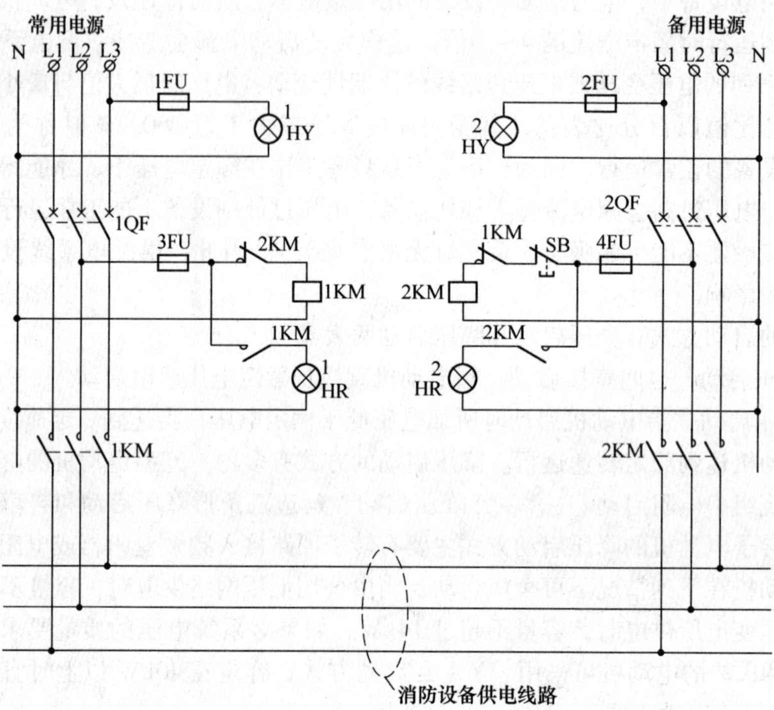

图 6.5　一用一备自投不自复的工作方式

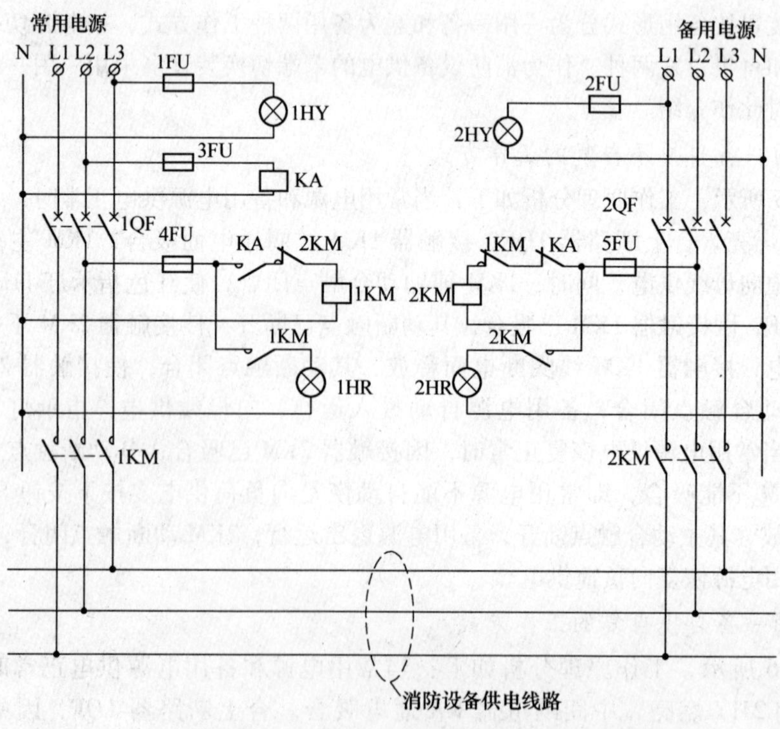

图 6.6　一用一备自投自复的工作方式

红色指示灯 1HR 燃亮。合上断路器 2QF，因接触器 1KM 的动断触点和继电器 KA 的动断触点均已断开，从而接触器 2KM 不能吸合。当常用电源停电，继电器 KA 和接触器 1KM 均断电释放，它们的动断触点均闭合，使接触器 2KM 通电吸合，备用电源自动投入运行，指示灯 1HR 熄灭，2HR 燃亮。当常用电源供电恢复正常时，继电器 KA 重新吸合，其动断触点断开，使接触器 2KM 断电释放，备用电源退出运行，2KM 动断触点闭合和 KA 动合触点闭合，使 1KM 再次通电吸合，常用电源恢复向负荷供电。

6.2 消防配电线路设计

消防配电线路设计的内容包括：电线电缆的形式选择、导线截面选择、线路的敷设及配电线路的保护配置等方法。下面主要介绍电线电缆的形式选择和线路的敷设。

6.2.1 电线电缆的分类

电线电缆根据其本身具有的燃烧特性分为普通电线电缆、阻燃电线电缆、耐火电线电缆及矿物绝缘电缆。

阻燃电线电缆是指难以着火并具有阻止或延缓火焰蔓延能力的电线电缆。通常指能通过 GB/T18380.3—2001（等同 IEC 60332－3）试验合格的电线电缆。阻燃电线电缆根据所通过 GB/T 18380.3—2001 规定的不同等级标准的试验，可分为 A、B、C、D 四种阻燃级别，其具体标准见表 6.1。

表 6.1 阻燃试验

标 准	GB/T 18380.3—2001（阻燃试验）			
阻燃级别	供火时间/min	试验容量/L·m^{-1}	合 格 判 定	
			焦化高度/m	自熄时间/min
A	40	7	≤2.5	≤60
B	40	3.5	≤2.5	≤60
C	20	1.5	≤2.5	≤60
D	20	0.5	≤2.5	≤60

注：D 级标准只适用于直径小于等于 12mm 的电线电缆

耐火电线电缆是指在规定温度和时间的火焰燃烧下仍能保持线路完整性的电线电缆。通常指通过 GB/T 12666.6—1990（等效 IEC 60331）试验合格的电线电缆。耐火电线电缆根据所通过 GB/T 12666.6—1990 标准而确认。其要求应符合表 6.2 的规定。

表 6.2 耐火试验

供火温度/°C	供火时间/min	合格判定
750^{+50}_{-0}	90	2A 熔丝不断

耐火电线电缆根据其非金属材料的阻燃性能，可分为阻燃耐火电线电缆和非阻燃耐火电线电缆。阻燃耐火电缆、电线以及控制电缆的主要种类如表 6.3 所示。

表 6.3　阻燃耐火电线的主要种类

型　号	名　称	阻燃级别
ZN – YJV	交联聚乙烯绝缘、聚氯乙烯护套阻燃耐火电缆	A，B，C，D
ZN – VV	聚氯乙烯绝缘和护套阻燃耐火电缆	A，B，C，D
ZN – BV	聚氯乙烯绝缘阻燃耐火电线	B，C，D
ZN – BYJ	交联聚乙烯绝缘阻燃耐火电线	B，C，D
ZN – BVV	聚氯乙烯绝缘和护套阻燃耐火护套电线	B，C，D
ZN – BVR	聚氯乙烯绝缘阻燃耐火软电线	C，D
ZN – KYJV	交联聚乙烯绝缘、聚氯乙烯护套阻燃耐火控制电缆	A，B，C，D
ZN – KYJVP	交联聚乙烯绝缘、聚氯乙烯护套阻燃耐火屏蔽控制电缆	A，B，C，D
ZN – KVV	聚氯乙烯绝缘和护套阻燃耐火控制电缆	B，C，D
ZN – KVVP	聚氯乙烯绝缘和护套阻燃耐火屏蔽控制电缆	B，C，D

矿物绝缘电缆是指用矿物（如氧化镁）作为绝缘的电缆。通常由铜导体、矿物绝缘、铜护套构成，不含有机材料。具有不燃、无烟、无毒和耐火特性。矿物绝缘电缆除应通过 GB/T 12666.6（耐火试验）外，还应具有一定抗喷淋水和抗机械撞击能力。矿物绝缘电缆可采用有机材料包覆作为外护套，但其外护套应满足无卤、低烟、阻燃的要求。矿物绝缘电缆的主要种类如表 6.4 所示。

表 6.4　矿物绝缘电缆的主要种类

型　号	名　称	型　号	名　称
BTTZ	矿物绝缘电缆（重载）	BTTQ	矿物绝缘电缆（轻载）

6.2.2　电线电缆的选用

（1）火灾报警与消防联动控制系统的线路应采用铜芯绝缘电线或铜芯电缆。对于火灾自动报警系统的传输线路采用 50V 以下电压供电的控制线路，所选导线的电压等级不应低于交流 250V；当线路的额定工作电压超过 50V 时，所选导线的电压等级不应低于交流 500V。

（2）用于消防设备的控制线路、火灾自动报警系统的信号传输线路、消防广播线路和消防电话线路等可采取下列方式之一：

1）当电线穿金属管或阻燃型硬质塑料管暗敷时，可采用阻燃电线。

2）当电线穿金属管明敷时，应采用耐火电线。

3）当电线在金属线槽内明敷时，应采用阻燃耐火电线。

4）当电线在耐火金属线槽内明敷或穿涂有防火涂料的金属管时，可采用阻燃电线。

（3）由变配电所（或总配电室）引至消防设备的电源主干线应采用阻燃耐火电缆或矿物绝缘电缆，但在特级、一级场所宜采用矿物绝缘电缆。

（4）双电源自切箱引至消防设备控制箱及由消防设备控制箱引至消防设备等分支线路可采取下列方式之一：

1）当电线穿管敷设时，应采用耐火电线，但明敷时应采用金属管。

2）当电线在金属线槽内明敷时，应采用阻燃耐火电线。

3）当电缆在电缆桥架内明敷时，应采用阻燃耐火电缆。

4）当电缆采用支架或沿墙明敷时，应采用矿物绝缘电缆。

（5）消防设备的供电线路不宜与普通设备线路兼用，但带有蓄电设施的应急照明电源线路可不限。

6.2.3　电线电缆的敷设

6.2.3.1　一般规定

（1）在电线电缆敷设时，应对电缆桥架和电缆井道采取有效的防火封堵或分隔措施。

（2）电线电缆敷设在有防火封堵或分隔措施的通道中，应考虑防火封堵或分隔措施对电缆载流量的影响。

（3）电力电线电缆在电缆桥架敷设时，应考虑散热，不宜在耐火金属线槽内敷设。

（4）电力电线电缆与非电力电线电缆宜分开敷设，如确需在同一电缆桥架内敷设时，宜采取隔离措施。

6.2.3.2　电线电缆的敷设

（1）阻燃电线电缆和阻燃耐火电线电缆可在同一电缆桥架内敷设。

（2）引至消防设备的二路电源线路可在同一电缆桥架内敷设。

（3）敷设在同一电缆桥架内的电缆，当其非金属材料容量大于14L/m时，宜采用隔离措施。

（4）电缆在垂直井道内敷设时，宜采用电缆梯架敷设。

（5）电线电缆在吊顶或地板内敷设时，宜采用金属管、金属线槽或金属托盘敷设。

（6）电线明敷时，在特级、一级场所应采用金属管或金属线槽敷设，在二级场所宜采用金属管或金属线槽敷设。

（7）电线暗敷时，宜采用金属管或阻燃型硬质塑料管敷设，并应敷设在不燃体结构内。消防设备线路暗敷时应满足其保护层厚度不应小于30mm。

（8）矿物绝缘电缆可采用支架或沿墙明敷。

6.2.3.3　电缆敷设的防火措施

（1）电缆在下列情况下敷设时应采取防火封堵措施：

1）电缆在穿越不同的防火分区。

2）电缆沿竖井垂直敷设穿越楼板处，超高层建筑应每层进行封堵，其他建筑可每隔2~3层进行封堵。

3）电缆隧道、电缆沟、电缆间的隔墙处。

4）穿越耐火极限不小于1h的隔墙处。

5）穿越建筑物的外墙处。

6）至建筑物入口处，或至配电间、控制室的沟道入口处。

7）电缆引至电气柜、盘或控制屏、台的开孔部位。

（2）电缆防火封堵根据各不同情况可采用防火胶泥、耐火隔板、填料阻火包、防火帽等方式和方法。

（3）电缆防火封堵的构成方式和方法，应满足按等效工程条件下标准试验的耐火极限。

6.2.3.4 电线电缆的施工方法

电线电缆应根据敷设方式的不同，采取不同的施工方法：

（1）暗敷设时，应穿管并应敷设在不燃烧体结构内且保护层厚度不应小于30mm；明敷设时，应穿有防火保护措施的金属管或有防火保护的封闭式金属线槽。

（2）当采用阻燃或耐火电缆时，敷设在电缆井、电缆沟内可不采取防火保护措施；当采用矿物绝缘类不燃性电缆时，可直接敷设。

（3）宜与其他配电线路分开敷设；当敷设在同一井沟内时，宜分别布置在井沟的两侧。

（4）建筑物顶棚内敷设时，一般用金属管或金属线槽布线，如吊顶为难燃型材料，可采用阻燃塑料管（线槽）布线。

（5）甲类厂房、甲类仓库，可燃材料堆垛，甲、乙类液体储罐，液化石油气储罐，可燃、助燃气体储罐与架空电力线的最近水平距离不应小于电杆（塔）高度的1.5倍，丙类液体储罐与架空电力线的最近水平距离不应小于电杆（塔）高度的1.2倍。35kV以上的架空电力线与单罐容积大于200m^{3}或总容积大于1000m^{3}的液化石油气储罐（区）的最近水平距离不应小于40.0m，当储罐为地下直埋式时，架空电力线与储罐的最近水平距离可减小50%。

（6）电力电缆不应和输送甲、乙、丙类液体管道、可燃气体管道、热力管道敷设在同一管沟内。配电线路不得穿越通风管道内腔或敷设在通风管道外壁上，穿金属管保护的配电线路可紧贴通风管道外壁敷设。

（7）配电线路敷设在有可燃物的闷顶内时，应采取穿金属管等防火保护措施；敷设在有可燃物的吊顶内时，宜采取穿金属管、采用封闭式金属线槽或难燃材料的塑料管等防火保护措施。

（8）爆炸和火灾危险环境电力装置的设计应按现行国家标准《爆炸和火灾危险环境电力装置设计规范》(GB50058）的有关规定执行。

6.3 应急照明与疏散指示标志

应急照明也称事故照明，其作用是当正常照明因故熄灭的时候，供人员继续工作、保障安全或疏散用的照明。火灾应急照明包括：在正常照明失效时为继续工作（或暂时继续工作）而设置的备用照明；为使人员在火灾情况下能从室内安全撤离至室外（或某一安全区域）而设置的疏散照明；在正常照明突然中断时为确保处于潜在危险的人员安全而设置的安全照明。

6.3.1 设置应急照明原则

应急照明应该根据建筑物的层数、规模大小、复杂程度、建筑物内停留和活动的人员多少、建筑物的功能、生产或使用特点等因素确定。应该设置应急照明的建筑主要有：人员众多的公共建筑，如大会堂、剧场、文化宫、体育场馆、旅馆、候机楼、展览馆、博物馆、大中型商场等；地下建筑，如地铁站、地下商场、旅馆、娱乐场所等；特别重要的大型工业厂房。

对于一般的办公楼、9层以下的普通住宅和一般工业厂房等，考虑到我国目前经济情况，可以不设置。

6.3.2 应急照明设置

6.3.2.1 备用照明设置

A 需要备用照明的场所

备用照明应该根据生产、工作和运行的特点而设定，各种行业有自己的特殊要求。一般来说，断电后需要有照明进行必要的操作和处置，否则可能发生爆炸、火灾、中毒等事故的生产场所，或造成生产流程被破坏或混乱、加工处理的贵重部件损坏的场所。具体如下：

（1）消防控制室、自备电源室、配电室、消防水泵房、防排烟机房、电话总机房、通信机房、大中型电子计算机房、BAS中央控制站、安全防范控制中心等。

（2）多层建筑的观众厅、旅馆重要厅室，每层面积大于1500m^2 的展览厅和营业厅、建筑面积超过200m^2 的演播室、人员较密集的地下室、每层人员密集的公共活动场所等。

（3）高层民用建筑的观众厅、展览厅、多功能厅、餐厅和商业营业厅等人员密集的场所、疏散走道、医院病房、旅馆、居住建筑内长度超过20m的内走道等。

（4）疏散楼梯（包括防烟楼梯间前室）、消防电梯及其前室，合用前室，高层建筑避难层（间）等。

（5）照明熄灭可能会产生重大经济损失或严重交通事故的特殊场所，以及需要继续进行和暂时进行生产或工作的其他重要场所。

上述（1）类场所的备用照明的照度应保证正常照明的照度并应保证连续供电，其余场所的备用照明的照度应不低于正常照明照度的1/10，且供电时间不少于60min。

B 备用照明的布置

备用照明应和正常照明进行统一布置。断电后要求继续坚持工作或需要进行必要的操作处置的场所，备用照明灯要布置在需要操作工作的部位。照明熄灭后整个场所都需要继续工作的，应利用正常照明的一部分作备用照明。当备用照明要求与正常照明保持相应照度的重要公共建筑应利用正常照明的全部灯具，而不是另外安装灯，仅在正常照明电源故障时转换到应急电源供电。此外，对于某些重要部位，或某个生产或操作地点需要备用照明的，如操纵台、控制屏、接线台、收款处、生产设备等，常常不要求全室均匀照明，只要求照亮这些需要备用照明的部位，则宜从正常照明中分出一部分灯具，由应急电源供电，或电源故障时转换到应急电源上。

6.3.2.2 疏散照明设置

需要设置疏散照明的建筑物内，疏散标志灯的布置，应使疏散走道上或公共厅堂内的人员在任何位置都能看到最近的疏散标志（出口标志或指向标志），以引导其安全、快捷地达到和通过出口，疏散到安全地带。疏散照明包括安全出口标示灯、疏散指示标志灯和疏散照明灯，其照度应大于0.5lx，供电时间不少于20min。对标志灯的选择灯具的几何尺寸和视觉距外，要求醒目、清晰。清晰度取决于大小、亮度、对比和位置。标志灯中的图形、文字大小至少应该是预定观看距离的1/300，标志面的受照面和标志背景之间的亮度对比，要求使标志具备易读性，没有眩光。疏散标志的位置应与人的视线垂直并能引导疏散方向。

A 安全出口标志灯的设置

安全出口标志灯应该布置在通向室外的出口和应急出口；多层建筑物内各楼层通向各楼梯间或防烟楼梯间前室的门上；大面积厅、堂、馆、通向室外或疏散通道的出口处。出口标志应该安装在出口门内侧，其标志面应朝向疏散走道，并与走道轴线垂直。距地的高度以2.0～2.5m为宜，过低对安全不利，远处也不便看清楚；过高则在火灾时烟雾可能遮蔽光线，看不见。当出口门位于疏散走道的侧面时，应伸出墙面或挂在门上方的顶棚下，以便于走道中的人员看得见。当出口门的两侧都有疏散走道时，应设置双面都有图形或文字的出口标志。低位安装主要是防止烟雾遮挡。位置较低时应该考虑防止触电。

出口标志灯，应有图形和文字符号，在有无障碍设计要求时，宜同时设有音响指示信号。可调光型出口标志灯，宜用于影剧院，歌舞娱乐游艺场所的观众厅，在正常情况下减光使用，应急使用时，应自动接通至全亮状态。出口标志灯一般在墙上明装，建筑装饰有需要时宜嵌墙暗装。下列建筑或场所应在其内疏散走道和主要疏散路线的地面上增设能保持视觉连续的灯光疏散指示标志：总建筑面积超过8000m^{2}的展览建筑；总建筑面积超过5000m^{2}的地上商店；面积超过500m^{2}的地下、半地下商店；歌舞娱乐放映游艺场所；座位数超过1500个的电影院、剧院；座位超过3000个的体育馆、礼堂。

B 疏散指示标志灯的设置

对于公共建筑物和乙、丙类高层厂房的下列部位，均应设置灯光疏散指示标志及提供必要照度的应急疏散照明：观众厅每层面积超过1500m^{2}的展览厅、营业厅；建筑面积超过200m^{2}的演播室；人员密集且建筑面积超过300m^{2}的地下室；按规定应设置封闭楼梯间或防烟楼梯间建筑的疏散走道；影剧院、体育馆、多功能礼堂、医院的病房及其疏散走道和疏散门。

疏散指示标志灯的布置原则：在建筑物内，疏散走道上或公共厅堂内的任何位置的人员，都能看到疏散标志或疏散指示标志，一直到达出口。为此应该在疏散出口附近设置出口标志，而疏散走道内不能直接看到出口的地方还应该设置指向标志，以指示出口的方向，照度不低于一般照明值的50%。在疏散走道和主要疏散路线的地面或墙上设置的蓄光型疏散导向标志，其方向指示标志图形应指向最近的疏散出口，在地面上设置时，宜沿疏散走道或主要疏散路线的中心线设置；在墙面上设置时，标志中心线距地面高度不应大于0.5m；疏散导向标志宜连续设置，标志宽度不宜小于80mm；当间断设置时，蓄光型疏散导向标志长度不宜小于300mm，间距不应大于1m。疏散走道上的蓄光型疏散指示标志，宜设置在疏散走道及其转角处距地面高度不大于1m的墙面上或地面上，设置在墙面上时，其间距不应大10m；设置在地面上时，其间距不应大于5m。疏散楼梯台阶标志的宽度宜为20～50mm。安全出口轮廓标志，其宽度不应小于80mm。在电梯、自动扶梯入口附近设置的警示标志，其位置距地面宜为1.0～1.5m。

C 疏散照明灯的设置

疏散照明灯应沿疏散走道均匀布置，注意走道拐弯处、交叉处、地面高度变化处和火灾报警按钮等消防设施处有必要的照度。经常设有疏散照明灯的地方有疏散楼梯间、防烟楼梯间及其前室、电梯候梯厅等处；人员众多的大中商场、展览馆、体育场馆、剧场、大会厅内。工程设计中常采用安全出口标志灯和疏散指示标志灯作为疏散照明的一部分，当达不到照度要求时，应与走道的正常照明结合，协调布置疏散照明灯。疏散照明灯作为正常照明的一部分时，间距不宜太大，并选用沿走道纵向具有宽配光的灯具，以提高均匀度。诱导灯垂直下方应在 0.5m 位置的地面上要有 1lx 以上的照度。

6.3.2.3 安全照明设置

A 需要设置安全照明的场所

安全照明是指在正常照明熄灭时确保处在潜在危险中的人的安全而设置的，强调极快的提供照明以保证人的安全。它和疏散照明不同，后者是在灾害发生时，保证人员安全撤离建筑物之用。以下几类场所设有安全照明：因为照明熄灭在黑暗中可能导致人员创伤、灼伤等严重危险的生产场所，如刀具裸露的圆盘锯等；照明熄灭将延误工作和操作时间，如医院中的手术室、急救室等；人员密集而又不熟悉建筑物内的环境，照明熄灭容易引起惊恐和导致伤亡的场所，如难以和外界交流的电梯内等。

B 安全照明的布置

安全照明往往是为某个工作区域某个设备需要而设置，一般不要求整个房间或场所具有均匀照明，而是重点照亮某个或几个设备、工作区域。可利用正常照明的一部分或专为某个设备单独装设。安全照明一般要求布置在照明熄灭，可能危及操作人员或其他人员安全的生产场地内或设备旁，备用的安全照明灯具宜设置在墙面或顶棚上。

6.3.3 应急照明供电方式

应急照明一般供给一路正常工作电源和一路备用电源。两路电源在末端配电箱内自动切换，这种配电箱称为切换箱。配电箱按楼层或防火分区装设，照明支路不应跨越防火分区，每一单项回路容量不宜超过 15A，单项回路连接的灯具出线口数量不宜超过 20 个（最多不超过 25 个）。

应急照明的正常供电电源应由本楼层（防火区）配电盘的专用回路引接。除正常电源外，必须设置备用电源。正常电源和备用电源的切换时间视应急照明种类或应由场所而定。一般疏散照明和备用照明的切换时间不宜大于 15s，安全照明切换时间不宜大于 0.5s。正常电源故障，由应急电源供电时，应急照明持续工作时间要求如下：疏散照明不宜小于 30min，根据不同要求可分为 30min、45min、60min、90min、120min、180min 等 6 档；安全照明和备用照明的持续工作时间应视具体使用要求确定。

工程上，根据建筑物的类别和电源情况，火灾应急照明的备用电源有三种：

（1）电网独立电源供电：要求由外部引来两路独立电源供电，确保一路故障时，另一路仍能继续工作。这种电源具有转换时间易满足要求、持续工作时间长、供电容量不受限制的特点，但有受供电条件制约和基础投资大的缺点。

（2）柴油发电机组供电：其特点是供电容量和供电时间基本不受限制，但由于机组投入运行需要较长时间（停电时自启动时间规范要求小于 30s），因此只能作为疏散照明和备用照明，而不能用于安全照明及某些对转换时间要求较高的场所的备用照明。

(3) 蓄电池电源。当采用灯内自带蓄电池——即自带电源型应急灯时，其优点是供电可靠性高、转换迅速、增减方便、线路故障无影响、电池损坏影响面小，缺点是投资大、持续照明时间受容量大小的限制、运行管理及维护要求高。这种方式适用于应急照明灯数不多，装设较分散，规模不大的建筑物。当采用集中或分区集中设置的蓄电池组供电方式时，其优点是供电可靠性高、转换迅速，它与灯内自带蓄电池方式相比投资较少、管理及维护较方便，缺点是需要专门的房间、电池故障影响面大，且线路要考虑防火问题。这种方式适用于应急照明种类较多、灯具较集中、规模较大的建筑物。

在实际工程设计的过程中，由于对系统的要求和应用范围不相同，仅仅选择上述某一种电源形式有时是很难满足要求的，也很难做到安全可靠，经济合理。因此供电方式的确定要结合消防动力负荷综合考虑，同时选择两种及两种以上的应急照明电源。

6.3.4 应急照明控制

应急照明（或疏散指示标志）设计的基本要求是满足在火灾事故状态下，相关区域的应急照明（或疏散指示标志）能够在消防中心控制下，在切断正常照明后立即启动，并不得受开关的控制，以利于人员的直接疏散。

消防应急灯具连接的主电供电方式与控制方式应保证在火灾发生时，能使所有消防应急灯具全部切换到应急工作状态。《火灾自动报警系统设计规范》(GB 50016—98) 第6.3.1.8条规定："消防控制室在确认火灾后，应能切断有关部位的非消防电源，并接通警报装置及火灾应急照明灯和疏散标志灯"。在实际工程应用中，常常采用正常照明的一部分兼疏散照明用，其分散的就地灯具开关状态是处在不确定的状况下，事故停电时处于常亮状态的疏散指示灯和点亮状态的应急照明灯不存在自动点亮的问题，而处于熄灭状态的疏散标志灯和应急照明，就必须使其强制点亮。

尽管应急照明的控制有多种方式，但其原理是相同的，如图6.7所示。当手动时，按下开灯按钮S1，接触器线圈KM得电，其常开触点闭合，接触器完成自锁，灯具点亮；自动时，火灾自动报警联动触头K接到来自火灾探测器的信号后闭合使得接触器线圈KM得电，其常开触点闭合，接触器完成自锁，灯具点亮。按下关灯按钮S2后，接触器线圈失电，其常开触点复原，受控灯灭。

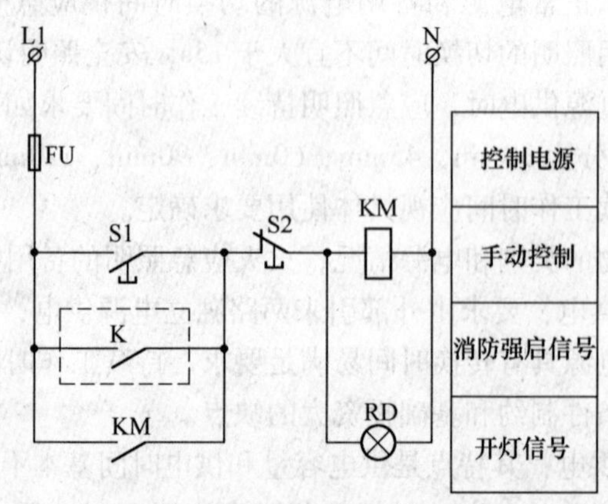

图6.7 应急照明控制原理图

6.4 建筑物防雷设计

雷电是一种雷云对带不同电荷的物体进行放电的一种自然现象。雷电对电气线路、电气设备和建筑物进行放电，其电压幅值可高达几亿伏，电流幅值可高达几十万安，因此具有极大的破坏性，必须采取相应的防雷措施。

6.4.1 雷电的种类与危害

6.4.1.1 雷电的种类

雷云对地放电时，其破坏作用表现有以下四种基本形式：

（1）直击雷。当天气炎热时，天空中往往存在大量雷云。当雷云较低飘近地面时，就在附近地面特别突出的树木或建筑物上感应出异性电荷。电场强度达到一定值时，雷云就会通过这些物体与大地之间放电，这就是通常所说的雷击。这种直接击在建筑物或其他物体上的雷电叫直击雷。直接雷击使被击物体产生很高的电位，从而引起过电压和过电流，不仅击毙人畜、烧毁或劈倒树木，破坏建筑物，甚至会引起火灾和爆炸。

（2）感应雷。当建筑上空有雷云时，在建筑物上便会感应出相反电荷。在雷云放电后，云与大地电场消失了，但聚集在屋顶上的电荷不能立即释放，因而屋顶对地面便有相当高的感应电压，造成屋内电线、金属管道和大型金属设备放电，引起建筑物内的易爆危险品爆炸或易燃物品燃烧。这里的感应电荷主要是由于雷电流的强大电场和磁场变化产生的静电感应和电磁感应造成的，所以称为感应雷或感应过电压。

（3）雷电波侵入。当输电线路或金属管路遭受直接雷击或发生感应雷，雷电波便沿着这些线路侵入室内，造成人员、电气设备和建筑物的伤害和破坏。雷电波侵入造成的事故在雷害事故中占相当大的比重，应引起足够重视。

（4）球形雷。球形雷的形成研究，还没有完整的理论。通常认为它是一个温度极高的特别明亮的眩目发光球体，直径约在 10～20cm 以上。球形雷通常在电闪后发生，以每秒几米的速度在空气中飘行，它能从烟囱、门、窗或孔洞进入建筑物内部造成破坏。

6.4.1.2 雷电的危害

雷电有多方面的破坏作用,雷电的危害一般分成两种类型,一是直接破坏作用,主要表现为雷电的热效应和机械效应;二是间接破坏作用主要表现为雷电产生的静电感应和电磁感应。

A　热效应

雷电流通过导体时,在极短时间内转换成大量热能,可造成物体燃烧,金属熔化,极易引起火灾爆炸等事故。雷电流的温度很高,一般在 6000～20000℃,甚至高达数万度,当它通过树木或建筑物墙壁时,被击物体内部水分受热急剧汽化,或缝隙中分解出的气体剧烈膨胀,因而在被击物体内部出现了强大的机械力,使树木或建筑物遭受破坏,甚至爆裂成碎片。

B　机械效应

雷电的机械效应所产生的破坏作用主要表现为两种形式：一是雷电流流入树木或建筑构件时在它们内部产生的内压力；二是雷电流流过金属物体时产生的电动力。另外，我们知道载流导体之间存在着电磁力的相互作用，这种作用力称电动力。当强大的雷电流通过电气线路，电气设备时也会产生巨大的电动力使他们遭受破坏。

C 电气效应

雷电引起的过电压,会击毁电气设备和线路的绝缘,产生闪络放电,以致开关掉闸,造成线路停电;还会干扰电子设备,使系统数据丢失,造成通信、计算机、控制调节等电子系统瘫痪。绝缘损坏还可能引起短路,导致火灾或爆炸事故;防雷装置泄放巨大的雷电流时,使得其本身的电位升高,发生雷电反击;同时雷电流流入地下,可能产生跨步电压,导致电击。

D 电磁效应

由于雷电流量值大且变化迅速，在它的周围空间就会产生强大且变化剧烈的磁场，处于这个变化磁场中的金属物体就会感应出很高的电动势，使构成闭合回路的金属物体产生感应电流，产生发热现象。此热效应可能会使设备损坏，甚至引起火灾。特别存放易燃易爆物品的建筑物将更危险。

6.4.2 防雷装置及接地

防雷装置一般由接闪器、引下线和接地装置等三个部分组成。接地装置又由接地体和接地线组成。

6.4.2.1 接闪器

接闪器就是专门用来接受雷云放电的金属物体。接闪器的类型有避雷针、避雷线、避雷带、避雷网、避雷环等，都是经常用来防止直接雷击的防雷设备。

所有接闪器都必须经过引下线与接地装置相连。接闪器利用其金属特性，当雷云先导接近时，它与雷云之间的电场强度最大，因而可将雷云“诱导”到接闪器本身，并经引下线和接地装置将雷电流安全地泄放到大地中去，从而起到了保护物体免受雷击的作用。

A 避雷针

避雷针主要用来保护露天发电、配电装置、建筑物和构筑物。

避雷针通常采用圆钢或焊接钢管制成，将其顶端磨尖，以利于尖端放电。为保证足够的雷电流流通量，其直径应不小于表6.5给出的数值。

表6.5 避雷针接闪器最小直径 (mm)

针型 \ 直径	圆 钢	钢 管
针长1m以下	12	20
针长1~2m	16	25
烟囱顶上的针	20	40

避雷针对周围物体保护的有效性，常用保护范围来表示。在安装有一定高度的接闪器下面，有一个一定范围的安全区域，处在这个安全区域内的被保护的物体遭受直接雷击的概率非常小，这个安全区域叫做避雷针的保护范围。确定避雷针的保护范围至关重要。避雷针对建筑物保护范围一般用滚球法确定。

B 避雷线

避雷线是由悬挂在架空线上的水平导线、接地引下线和接地体组成的。水平导线起接闪器的作用。它对电力线路等较长的保护物最为适用。

避雷线一般采用截面积不小于35mm^{2}的镀锌钢绞线，架设在长距离高压供电线路或变电站构筑物上，以保护架空电力线路免受直接雷击。由于避雷线是架空敷设的而且接地，所以避雷线又叫架空地线。避雷线的作用原理与避雷针相同。

C 避雷带和避雷网

避雷带和避雷网主要适用于建筑物。避雷带通常是沿着建筑物易受雷击的部位，如屋脊、屋檐、屋角等处装设的带形导体。避雷网是将建筑物屋面上纵横敷设的避雷带组成网格，其网格尺寸大小按有关规范确定。

避雷带和避雷网可以采用圆钢或扁钢，但应优先采用圆钢。圆钢直径不得小于8mm，扁钢厚度不小于4mm，截面积不得小于48mm^2。避雷带和避雷网的安装方法有明装和暗装。避雷带和避雷网一般无须计算保护范围。

D 避雷环

避雷环用圆钢或扁钢制作。防雷设计规范规定高度超过一定范围的钢筋混凝土结构、钢结构建筑物，应设均压环防侧击雷。当建筑物全部为钢筋混凝土结构，可利用结构圈梁钢筋与柱内引下线钢筋焊接作为均压环。没有结合柱和圈梁的建筑物，应每三层在建筑物外墙内敷一圈ϕ12mm镀锌钢作为均压环，并与防雷装置所有的引下线连接。

6.4.2.2 引下线

引下线是连接接闪器与接地装置的金属导体。其作用是构成雷电能量向大地泄放的通道。引下线一般采用圆钢或扁钢，要求镀锌处理。引下线可以专门敷设，也可利用建筑物内的金属构件，但必须满足机械强度、耐腐蚀和热稳定性的要求。

引下线应沿建筑物外墙敷设，并经最短路径接地。采用圆钢时，直径应不小于8mm，采用扁钢时，其截面不应小于48mm^2，厚度不小于4mm。暗装时截面积应放大一级。在我国高层建筑中，优先利用柱或剪力墙中的主钢筋作为引下线。当钢筋直径为不小于16mm时，应用两根主钢筋（绑扎或焊接）作为一组引下线。当钢筋直径为10mm及以上时，应用四根钢筋（绑扎或焊接）作为一组引下线。建筑物在屋顶敷设的避雷网和防侧击的接闪环应和引下线连成一体，以利于雷电流的分流。

防雷引下线的数量多少影响到反击电压大小及雷电流引下的可靠性，所以引下线及其布置应按不同防雷等级确定，一般不得少于两根。

为了便于测量接地电阻和检查引下线与接地装置的连接情况，人工敷设的引下线宜在引下线距地面0.3~1.8m之间位置设置断接卡子。当利用混凝土内钢筋、钢柱作为自然引下线并同时采用基础接地时，不设断接卡。但利用钢筋作引下线时应在室内或室外的适当地点设置若干连接板，该连接板可供测量、接人工接地体和作等电位联结用。

6.4.2.3 接地装置

无论是工作接地还是保护接地，都是经过接地装置与大地连接的。接地装置包括接地体和接地线两部分，它是防雷装置的重要组成部分。接地装置的主要作用是向大地均匀地泄放电流，使防雷装置对地电压不至于过高。

A 接地体

接地体是人为埋入地下与土壤直接接触的金属导体。接地体一般分为自然接地体和人工接地体。自然接地体是指兼作接地用的直接与大地接触的各种金属体，例如利用建筑物基础内的钢筋构成的接地系统。人工接地体专门作为接地用的接地体，安装时需要配合土建施工进行，在基础开挖时，也同时挖好接地沟，并将人工接地体按设计要求埋设好。

有条件时应首先利用自然接地体。因为它具有接地电阻较小，稳定可靠，减少材料和安装维护费用优点。但有时自然接地体安装完毕并经测量后，接地电阻不能满足要求时，需要增加敷设人工接地体来减小接地电阻值。

人工接地体按其敷设方式分为垂直接地体和水平接地体两种。垂直接地体一般为垂直埋入地下的角钢、圆钢、钢管等。水平接地体一般为水平敷设的扁钢、圆钢等。

B 接地线

接地线是连接接地体和引下线或电气设备接地部分的金属导体，它可分为自然接地线和人工接地线两种类型。

自然接地线可利用建筑物的金属结构，如梁、柱、桩等混凝土结构内的钢筋等，利用自然接地线必须符合下列要求：

(1) 应保证全长管路有可靠的电气通路。

(2) 利用电气配线钢管作接地线时管壁厚度不应小于3.5mm。

(3) 用螺栓或铆钉连接的部位必须焊接跨接线。

(4) 利用串联金属构件作接地线时，其构件之间应以截面不小于100mm^{2}的钢材焊接。

(5) 不得用蛇皮管、管道保温层的金属外皮或金属网作接地线。

人工接地线材料一般采用扁钢和圆钢，但移动式电气设备、采用钢质导线在安装上有困难的电气设备可采用有色金属作为人工接地线，绝对禁止使用裸铝导线作接地线。采用扁钢作为地下接地线时，其截面积不应小于100mm^2，采用圆钢作接地线时，其直径不应小于10mm。人工接地线不仅要有一定机械强度，而且接地线截面应满足热稳定的要求。

6.4.3 建筑物防雷措施

建筑物的防雷，需要针对各种建筑物的实际情况因地制宜地采取防雷保护措施，才能达到既经济又能有效地防止或减小雷击的目的。《建筑物防雷设计规范》(GB 50057—1997) 把建筑物的防雷进行分类，并规定了相对应的防雷措施。

6.4.3.1 建筑物的防雷分类

根据建筑物的重要性、使用性质、受雷击可能性的大小和一旦发生雷击事故可能造成的后果进行分类，按防雷要求分为三类，各类防雷建筑的具体划分方法，在国标《建筑物防雷设计规范》中有明确规定。

A 第一类防雷建筑物

(1) 凡制造、使用或贮有炸药、火药、起爆药、火工业品等大量爆炸物质的建筑物，因火花而引起爆炸，会造成巨大破坏和人身伤亡的。

(2) 具有0区或10区爆炸危险环境的建筑物。

(3) 具有1区爆炸危险环境的建筑物，因电火花引起的爆炸，会造成巨大破坏和人身伤亡者。

B 第二类防雷建筑物

(1) 国家级重点文物保护建筑物、会堂、办公建筑物、大型展览和博览建筑物、大型火车站、国宾馆、国家级档案馆、大型城市的重要给水泵房等特别重要的建筑物，以及国家级计算中心、国际通信枢纽等对国民经济有重要意义且装有大量电子设备建筑物。

（2）制造、使用或贮存爆炸物质的建筑物，且电火花不易引起爆炸或不致造成巨大破坏和人身伤亡的。

（3）具有1区爆炸危险环境的建筑物，因电火花不易引起爆炸或不致造成巨大破坏和人身伤亡者。

（4）具有2区或11区爆炸危险环境的建筑物。

（5）工业企业内有爆炸危险的露天钢质封闭气罐。

（6）预计雷击次数大于0.06次/a的省级办公建筑物及其他重要或人员密集的公共建筑物，以及预计雷击次数大于0.3次/a的住宅、办公楼等一般性的民用建筑物。

C　第三类防雷建筑物

（1）省级重点文物保护的建筑物及省级档案馆。

（2）预计雷击次数大于或等于0.012次/a，且小于或等于0.06次/a的省级办公建筑物及其他重要或人员密集的公共建筑物。

（3）预计雷击次数大于或等于0.06次/a，且小于或等于0.3次/a的住宅、办公楼等一般性的民用建筑物，以及预计雷击次数大于或等于0.06次/a的一般性的工业建筑物。

（4）平均雷暴日大于15d/a的地区，高度在15m及以上的烟囱、水塔等孤立的高耸建筑物；平均雷暴日小于或等于15d/a的地区，高度在20m及以上的烟囱、水塔等孤立的高耸建筑物。

6.4.3.2　建筑物的防雷保护措施

接闪器、引下线与接地装置是各类防雷建筑都应装设的防雷装置，但由于对防雷的要求不同，各类防雷建筑物在使用这些防雷装置时的技术要求就有所差异。

在可靠性方面，对第一类防雷建筑物所提的要求相对来说是最为苛刻的。通常第一类防雷建筑物的防雷保护措施应包括防直接雷、防雷电感应和防雷电波侵入等保护内容，同时这些基本措施还应当被高标准地设置；第二类防雷建筑物的防雷保护措施与第一类相比，既有相同处，又有不同之处，综合来看，第二类防雷建筑物仍采取与第一类防雷建筑物相类似的措施，但其规定的指标不如第一类防雷建筑物严格；第三类防雷建筑物主要采取防直接雷和防雷电波侵入的措施。各类防雷建筑物的防雷装置的技术要求对比见表6.6。

表6.6　各类防雷建筑物的防雷装置的技术要求对比

防雷类别 / 防雷措施特点	一　类	二　类	三　类
防直击雷	应装设独立避雷针或架空避雷线（网），使保护物体均处于接闪器的保护范围之内。 当建筑物太高或其他原因难以装设独立避雷针、架空避雷线（网）时可采用装设在建筑物上的避雷网或避雷针或混合组成的接闪器进行直接雷防护。网格尺寸≤5m×5m或≤6m×4m	宜采用装设在建筑物上的避雷网（带）或避雷针或混合组成的接闪器进行直接雷防护。避雷网的网格尺寸≤10m×10m或≤12m×8m	宜采用装设在建筑物上的避雷网（带）或避雷针或混合组成的接闪器进行直接雷防护。避雷网网格尺寸≤20m×20m或≤24m×16m

续表 6.6

防雷类别 防雷措施特点	一　类	二　类	三　类
防雷电感应	1. 建筑物的设备、管道、构架、电缆金属外皮、钢屋架和钢窗等较大金属物以及突出屋面的放散管和风管等金属物，均应接到防雷电感应的接地装置上。 2. 平行敷设的管道、构架和电缆金属外皮等长金属物，其净距小于 100mm 时应采用金属跨接，跨接点的间距不应大于 30m。长金属物连接处应用金属线跨接	1. 建筑物内的设备、管道、构架等主要金属物，应就近接到接地装置上，可不另设接地装置。 2. 平行敷设的管道、构架和电缆金属外皮等长金属物应符合一类防雷建筑物要求，但长金属物连接处可不跨接	
防雷电入侵波	1. 低压线路宜全线用电缆直接埋地敷设，入户端应将电缆的金属外皮、钢管接到防雷电感应的接地装置上。 2. 架空金属管道，在进出建筑物处亦应与防雷电感应的接地装置相连。距离建筑物 100m 内的管道，应每隔 25m 左右接地一次。 埋地的或地沟内的金属管道，在进出建筑物处亦应与防雷电感应的接地装置相连	1. 当低压线路采用全线用电缆直接埋地敷设时，入户端应将电金属外皮、金属线槽与防雷的接地装置相连。 2. 平均雷暴日小于 30d/a 地区的建筑物，可采用低压架空线入户。 3. 架空和直接埋地的金属管道在进出建筑物处应就近与防雷接地装置相连	1. 电缆进出线，就在进出端将电缆的金属外皮、钢管和电气设备的保护接地相连。 2. 架空线进出线，应在进出处装设避雷器，避雷器应与绝缘子铁脚、金具连接并接入电气设备的保护接地装置上。 3. 架空金属管道在进出建筑物处应就近与防雷接地装置相连或独自接地
防侧击雷	1. 从 30m 起每隔不大于 6m 沿建筑物四周设环形避雷带，并与引下线相连。 2. 30 米及以上外墙上的栏杆、门窗等较大的金属物与防雷装置连接	1. 高度超过 45m 建筑物应采取防侧击雷及等电位的保护措施。 2. 并将 45m 及以上外墙上的栏杆、门窗等较大的金属物与防雷装置连接	1. 高度超过 60m 建筑物应采取防侧击雷及等电位的保护措施。 2. 并将 60m 及以上外墙上的栏杆、门窗等较大的金属物与防雷装置连接
引下线间距	≤12m	≤18m	≤25m

思考题

6-1　建筑消防供电的基本要求都有哪些？

6-2　简述消防负荷的等级划分及其应用场合。

6-3　建筑消防常用供电方案及设计要求都有哪些？

6-4　消防配电线路的敷设都有哪些要求？

6-5　应急照明的设置原则是什么？简述其电路控制原理。

6-6　常见的建筑物防雷装置和接地装置有哪些？

6-7　建筑物防雷主要有哪些措施？

参 考 文 献

[1] 蔡芸. 建筑防火 [M]. 北京：中国人民公安大学出版社，2014.
[2] 霍然，胡源，李元洲. 建筑火灾安全工程导论 [M]. 合肥：中国科学技术大学出版社，2009.
[3] 张树平. 建筑防火设计 [M]. 北京：中国建筑工业出版社，2009.
[4] 程远平，李增华. 消防工程学 [M]. 徐州：中国矿业大学出版社，2005.
[5] 于福海. 建筑防火设计原理 [M]. 北京：中国人民公安大学出版社，1997.
[6] 李引擎. 建筑防火性能化设计 [M]. 北京：中国建筑工业出版社，2005.
[7] 霍然，杨振宏，柳静献. 火灾爆炸预防控制工程学 [M]. 北京：机械工业出版社，2007.
[8] 王学谦. 建筑防火设计手册 [M]. 北京：中国建筑工业出版社，2009.
[9] 中华人民共和国国家标准. GB 5006—2014 建筑设计防火规范 [S]. 北京：中国计划出版社，2015.
[10] 中华人民共和国国家标准. GB 8624—2012 建筑材料及制品燃烧性能分级 [S]. 北京：中国计划出版社，2013.
[11] 中华人民共和国国家标准. GB 12955—2008 防火门 [S]. 北京：中国标准出版社，2008.
[12] 中华人民共和国国家标准. GB 50067—97 汽车库、修车库、停车场设计防火规范 [S]. 北京：中国标准出版社，1997.
[13] 中华人民共和国国家标准. GB 50222—95 建筑内部装修设计防火规范 [S]. 2001 年修订版. 北京：中国标准出版社，2001.
[14] NFPA 101 Life Safety code 2000 Edition [S]. United States of America，2006.
[15] NFPA1 Fire Code [S]. United States of America，2012.
[16] NFPA 80A Recommended Practice for Protection of Buildings from Exterior Fire Exposures [S]. United States of America，1996.
[17] New Zealand Building Code [S]. New Zealand，2011.
[18] The Building Regulations Approved Document B [S]. England，2013.
[19] Code of Practice for Fire Precautions in Building [S]. Singapore，1997.
[20] 唐祝华. 建筑灭火器配置设计手册 [M]. 上海：上海科学技术出版社，1995.
[21] 姜文源. 建筑灭火设计手册 [M]. 北京：中国建筑工业出版社，1997.
[22] 中华人民共和国国家标准. GB 50444—2008 建筑灭火器配置验收及检查规范 [S]. 北京：中国计划出版社，2008.
[23] 李念慈，万月明. 建筑消防给水系统的设计施工监理 [M]. 北京：中国建材工业出版社，2003.
[24] 龚延风，陈卫. 建筑消防技术 [M]. 北京：科学出版社，2002.
[25] 李亚峰，马学文，张恒. 建筑消防技术与设计 [M]. 北京：化学工业出版社，2005.
[26] 李伟. 建筑消防安全管理 [M]. 北京：化学工业出版社，2005.
[27] 迟长春，黄民德，陈建辉. 建筑消防 [M]. 天津：天津大学出版社，2007.
[28] 张培红，王增欣. 建筑消防 [M]. 北京：机械工业出版社，2008.
[29] 谢东. 建筑消防技术与设备 [M]. 北京：中国电力出版社，2011.
[30] 郭树林，孙英男. 建筑消防工程设计手册 [M]. 北京：中国建筑工业出版社，2012.
[31] 石敬炜. 建筑消防工程设计与施工手册 [M]. 北京：化学工业出版社，2014.
[32] 许秦坤. 建筑消防工程 [M]. 北京：化学工业出版社，2014.
[33] 范维澄，王清安，姜冯辉，等. 火灾学简明教程 [M]. 合肥：中国科技大学出版社，1995.
[34] 龚延风，张九根，孙文全. 建筑消防技术科学 [M]. 北京：科学出版社，2009.
[35] 李亚峰，马学文，余海静. 建筑消防工程 [M]. 北京：机械工业出版社，2013.

[36] 徐志嫱，李梅．建筑消防工程［M］．北京：中国建筑工业出版社，2009.
[37] 吕显智，周白霞．建筑防火［M］．北京：机械工业出版社，2014.
[38] 陆亚俊，马最良，邹平华．暖通空调［M］．北京：中国建筑工业出版社，2002.
[39] 李天荣，龙莉莉，陈金华．建筑消防设备工程［M］．重庆：重庆大学出版社，2002.
[40] Babrauskas V. Heat Release Rates，The SFPE handbook of fire protection Engineering，3rd edition［M］. Society of Fire Protection Engineers and National Fire Protection Association，Quincy，MA. 2002.
[41] 龚延风，张九根，孙文全．建筑消防与技术［M］．北京：科学出版社，2009.
[42] 郑端文，刘振东．消防安全技术［M］．北京：化工工业出版社，2011.
[43] 李亚峰，蒋白懿，马学文，等．建筑工程消防实例教程［M］．北京：机械工业出版社，2011.
[44] 中华人民共和国国家标准．GB 50116—2013 火灾自动报警系统设计规范［S］．北京：中国计划出版社，2013.
[45] 中华人民共和国国家标准．GA/T 227—1999 火灾探测器产品型号编制方法［S］．北京：中国计划出版社，1999.
[46] 徐晓虎，郑欣，赵海荣，等．火灾自动报警系统可靠性研究［J］．安全与环境学报，2012，12（3）：149～153.
[47] 林菁，王骥，沈玉利．智能建筑火灾自动报警与消防联动系统研究［J］．建筑科学，2008，24（7）：101～105.
[48] 李福君．火灾自动报警系统的应用现状及发展趋势［J］．消防技术与产品信息，2012（6）：41～43.
[49] 张培红，王增欣．建筑消防［M］．北京：机械工业出版社，2008.
[50] 郭树林，孙英男．建筑消防工程设计手册［M］．北京：中国建筑工业出版社，2012.
[51] 石敬炜．建筑消防工程设计与施工手册［M］．北京：化学工业出版社，2014.
[52] 杨在塘．电气防火工程［M］．北京：中国建筑工业出版社，1997.
[53] 高庆敏．电气防火技术［M］．北京：机械工业出版社，2012.
[54] 张应力，张峥．电气防火防爆知识问答［M］．北京：中国电力出版社，2005.
[55] 阎士琦．建筑电气防火实用手册［M］．北京：中国电力出版社，2005.
[56] 孙景芝．建筑电气消防工程［M］．北京：电子工业出版社，2010.
[57] 李宏文，沈金波．电气防火检测技术与应用［M］．北京：中国建筑工业出版社，2010.
[58] 陈志涛，周美华．电气防火安全问答［M］．北京：中国电力出版社，2010.
[59] 罗晓梅，孟宪章．消防电气技术［M］．北京：中国电力出版社，2013.

冶金工业出版社部分图书推荐

书　　名	作　者	定价(元)
冶金建设工程	李慧民　主编	35.00
建筑工程经济与项目管理	李慧民　主编	28.00
土木工程安全管理教程（本科教材）	李慧民　主编	33.00
现代建筑设备工程（第2版）（本科教材）	郑庆红　等编	59.00
土木工程材料（本科教材）	廖国胜　主编	40.00
混凝土及砌体结构（本科教材）	王社良　主编	41.00
岩土工程测试技术（本科教材）	沈　扬　主编	33.00
工程经济学（本科教材）	徐　蓉　主编	30.00
工程地质学（本科教材）	张　荫　主编	32.00
工程造价管理（本科教材）	虞晓芬　主编	39.00
建筑施工技术（第2版）（国规教材）	王士川　主编	42.00
建筑结构（本科教材）	高向玲　编著	39.00
建设工程监理概论（本科教材）	杨会东　主编	33.00
土力学地基基础（本科教材）	韩晓雷　主编	36.00
建筑安装工程造价（本科教材）	肖作义　主编	45.00
高层建筑结构设计（第2版）（本科教材）	谭文辉　主编	39.00
土木工程施工组织（本科教材）	蒋红妍　主编	26.00
施工企业会计（第2版）（国规教材）	朱宾梅　主编	46.00
工程荷载与可靠度设计原理（本科教材）	郝圣旺　主编	28.00
流体力学及输配管网（本科教材）	马庆元　主编	49.00
土木工程概论（第2版）（本科教材）	胡长明　主编	32.00
土力学与基础工程（本科教材）	冯志焱　主编	28.00
建筑装饰工程概预算（本科教材）	卢成江　主编	32.00
建筑施工实训指南（本科教材）	韩玉文　主编	28.00
支挡结构设计（本科教材）	汪班桥　主编	30.00
建筑概论（本科教材）	张　亮　主编	35.00
Soil Mechanics（土力学）（本科教材）	缪林昌　主编	25.00
SAP2000结构工程案例分析	陈昌宏　主编	25.00
理论力学（本科教材）	刘俊卿　主编	35.00
岩石力学（高职高专教材）	杨建中　主编	26.00
建筑设备（高职高专教材）	郑敏丽　主编	25.00
岩土材料的环境效应	陈四利　等编著	26.00
建筑施工企业安全评价操作实务	张　超　主编	56.00
现行冶金工程施工标准汇编（上册）		248.00
现行冶金工程施工标准汇编（下册）		248.00